MARIVALDO P. MATOS

$$\sum_{n=1}^{\infty} \frac{1}{n} = \infty$$

$$\frac{a_{n+1}}{a_n} \leq y = \frac{b_{n+1}}{b_n} \Longrightarrow \frac{a_{n+1}}{b_{n+1}} \leq \frac{a_n}{b_n}, \quad \forall n,$$

$$f(x) = \sum_{n=0}^{\infty} c_n (x-a)^n$$

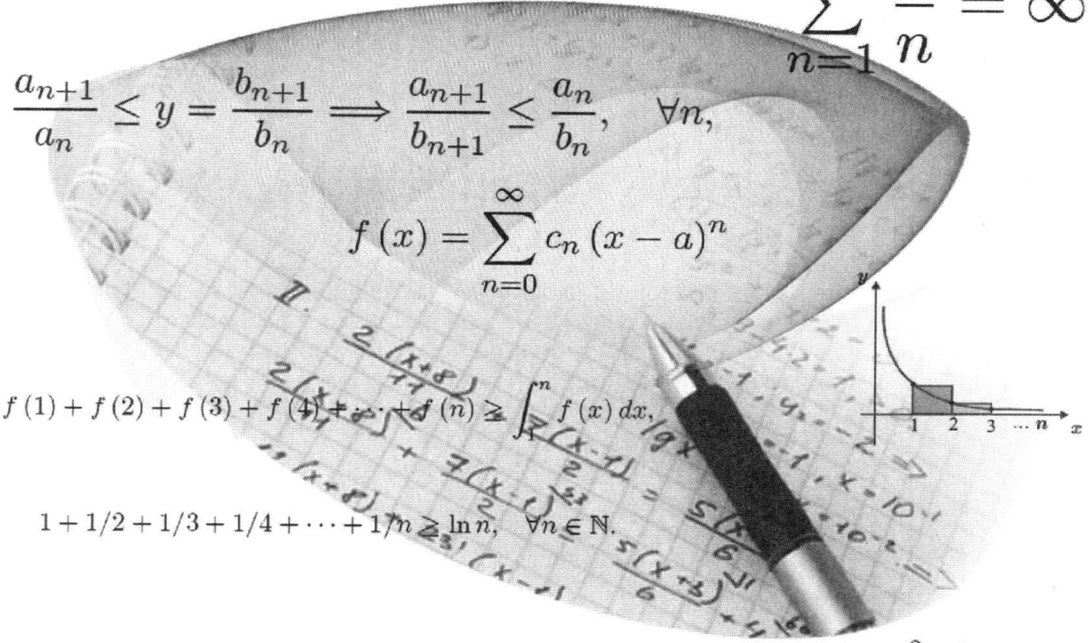

$$f(1) + f(2) + f(3) + f(4) + \cdots + f(n) \geq \int_1^n f(x)\,dx,$$

$$1 + 1/2 + 1/3 + 1/4 + \cdots + 1/n \geq \ln n, \quad \forall n \in \mathbb{N}.$$

$$\frac{a_{n+1}}{a_n} = \frac{n+1}{n+2} \cdot \frac{n+1}{n} = \frac{n^2+2n+1}{n^2+2n} > 1$$

SÉRIES & EQUAÇÕES DIFERENCIAIS

EDITORA CIÊNCIA MODERNA

Editor: Paulo André P. Marques
Produção Editorial: Dilene Sandes Pessanha
Capa: Daniel Jara
Copidesque: Equipe Ciência Moderna

FICHA CATALOGRAFICA

MATOS, Marivaldo Pereira.

Séries e Equações Diferenciais

Rio de Janeiro: Editora Ciência Moderna Ltda., 2017.

1. Matemática 2. Análise – Cálculo-Matemática
I — Título

ISBN: 978-85-399-0768-7

CDD 510
515

Editora Ciência Moderna Ltda.
R. Alice Figueiredo, 46 – Riachuelo
Rio de Janeiro, RJ – Brasil CEP: 20.950-150
Tel: (21) 2201-6662/ Fax: (21) 2201-6896
E-MAIL: LCM@LCM.COM.BR
WWW.LCM.COM.BR

09/17

Prefácio

A ideia de escrever este livro surgiu desde o momento que lecionava pela primeira vez a disciplina de cálculo diferencial e integral III no Departamento de Matemática da Universidade Federal da Paraíba, em João Pessoa, ocasião em que percebi a dificuldade da maioria dos alunos em absorver idéias intuitivas como o conceito de convergência e o conceito de solução de equações diferenciais. Visando contribuir para o ensino de séries e equações diferenciais, elaborei um texto em que os conceitos e métodos são expostos de maneira simples e clara, acompanhados de exemplos ilustrativos e utilizando uma linguagem próxima da empregada em sala de aula.

O público a que o livro destina-se são os estudantes com conhecimento prévio de cálculo diferencial e integral, equivalente a dois períodos letivos, familiarizados com as ideias de derivada e integral, em seus aspectos fundamentais, e com uma noção razoável sobre simbologia e lógica matemática, de modo a compreender etapas que vão da formulação à demonstração de resultados matemáticos pouco sofisticados. Conhecimentos básicos de álgebra linear são recomendados.

O livro é composto de uma parte sobre seqüências e séries e outra sobre equações diferenciais, onde apresento os conceitos e métodos fundamentais, com vistas às aplicações. Por se tratar de um texto de cálculo, julguei conveniente omitir a demonstração de alguns resultados, principalmente na parte de equações diferenciais, mas levando em consideração dois aspectos: primeiro, a formulação matemática adequada e, depois, a exemplificação de como utilizá-los. Na vasta literatura sobre séries e equações diferenciais, o leitor poderá encontrar outros tópicos da teoria em que são abordados temas mais profundos, como por exemplo, *convergência uniforme* de séries de funções, *decaimento* e *plano de fase* de soluções de equações diferenciais etc. Acredito que esses temas estejam voltados mais especificamente para a área de exatas e que devam ser estudados em um segundo curso de equações diferenciais. Os assuntos foram escolhidos de modo a atender um número maior de cursos de graduação e distribuídos de tal maneira que a leitura deve ser feita passo a passo, tendo em vista a dependência entre uma seção e outra. Entretanto, a critério do professor e para tornar o curso de cálculo menos teórico, algumas demonstrações apresentadas no texto podem ser omitidas sem prejuízo de continuidade. Os termos ou expressões que considero pouco comuns foram grafados em *itálico* e indicam que estão sendo definidos naquele ponto do texto ou que serão formalizados nas seções posteriores. Ao final de cada seção (ou capítulo) do livro, encontra-se relação de exercícios, de diversos modelos e distribuídos por assunto, para complementar e fixar a teoria. Acredito que não existe metodologia milagrosa para se aprender cálculo e, por essa razão, considero fundamental para o aluno tentar resolver todos os exercícios, à medida que avança na teoria. Isso certamente o conduzirá ao êxito no processo de treinamento, ademais propicia uma percepção de autoeficácia.

Marivaldo P. Matos

O que há de novo nesta edição

Nesta edição, procedemos algumas correções apontadas por colegas e estudantes de cálculo e efetuamos diversas mudanças em todo texto para dar maior clareza a exposição. Acrescentamos mais exemplos ilustrativos e exercícios complementares e um capítulo sobre equações diferenciais parciais, enfatizando o método de separação de variáveis. O autor é responsável pelo trabalho de digitação e edição das figuras.

Agradecimentos

Reconheço e agradeço a gentileza dos colegas Antonio de Andrade e Silva, Bosco Lacerda, Eliel A. de Melo, Fred Matias, José Martinho, Maria Espíndola, Nilza Ferreira e Roberto C. Bedregal, todos do Departamento de Matemática do CCEN - UFPB, pelas sugestões incorporadas ao texto e, sobretudo, pelo encorajamento para realizar esta obra. Aos meus inúmeros ex-alunos, que de alguma forma contribuíram para o sucesso deste trabalho, registro meus sinceros agradecimentos.

Introdução

O que torna a Matemática o mais belo ramo do conhecimento humano e sua autossuficiência e seu poder de estar presente em diversas áreas científicas, tanto do ensino quanto da pesquisa. Dessa forma, concebemos que o conhecimento matemático não deve ser apenas noticiado; ele deve ser pesquisado e amplamente divulgado.

É com esse pensamento que dedicamos este livro ao aluno do segundo semestre da universidade, dos cursos de ciências exatas e engenharias, como referência para um curso de cálculo de 90 horas, equivalente a um semestre. Ao aluno com esse perfil que fizer a opção pelo estudo individual, recomendamos a leitura atenta dos conceitos e métodos e a resolução dos exercícios propostos ao final de cada seção. Sugerimos a resolução e a discussão em grupo ou em sala de aula do maior número possível dos exercícios, à medida que a teoria for desenvolvida. Alguns desses exercícios propostos complementam a teoria e outros servem para a fixação dos conceitos, resultados e métodos estudados.

Na primeira parte do livro , que compreende os capítulos 1, 2, 3 e 4, apresentamos os conceitos fundamentais e principais resultados sobre a teoria de sequências e séries numéricas e uma introdução ao estudo de Séries de Fourier. Na segunda parte desenvolvemos a teoria sobre equação diferencial ordinária (EDO), iniciando com algumas aplicações práticas do dia a dia, e em seguida apresentamos os fundamentos teóricos sobre o assunto. Ainda sobre equação diferencial, achamos interessante acrescentar a esta edição um capítulo sobre equação diferencaial parcial (EDP) enfatizando o método de Separação de Variáveis.

Do ponto de vista matemático, todos os temas abordados no livro são importantes na formação do profissional que irá atuar nos ramos da matemática, física e áreas afins como pesquisador e/ou professor. Os fundamentos teóricos sobre Séries de Fourier, abordados no Capítulo 4, e equações diferencias apresentados nos capítulos seguintes, são igualmente relevantes para o profissional das outras áreas, como as engenharias, que irá atuar na área do ensino ou da pesquisa no nível de graduação ou pós-graduação.

O Capítulo 4, sobre Séries de Fourier, pode ser lido independentemente dos demais, e os

Capítulos 8 e 9, que tratam de sistemas autônomos e separação de variáveis, respectivamente, não dependem do Capítulo 7, que trata de resolução de equações diferenciais ordinárias por séries de potências, e podem ser estudados logo após o Capítulo 6. A seguir apresentamos a interdependência entre os capítulos, que pode ser seguida a critério do professor orientador.

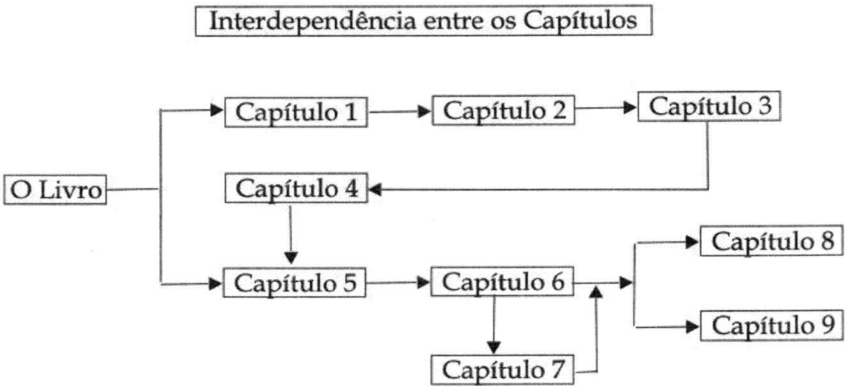

"A mathematician is one to whom $\int_{-\infty}^{\infty} e^{-x^2/2}dx = \sqrt{2\pi}$

is as obvious as that twice two makes four is to you.

Liouville was a mathematician."

Lord Kelvin

Sumário

1. Sequências Numéricas

Iniciamos este capítulo apresentando os conceitos e resultados fundamentais sobre sequências numéricas e finalizamos com o Método de Indução Finita, amplamente utilizado na comprovação de sentenças matemáticas acerca dos números naturais.

1.1 Conceitos Preliminares

Representamos por $\mathbb{N}$ o conjunto dos números inteiros positivos, isto é:

$$\mathbb{N} = \{1, 2, 3, 4, ...\}.$$

Esse conjunto é denominado *conjunto dos números naturais* e cada número natural será tratado como *índice* ou *ordem*. O subconjunto de $\mathbb{N}$ constituído dos números pares será representado por $\mathbb{N}_P$ e o subconjunto dos números ímpares por $\mathbb{N}_I$. Em símbolos escrevemos:

$$\mathbb{N}_P = \{2n;\ n \in \mathbb{N}\} \quad \text{e} \quad \mathbb{N}_I = \{2n-1;\ n \in \mathbb{N}\}.$$

Definição 1.1.1 Uma *sequência* ou *sucessão* de números reais é uma função $f : \mathbb{N} \to \mathbb{R}$, que associa a cada número natural n um número real $f(n)$.

O valor da sequência f no número natural n é denominado *n-ésimo termo* ou *termo geral* da sequência f e é representado genericamente por a_n, b_n, x_n, etc. Por simplicidade, faremos referência ao termo geral a_n como sendo a sequência f tal que $f(n) = a_n$. Assim, uma sequência nada mais é do que uma lista ordenada infinita de números reais

$$a_1,\ a_2,\ a_3, \ldots, a_n, \ldots$$

em que a_1 é o primeiro termo e a_n é o n-ésimo termo ou termo de ordem n. Em se tratando de uma lista infinita cada termo a_n tem um sucessor a_{n+1} e uma sequência pode ser representada pelo seu termo geral ou explicitando-se seus primeiros termos, como mostram os exemplos a seguir.

Exemplo 1.1.2

(a) $1,\ 1/2,\ 1/3,\ 1/4, \cdots$ representa a sequência cujo termo geral é $a_n = 1/n$.

(b) $-1,\ 1,\ -1,\ 1,\cdots$ representa a sequência de termo geral $b_n = (-1)^n$.

(c) $x_n = \dfrac{-n}{n+1}$, $n \in \mathbb{N}$, é o termo geral da sequência $f : \mathbb{N} \to \mathbb{R}$ tal que $f(n) = \dfrac{-n}{n+1}$. Seus quatro primeiros termos são: $-1/2,\ -2/3,\ -3/4,\ -4/5$.

(d) A sequência de termo geral $a_n = \begin{cases} 1/n, & \text{se } n \in \mathbb{N}_P \\ -1/n^2, & \text{se } n \in \mathbb{N}_I \end{cases}$

pode ser representada listando-se seus primeiros termos: $-1,\ 1/2,\ -1/9,\ 1/4,\ -1/25,\cdots$.

Observação 1.1.3 Em princípio, poderíamos denominar sequência a qualquer função $f : \mathbb{N}' \to \mathbb{R}$, onde $\mathbb{N}' = \{n_1 < n_2 < n_3 < \cdots\}$ é um subconjunto infinito de $\mathbb{N}$. A essa restrição daremos o nome de *subsequência* ou *subsucessão.* Mais precisamente, temos a definição a seguir:

Definição 1.1.4 Dada uma sequência $f : \mathbb{N} \to \mathbb{R}$, as restrições de f a subconjuntos infinitos de $\mathbb{N}$ são denominadas *subsequências* de f.

Representando a sequência f pelo seu termo geral $\{a_n\}$, $n \in \mathbb{N}$, podemos afirmar que as subsequências de f, ou de $\{a_n\}$, são aquelas sequências $\{a_k\}$, com $k \in \mathbb{N}'$, sendo $\mathbb{N}'$ um subconjunto não limitado (isto é, infinito) do conjunto $\mathbb{N}$ dos números naturais. É claro que toda sequência é uma subsequência dela própria e dentre as subsequências de uma dada sequência $\{a_n\}$ destacamos duas particularmente importantes: a *subsequência par* $\{a_{2n}\}$ e a *subsequência ímpar* $\{a_{2n-1}\}$. Uma maneira eficaz de construir outras subsequências de uma sequência $\{a_n\}$ é considerar partes infinitas e disjuntas $\mathbb{N}_1,\ \mathbb{N}_2,\ \mathbb{N}_3$, etc do conjunto $\mathbb{N}$ dos números naturais e restringir a sequência a essas partes. Podemos considerar, por exemplo:

$$
\begin{array}{ll}
\mathbb{N}_2 = \{2, 4, 8, 16, \ldots\} & \text{(potências de 2)} \\
\mathbb{N}_3 = \{3, 9, 27, 81, \ldots\} & \text{(potências de 3)} \\
\mathbb{N}_5 = \{5, 25, 125, 625, \ldots\} & \text{(potências de 5)} \\
\mathbb{N}_7 = \{7, 49, 343, 2401, \ldots\} & \text{(potências de 7)}
\end{array}
$$

e as subsequências $\{a_k\}_{k\in\mathbb{N}_2}$, $\{a_k\}_{k\in\mathbb{N}_3}$, $\{a_k\}_{k\in\mathbb{N}_5}$ e $\{a_k\}_{k\in\mathbb{N}_7}$.

Exemplo 1.1.5

(a) As subsequências par e ímpar da sequência $a_n = (-1)^n$ são as sequências constantes $a_{2n} = 1$ e $a_{2n-1} = -1$, respectivamente.

(b) A sequência $1/5,\ 1/6,\ 1/7,\ 1/8,\cdots$ é uma subsequência da sequência $a_n = 1/n$. Nesse caso, $\mathbb{N}' = \{5, 6, 7, 8, 9, \cdots\}$ e a subsequência pode ser representada também nas seguintes formas:

$$b_n = \frac{1}{n},\ n \in \mathbb{N}' \quad \text{ou} \quad b_n = \frac{1}{n+4},\ n \in \mathbb{N}.$$

De forma genérica, fixado um número natural p, então a sequência com termo geral $b_n = a_{n+p}$ é de fato uma subsequência de $\{a_n\}$, onde consideramos para domínio o subconjunto infinito $\mathbb{N}' = \{1+p, 2+p, 3+p, \cdots\}$.

(c) As sequências $\{1/2,\ 1/4,\ 1/6, \cdots\}$, $\{1,\ 1/3,\ 1/5,\ 1/7, \cdots\}$ e $\{1/2,\ 1/3,\ 1/5,\ 1/7, \cdots\}$ são subsequências da sequência $a_n = 1/n$, onde consideramos para domínio o subconjunto $\mathbb{N}'$ dado, respectivamente, por $\mathbb{N}' = \mathbb{N}_P$, $\mathbb{N}' = \mathbb{N}_I$ e $\mathbb{N}' = \{n \in \mathbb{N};\ n \text{ é um número primo}\}$.

1.1.1 Classificação: limitação e monotonia

Definição 1.1.6 Uma sequência $\{a_n\}$ é dita *limitada superiormente* quando existir um número real M, denominado *cota superior* da sequência, que atende à seguinte condição:

$$a_n \leq M\,, \quad \forall n. \tag{1.1}$$

Definição 1.1.7 Uma sequência $\{a_n\}$ é dita *limitada inferiormente* quando existir um número real m, denominado *cota inferior* da sequência, que atende à seguinte condição:

$$m \leq a_n\,, \quad \forall n. \tag{1.2}$$

Definição 1.1.8 Uma sequência $\{a_n\}$ é dita *limitada* quando o for superior e inferiormente, isto é, quando existir uma constante positiva C tal que:

$$|a_n| \leq C\,, \quad \forall n. \tag{1.3}$$

Observamos que a condição (1.3) é equivalente a existência de constantes m e M tais que $m \leq a_n \leq M$, $\forall n$, e para que a sequência $\{a_n\}$ seja limitada é suficiente que a desigualdade (1.3) ocorra a partir de algum índice n_0, isto é, $|a_n| \leq C\,, \forall n \geq n_0$. É claro que se M for uma cota superior da sequência $\{a_n\}$, então qualquer número real maior do que M também será cota superior de $\{a_n\}$. A menor dessas cotas superiores é denominada *supremo* de $\{a_n\}$ e denotada por $\sup\{a_n\}$. Analogamente, se a sequência $\{a_n\}$ é limitada inferiormente ela possui uma infinidade de cotas inferiores, sendo a maior delas denominada *ínfimo* da sequência e denotada por $\inf\{a_n\}$. Informações mais precisas sobre os números sup e inf fogem ao nosso objetivo e são consideradas em textos mais avançados. No presente momento desejamos deixar claro dois fatos fundamentais: primeiro que toda sequência limitada superiormente tem supremo finito e toda sequência limitada inferiormente tem ínfimo finito; depois, que para cada $\varepsilon > 0$, o número real $\alpha = \sup\{a_n\} - \varepsilon$, por ser menor do que o supremo da sequência $\{a_n\}$, não pode ser cota superior e, por essa razão, algum termo da sequência, por exemplo a_{n_1}, é tal que:

$$\alpha = \sup\{a_n\} - \varepsilon < a_{n_1}. \tag{1.4}$$

Para o ínfimo ocorre um fato análogo. Sendo $\beta = \inf\{a_n\} + \varepsilon$ um número real maior do que o ínfimo da sequência $\{a_n\}$, algum termo da sequência, por exemplo a_{n_2}, é tal que:

$$\beta = \inf\{a_n\} + \varepsilon > a_{n_2}. \tag{1.5}$$

Exemplo 1.1.9

(a) A sequência de termo geral $a_n = n$ não é limitada superiormente, mas é inferiormente, sendo 1, ou qualquer número menor que 1, uma cota inferior de $\{a_n\}$. A maior das cotas inferiores de $\{a_n\}$ é $m = 1$, isto é, $\inf\{a_n\} = 1$.

(b) A sequência de termo geral $a_n = 1 - n^2$ é limitada superiormente, mas não inferiormente. Neste caso, qualquer número não negativo é cota superior de $\{a_n\}$ e a menor das cotas superiores é $M = 0$, isto é, $\sup\{a_n\} = 0$.

(c) A sequência de termo geral $a_n = (-1)^n$ é limitada, sendo $\sup\{a_n\} = 1$ e $\inf\{a_n\} = -1$.

(d) A sequência de termo geral $a_n = 1/n$ é limitada, sendo $\sup\{a_n\} = 1$ e $\inf\{a_n\} = 0$. Notamos que, neste caso, o ínfimo não é termo da sequência.

(e) A sequência de termo geral $a_n = (-1)^n n$ não é limitada nem superiormente nem inferiormente. Para tal sequência $\sup a_n = +\infty$ e $\inf a_n = -\infty$.

(f) A sequência de termo geral $a_n = \dfrac{n}{n+1}$ é limitada, porque $0 \leq \dfrac{n}{n+1} \leq 1$, $\forall n$. Neste caso, $\sup\{a_n\} = 1$ e $\inf\{a_n\} = 1/2$ e o supremo não é termo da sequência.

Definição 1.1.10 Uma sequência $\{a_n\}$ é denominada *monótona não decrescente* quando $a_n \leq a_{n+1}$, $\forall n$, isto é, $a_1 \leq a_2 \leq a_3 \leq \cdots \leq a_n \leq \cdots$.

Definição 1.1.11 Uma sequência $\{a_n\}$ é denominada *monótona não crescente* quando $a_{n+1} \leq a_n$, $\forall n$, isto é, $a_1 \geq a_2 \geq a_3 \geq \cdots \geq a_n \geq \cdots$.

Nas definições 1.1.10 e 1.1.11 quando ocorrerem as desigualdades estritas $<$ e $>$ no lugar de $\leq$ e $\geq$, respectivamente, a sequência será denominada *monótona crescente* ou *monótona decrescente*, conforme o caso. Como consequência dessas definições, deduzimos que toda sequência não decrescente é limitada inferiormente pelo seu primeiro termo, enquanto que uma sequência não crescente é limitada superiormente, também pelo seu primeiro termo. Além disso, a única sequência que é ao mesmo tempo monótona não crescente e monótona não decrescente é a sequência constante (comprove esta última afirmação!).

Exemplo 1.1.12

(a) As sequências $a_n = n$ e $b_n = \ln n$ são crescentes, enquanto que $c_n = -n^3$ e $d_n = 1/n$ são decrescentes.

(b) A sequência $a_n = (-1)^n$ é *não monótona,* isto é, não é crescente nem decrescente. Notamos que seus termos são alternadamente positivos e negativos e, por essa razão, ela recebe o nome de *sequência alternada.*

(c) A sequência $a_n = \dfrac{n}{n+1}$ é crescente. De fato, comparando a_{n+1} com a_n, temos:

$$\frac{a_{n+1}}{a_n} = \frac{n+1}{n+2} \cdot \frac{n+1}{n} = \frac{n^2+2n+1}{n^2+2n} > 1, \quad \forall n,$$

e isso implica que $a_{n+1} > a_n$, $\forall n$.

A *monotonicidade* (ou *monotonia*) de algumas sequências pode ser deduzida por investigação do sinal da derivada da *função extensão.* Com efeito, para a sequência do Exemplo 1.1.12(c), consideramos a função $f(x) = \dfrac{x}{x+1}$, definida para $x \geq 1$, cuja derivada $f'(x) = \dfrac{1}{(x+1)^2}$, sendo positiva, implica que a função f é crescente e daí concluimos que $f(n) \leq f(n+1)$, $\forall n$. Essa técnica, embora eficiente, não se aplica a todas as sequências, como mostra o exemplo a seguir.

Exemplo 1.1.13 O *fatorial* de um número natural n é definido por $n! = 1 \times 2 \times 3 \times \cdots \times n$ e convenciona-se $0! = 1$. Assim, $(n+1)! = (n+1)\,n!$ e para a sequência $a_n = \dfrac{n!}{1 \cdot 3 \cdot 5 \cdot 7 \cdot \ldots \cdot (2n-1)}$

não é possível definir a função extensão como uma função elementar do cálculo. Para verificar que ela é decrescente, procedemos como no Exemplo 1.1.12(c), comparando os termos genéricos a_n e a_{n+1}. Nesse caso, temos:

$$\frac{a_{n+1}}{a_n} = \frac{1 \cdot 3 \cdot 5 \cdot \ldots \cdot (2n-1)\,(n+1)!}{1 \cdot 3 \cdot 5 \cdot \ldots \cdot (2n-1)\,(2n+1)\,n!} = \frac{n+1}{2n+1} < 1, \quad \forall n,$$

de onde resulta que $a_{n+1} < a_n$, $\forall n \in \mathbb{N}$, e, portanto, a sequência é decrescente.

1.2 Exercícios Complementares

1.2A Dê exemplo de uma sequência $\{a_n\}$, não constante, para ilustrar cada situação abaixo:

(a) limitada e crescente (b) limitada e decrescente

(c) limitada e não monótona (d) não limitada e não crescente

(e) não limitada e não monótona (f) monótona e não limitada.

1.2B Em cada caso abaixo, encontre os quatro primeiros termos da sequência:

(a) $a_n = \dfrac{1}{2n-1}$ (b) $b_n = \sqrt{n+1} - \sqrt{n}$ (c) $c_n = (-1)^n n$.

1.2C Faça um gráfico que represente os primeiros termos da sequência $a_n = \dfrac{n}{n+1}$ ligados por segmentos de retas e verifique quantos pontos da forma (n, a_n) estão fora da faixa horizontal determinada pelas retas $y = 4/5$ e $y = 6/5$.

1.2D Dê exemplo de uma sequência limitada e não monótona com uma subsequência crescente.

1.2E Expresse pelo seu termo geral cada sequência dada abaixo:

(a) $1, 1/2, 1/3, 1/4, \ldots$ (b) $1, 0, 1, 0, 1, \ldots$ (c) $1/2, 1/4, 1/8, 1/16, \ldots$

(d) $0, 2, 0, 2, 0, 2, 0, \ldots$ (e) $1, 9, 25, 49, 81, \ldots$ (f) $0, 3/2, -2/3, 5/4, -4/5, 7/6 \ldots$

(g) $2, 1, 3/2, 1, 4/3, 1, \ldots$ (h) $0, 3, 2, 5, 4, \ldots$ (i) $1/2, -1/4, 1/6, -1/8, 1/10, -1/12 \ldots$

(j) $1, 10, 2, 10^2, 3, 10^3, \ldots$ (k) $1, 3/2, 2, 5/2, 3, \ldots$ (l) $-4, -2, -4, -2, \ldots$

1.2F Classifique as sequências do Exercício 1.2E quanto à limitação e monotonia e selecione de (e), (f) e (i) uma subsequência crescente. Qual delas possui uma subsequência constante?

1.2G Considere as funções $f(x) = \cos x$, $g(x) = \operatorname{sen} x$ e $h(x) = (1+x)^{-1}$. Encontre expressões para as derivadas de ordem n dessas funções, no ponto $x = 0$.

1.2H Determine o sup e o inf das seguintes sequências:

$$\{-n^2+n\}, \left\{\frac{2^n}{n!}\right\}, \left\{\frac{2}{3n-4}\right\}, \left\{1-\frac{1}{n}\right\}, \{\ln n\}, \left\{\frac{3n^2}{n^2+n}\right\}, \{(-2)^n\}.$$

1.2I Dê exemplo de uma sequência $\{a_n\}$ não constante, crescente e limitada superiormente e observe o comportamento da sequência quando $n \to \infty$. Faça a mesma análise com uma sequência decrescente e limitada inferiormente.

1.2J Dê exemplo de uma sequência $\{a_n\}$ cuja distância entre quaisquer dois termos consecutivos é igual 4.

1.2K Dê exemplo de uma sequência $\{a_n\}$ com as seguintes características: os termos de ordem par estão entre 3 e 4, os termos de ordem ímpar estão entre 4 e 5, mas a_n *se aproxima* do número 4, à medida que o índice n vai aumentando.

1.2L Considere a sequência de termo geral $a_n = 1 + \frac{2}{\sqrt{3}} \operatorname{sen} \frac{(2n+2)\pi}{3}$. Escreva os 10 primeiros termos da sequência $\{a_n\}$ e calcule a_{201}.

1.3 Sequências Convergentes

O conceito de limite que daremos a seguir é motivado pelo comportamento dos termos da sequência $a_n = 1/n$, quando n *tende* para o ∞, isto é, quando n cresce indefinidamente. À medida que n aumenta, os pontos $(n, 1/n)$ sobre a curva $y = 1/x$, $x > 0$, se aproximam do eixo x e isso significa que os termos a_n, que representam as alturas dos pontos $(n, 1/n)$ ao eixo x, se aproximam de zero, como na figura 1.1. A faixa horizontal compreendida entre as retas $y = \pm\varepsilon$, $\varepsilon > 0$, contém todos os termos da seqüência, a partir de uma certa ordem. Em símbolos escrevemos:

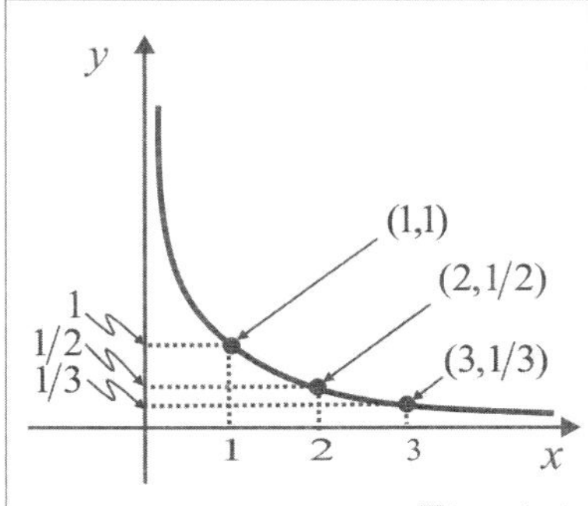

Fig. 1.1

$$\lim_{n\to\infty} (1/n) = 0 \quad \text{ou} \quad \lim (1/n) = 0 \quad \text{ou ainda} \quad 1/n \to 0.$$

Definição 1.3.1 Dizemos que o número real l é limite da sequência $\{a_n\}$, ou que a sequência $\{a_n\}$ *converge* para l, quando a seguinte condição for atendida:

$$\forall \varepsilon > 0, \quad \exists n_0 \in \mathbb{N} \text{ tal que } |a_n - l| < \varepsilon, \quad \forall n \geq n_0. \tag{1.6}$$

Sobre a Definição 1.3.1 são necessários os seguintes comentários:

(a) o número natural n_0 da definição de limite em geral depende do número ε dado;

(b) sendo a desigualdade $|a_n - l| < \varepsilon$ equivalente a $l - \varepsilon < a_n < l + \varepsilon$, ou ainda que $a_n \in (l - \varepsilon, l + \varepsilon)$, a sentença (1.6) estabelece que fora do intervalo aberto $(l - \varepsilon, l + \varepsilon)$ existe no máximo uma quantidade finita de termos da sequência ou, em outras palavras, que todos os termos da sequência a partir do termo de ordem n_0 estão dentro do intervalo aberto $(l - \varepsilon, l + \varepsilon)$;

(c) a convergência e o valor do limite de uma sequência não são alterados quando se *mexe* em uma quantidade finita de termos. Aqui *mexer* significa acrescentar, omitir ou simplesmente mudar o valor. Por essa razão, dizemos que a convergência de uma sequência é determinada pelo comportamento de sua *cauda;*

(d) se os termos de uma sequência $\{a_n\}$ estão, a partir da ordem n_0, entre os números a e b, isto é, $a \leq a_n \leq b$, $\forall n \geq n_0$, então o limite de a_n, caso exista, está entre a e b. De fato, se $l = \lim a_n$ fosse maior do que b, então os termos a_n, para n suficientemente grande, por estarem arbitrariamente próximos de l seriam maiores do que b, contradizendo a desigualdade $a_n \leq b$. Um raciocínio análogo se aplica para deduzir que $l \geq a$;

(e) finalmente, observamos que uma sequência convergente não pode ter dois limites. De fato, se $l_1 = \lim_{n \to \infty} a_n$ e $l_2 = \lim_{n \to \infty} a_n$, então dado um número real positivo ε, existem, de acordo com Definição 1.3.1, dois números naturais n_1 e n_2 tais que $|a_n - l_1| < \varepsilon\,, \forall n \geq n_1$ e $|a_n - l_2| < \varepsilon\,, \forall n \geq n_2$. Para que essas desigualdades ocorram simultaneamente, é suficiente considerarmos um índice que seja maior ou igual do que n_1 e n_2, ao mesmo tempo. Se n_3 é um tal índice, temos:

$$|l_1 - l_2| = |l_1 - a_{n_3} + a_{n_3} - l_2| \leq |a_{n_3} - l_1| + |a_{n_3} - l_2| < 2\varepsilon \tag{1.7}$$

e sendo (1.7) válida para qualquer ε positivo, teremos $l_1 = l_2$, resultando a *unicidade* do limite.

Apresentaremos a seguir alguns exemplos simples, mostrando como usar a Definição 1.3.1 para provar que um dado número l é limite de uma dada sequência. O cálculo de limites em geral é feito por meio de artifícios e Critérios (Teoremas) de Convergência, que serão abordados mais adiante.

Exemplo 1.3.2

(a) Como primeiro exemplo, verificaremos que $\lim_{n \to \infty} \dfrac{1}{n} = 0$. Nesse caso, $l = 0$, $a_n = \dfrac{1}{n}$ e, para ilustrar a Definição 1.3.1, consideremos $\varepsilon = 0.01$. Para que ocorra $\left|\frac{1}{n} - 0\right| < 0.01$, basta considerarmos $n > 100$, já que isto é equivalente a $\frac{1}{n} < 0.01$. Assim, $n_0 = 101$ satisfaz (1.6) com $\varepsilon = 0.01$. No caso geral, dado $\varepsilon > 0$, escolhamos $n_0 \in \mathbb{N}$ tal que $n_0 > \frac{1}{\varepsilon}$. É claro que se $n \geq n_0$, então $\frac{1}{n} \leq \frac{1}{n_0} < \varepsilon$ e isto acarreta $\left|\frac{1}{n} - 0\right| < \varepsilon$. Este é um exemplo de uma sequência monótona (decrescente) convergente.

(b) Mostraremos agora que a sequência de termo geral $a_n = \frac{n}{n+1}$ converge para 1. De fato, seja $\varepsilon > 0$ dado e observemos que:

$$\left|\frac{n}{n+1} - 1\right| < \varepsilon \Leftrightarrow \frac{1}{n+1} < \varepsilon \Leftrightarrow n > \frac{1}{\varepsilon} - 1.$$

A última desigualdade nos sugere escolher n_0 como o primeiro número natural maior do que $\frac{1}{\varepsilon} - 1$. É claro que qualquer outro número natural maior do que este n_0 estabelecido também atende à definição de convergência. Se, por exemplo, $\varepsilon = 0.01$, então $\frac{1}{\varepsilon} - 1 = \frac{1}{0.01} - 1 = 99$ e $n_0 = 100$ é o primeiro índice a partir do qual os termos da sequência jazem no intervalo aberto $(0.99, 1.01)$. Fora desse intervalo, existe exatamente noventa e nove termos da sequência.

(c) A sequência $a_n = r^n$, onde r é um número real fixado tal que $-1 < r < 1$, converge para zero. Lembramos que convergir significa ter limite finito! Para verificar que a sequência tem limite zero, inicialmente admitimos $r \neq 0$. Dado $\varepsilon > 0$, como $0 < |r| < 1$, temos que $\ln|r|$ está definido, é um número negativo e, além disso:

$$|r^n - 0| = |r^n| < \varepsilon \Leftrightarrow n \ln|r| < \ln \varepsilon \Leftrightarrow n > \frac{\ln \varepsilon}{\ln|r|}.$$

Como no exemplo anterior, a última desigualdade sugere escolher n_0 qualquer número natural que seja maior do que $\frac{\ln \varepsilon}{\ln|r|}$ e a sentença (1.6) será atendida para este n_0. O caso $r = 0$ é óbvio, porque, nesse caso, a sequência é *identicamente nula,* isto é, todos os seus termos são iguais a zero. Aliás, se os termos de uma dada sequência permanecem, a partir de certa ordem, constante, então a sequência é convergente e seu limite é esse valor constante. Isto é bastante intuitivo, desde que a convergência de uma sequência é estabelecida pelo comportamento de sua *cauda.*

(d) Existem sequências (não limitadas) cujos termos crescem arbitrariamente à medida que o índice n aumenta. Isto ocorre, por exemplo, com a sequência de termo geral $a_n = n$. Neste caso, dizemos que a sequência tem limite infinito e anotamos $\lim_{n\to\infty} a_n = \infty$. Isso significa que dado qualquer número real K, a partir de certa ordem os termos da sequência ultrapassam o valor K. Para a sequência $b_n = -n$ ocorre o oposto, isto é, seus termos decrescem arbitrariamente à medida que o índice n aumenta. Nesse caso, dizemos que a sequência tem limite igual a $-\infty$ e anotamos $\lim_{n\to\infty} b_n = -\infty$. No Exercício 1.4G o deixamos a tarefa de provar que se $r > 1$, a sequência $\{r^n\}$ tem limite igual a ∞.

(e) A sequência cujo termo geral é $a_n = \dfrac{2n^2}{n^2-4}$ não está definida para $n = 2$. Nesse caso, ou restringimos o domínio da sequência considerando $n \geq 3$, ou definimos o seu valor quando $n = 2$. Nenhuma dessas opções interfere na convergência, porque a cauda da sequência não é modificada. Mostremos que a sequência $\{a_n\}$ converge para 2. De fato, dado $\varepsilon > 0$, temos:

$$\left|\frac{2n^2}{n^2-4} - 2\right| < \varepsilon \Leftrightarrow \left|\frac{2n^2 - 2n^2 + 8}{n^2-4}\right| < \varepsilon \Leftrightarrow \left|\frac{8}{n^2-4}\right| < \varepsilon. \tag{1.8}$$

Para $n \geq 3$, temos que $n^2 - 4 \geq 5$ e para estabelecer (1.8) basta considerarmos $n^2 - 4 > 8/\varepsilon$, isto é, $n > \sqrt{4 + 8/\varepsilon}$. Isso nos sugere escolher n_0 como o primeiro número natural tal que $n_0 > \sqrt{4+8/\varepsilon}$. Se $n \geq n_0$, então $n \geq 3$ e (1.8) é válida. Qual seria o n_0 correspondente a $\varepsilon = 0.002$? E se ε for igual a 8 ?

(f) Para provar que a sequência $a_n = (-1)^n$ não converge, usamos a noção intuitiva de limite. Ora, se ela fosse convergente, seus termos, a partir de uma ordem arbitrariamente grande, estariam *suficientemente próximos* de determinado número l, que é seu limite. Aqui *suficientemente próximo* significa que a distância entre eles pode tornar-se tão pequena quanto desejarmos. Disto segue que dois termos consecutivos a_n e a_{n+1} da sequência $\{a_n\}$ deveriam estar suficientemente próximos, desde que o índice n fosse bastante grande. Sendo $a_n = (-1)^n$, a distância entre dois termos consecutivos da sequência $\{a_n\}$ é sempre 2, que certamente não pode se tornar arbitrariamente pequena. Quando uma sequência não converge, ela é denominada *divergente.* Este é um exemplo de uma sequência limitada, mas que não tem limite!

(g) No exemplo precedente usamos o seguinte argumento intuitivo: se uma sequência $\{a_n\}$ é convergente, as distâncias $|a_{n+1} - a_n|$ entre dois termos consecutivos aproximam-se de zero, com $n \to \infty$. Aqui vale ressaltar que existem sequências para as quais as distâncias entre dois termos consecutivos tendem para zero e, ainda assim, elas não convergem. Isso ocorre com a sequência

$b_n = \ln n$ que não é limitada – e, portanto, não converge – embora as distâncias $|b_{n+1} - b_n| = \ln(1 + 1/n)$ aproximem-se de zero, com $n \to \infty$.

(h) As sequências $a_n = n$ e $b_n = -n$ não são limitadas e isso é suficiente para elas não convergirem. Uma sequência não limitada não pode convergir, porque seus termos crescem ou decrescem arbitrariamente e, sendo assim, eles não se aproximam de um número real l que seria seu limite.

Os resultados dados a seguir serão utilizados como critérios de convergência e técnicas para o cálculo de limites.

Critério 1.3.3 (Critério da Limitação) Se (a_n) é uma sequência convergente, então (a_n) é limitada, isto é, existe uma constante positiva C tal que $|a_n| \leq C, \quad \forall n$.

Demonstração Seja $\{a_n\}$ uma sequência convergente com limite l. De acordo com a definição de limite, correspondendo a $\varepsilon = 1$, existe um índice n_0 a partir do qual se tem $|a_n - l| < 1$. Usando a desigualdade triangular podemos assegurar que:

$$|a_n| = |a_n - l + l| \leq |a_n - l| + |l| < 1 + l\,, \ \forall n \geq n_0, \tag{1.9}$$

e os termos da sequência que, possivelmente, não atendem à condição (1.9) são: $a_1, a_2, a_3, ..., a_{n_0-1}$. Representando por C o maior entre os números $1 + l, |a_1|, |a_2|, |a_3|, ..., |a_{n_0-1}|$, teremos:

$$|a_n| \leq C\,, \ \forall n. \ \blacksquare$$

Observação 1.3.4 Uma maneira de utilizar c Critério da Limitação 1.3.3 para verificar que uma dada sequência não converge é mostrar que ela não é limitada. As sequências $\{a_n\}$ e $\{b_n\}$ do Exemplo 1.3.2 (g) não são limitadas sendo, portanto, divergentes. É oportuno observar que a recíproca do Critério 1.3.3 não é verdadeira, isto é, existem sequências que são ao mesmo tempo limitadas e divergentes (veja a sequência do Exemplo 1.3.2 (f)). Lembramos que há diferença entre *ser limitada* (Definição 1.1.8) e *ter limite* (Definição 1.3.1).

Critério 1.3.5 (Critério da Extensão) Se $f : [a, \infty) \to \mathbb{R}$ é uma função tal que $\lim\limits_{x\to\infty} f(x) = l$, então a sequência $a_n = f(n)\,, \ n \geq a$, é convergente e seu limite é igual a l. Se $\lim\limits_{x\to\infty} f(x) = \pm\infty$, então a sequência $\{a_n\}$ é divergente.

Demonstração Da definição de limite no infinito para funções reais definidas em intervalos, a cada $\varepsilon > 0$ corresponde um número real $K > 0$, tal que $|f(x) - l| < \varepsilon$, $\forall x \geq K$. Passando para a linguagem de sequências, escolhemos um índice $n_0 \geq K$ e teremos $|f(n) - l| < \varepsilon$, $\forall n \geq n_0$. ■

Nos casos em que é possível utilizar o Critério da Extensão 1.3.5, o cálculo de limites de sequências torna-se relativamente simples, especialmente quando se usa Técnicas de Cálculo, a exemplo da famosa Regra de *L'Hôpital*.

Exemplo 1.3.6

(a) Para calcular o limite da sequência $a_n = \dfrac{\ln n}{n}$, consideramos a função extensão $f(x) = \dfrac{\ln x}{x}$, definida para $x > 0$, e investigamos seu limite no infinito. Da regra de L'Hôpital resulta que:

$$\lim_{x\to\infty} \frac{\ln x}{x} = \lim_{x\to\infty} \frac{1/x}{1} = \lim_{x\to\infty} \frac{1}{x} = 0$$

e pelo Critério da Extensão concluímos que a sequência $\dfrac{\ln n}{n}$ converge para 0. Por simplicidade, ao aplicar a regra de L'Hôpital tratamos n como uma variável contínua e escrevemos

$$\lim_{n\to\infty} \frac{\ln n}{n} = (\text{usar a regra de L'Hôpital}) = \lim_{n\to\infty} \frac{1/n}{1} = \lim_{n\to\infty} \frac{1}{n} = 0.$$

(b) Quando o termo geral de uma sequência $\{a_n\}$ é uma função racional de n, isto é, um quociente de dois polinômios na variável n, sua convergência pode ser investigada também através do Critério 1.3.5, colocando em evidência o termo de maior grau no numerador e no denominador. Por exemplo, para a sequência de termo geral $a_n = \dfrac{n^3 + 3n^2 + 4n - 5}{-3n^3 + 5n}$, a função extensão é:

$$f(x) = \frac{x^3 + 3x^2 + 4x - 5}{-3x^3 + 5x} = \frac{1 + 3/x + 4/x^2 - 5/x^3}{-3 + 5/x^2}$$

e cada termo na expressão de $f(x)$ contendo potências de x no denominador tem limite zero, quando $x \to \infty$. Usando propriedades de limites para funções reais, concluimos que $\lim\limits_{x\to\infty} f(x) = -1/3$ e, portanto, a sequência $\{a_n\}$ tem limite igual a $-1/3$.

O próximo resultado estabelece as propriedades básicas para o limite de sequências. Essas propriedades são análogas àquelas para o limite de funções reais definidas em intervalos, e suas demonstrações serão apresentadas sem maiores detalhes. Devemos ter em mente que o número positivo ε que figura na definição de limite, sendo arbitrário, pode ser substituído por qualquer outro do tipo $K\varepsilon$, sendo K um número positivo, sem comprometer a generalidade da definição.

Proposição 1.3.7 (Propriedades Algébricas do Limite) Sejam $\{a_n\}$ e $\{b_n\}$ sequências convergentes com limite l e r, respectivamente. Então:

(a) a sequência $\{a_n \pm b_n\}$ converge para $l \pm r$;

(b) a sequência $\{c \cdot a_n\}$ converge para $c \cdot l$, onde c é uma constante;

(c) a sequência $\{|a_n|\}$ converge para $|l|$;

(d) a sequência $\{a_n \cdot b_n\}$ converge para $l \cdot r$;

(e) a sequência $\{a_n/b_n\}$ converge para l/r, quando $r \neq 0$ e $b_n \neq 0$, $\forall n$.

Demonstração Seja $\varepsilon > 0$ dado. Pela definição de limite, existem índices n_1 e n_2 tais que:

$$|a_n - l| < \varepsilon, \quad \forall n \geq n_1 \tag{1.10}$$

$$|b_n - r| < \varepsilon, \quad \forall n \geq n_2 \tag{1.11}$$

e considerando um índice n_0 maior do que n_1 e n_2, de modo que (1.10) e (1.11) ocorram simultaneamente, temos para $n \geq n_0$ que:

(a) $|a_n \pm b_n - (l \pm r)| \leq |a_n - l| + |b_n - r| < \varepsilon + \varepsilon = 2\varepsilon$;

(b) $|ca_n - cl| = |c|\,|a_n - l| < |c|\,\varepsilon$;

(c) $||a_n| - |l|| \leq |a_n - l| < \varepsilon$;

(d) $|a_nb_n - lr| = |a_nb_n - b_nl + b_nl - lr| \leq |b_n|\,|a_n - l| + |l|\,|b_n - r| \leq (C + |l|)\,\varepsilon$,

onde C é uma constante positiva que limita a sequência $\{b_n\}$. O Critério da Limitação 1.3.3 assegura a existência da constante C.

(e) Considerando uma constante positiva C, tal que $\dfrac{1}{|b_n|} \leq C$, $\forall\, n$, (veja o Exercício 1.4I), encontramos:

$$\left|\frac{a_n}{b_n} - \frac{l}{r}\right| = \left|\frac{a_nr - b_nl - lr + lr}{rb_n}\right| \leq \frac{1}{|b_n|}\left(|a_n - l| + |l/r|\,|b_n - r|\right) < C(1 + |l/r|)\varepsilon. \quad \blacksquare$$

Observação 1.3.8 Com as Propriedades Algébricas 1.3.7, o cálculo de limites torna-se mais prático. Não é mais necessário introduzir a função extensão $f(x)$, a menos que se faça referência às suas propriedades *analíticas* como continuidade, derivabilidade, etc. Por exemplo, para calcular o limite da sequência $a_n = \dfrac{n^2+3}{4n^2-2n+1}$, procedemos como no exemplo 1.3.6(b), colocando em evidência o termo de maior grau no numerador e no denominador, resultando:

$$\lim_{n\to\infty} \frac{n^2\left(1+3/n^2\right)}{n^2\left(4-2/n+1/n^2\right)} = \lim_{n\to\infty} \frac{1+3/n^2}{4-2/n+1/n^2} = \frac{1}{4}.$$

Para que fique bem claro o procedimento acima, calculamos os limites do numerador e do denominador separadamente. Para o numerador, temos:

$$\lim_{n\to\infty}\left(1+3/n^2\right) = \lim_{n\to\infty} 1 + \lim_{n\to\infty} 3/n^2 = 1 + 3\lim_{n\to\infty} 1/n \cdot \lim_{n\to\infty} 1/n = 1+0 = 1.$$

Para o denominador, temos:

$$\lim_{n\to\infty}\left(4-2/n+1/n^2\right) = \lim_{n\to\infty} 4 - 2\lim_{n\to\infty} 1/n + \lim_{n\to\infty} 1/n^2 = 4-0+0 = 4.$$

Critério 1.3.9 (Critério do Limite Zero) Se uma sequência $\{a_n\}$ converge para zero e $\{b_n\}$ é uma sequência limitada, então a sequência produto $\{a_n \cdot b_n\}$ converge para zero.

Demonstração Seja $\varepsilon > 0$ dado. Como a sequência $\{a_n\}$ converge para zero, a esse ε corresponde um índice n_0 tal que $|a_n| < \varepsilon$, sempre que $n \geq n_0$. Ora, sendo $\{b_n\}$ uma sequência limitada, existe uma constante positiva C tal que $|b_n| \leq C$, seja qual for o índice n, e certamente para qualquer $n \geq n_0$ teremos:

$$|a_n b_n - 0| = |a_n b_n| = |a_n|\,|b_n| < C\varepsilon. \quad \blacksquare$$

No Critério 1.3.9 a sequência $\{b_n\}$ é apenas limitada, podendo ser convergente ou não. Por essa razão não foi usado na demonstração daquele critério a propriedade do limite referente ao produto de sequências, a qual exige a existência dos limites das sequências envolvidas.

Exemplo 1.3.10 Usando os resultados obtidos até o momento, é possível calcular de maneira relativamente simples o limite da sequência cujo termo geral é $a_n = (1/n)\operatorname{sen}(n\pi+3) + 5/2^n$. Nesse caso, o termo geral a_n pode ser decomposto da seguinte forma: $a_n = b_n \cdot c_n + 5 \cdot d_n$, onde $b_n = 1/n$

converge para zero, $c_n = \text{sen}\,(n\pi + 3)$ é limitada, embora não seja convergente, e $d_n = 1/2^n$ também converge para zero, de modo que a sequência original tem limite zero. Esquematizando, temos:

$$\underbrace{1/n}_{\downarrow\, 0} \cdot \underbrace{\text{sen}\,(n\pi + 3)}_{\text{limitada}} + \underbrace{5}_{\downarrow\, 5} \cdot \underbrace{(1/2)^n}_{\downarrow\, 0} \longrightarrow 0$$

Como foi mencionado na Observação 1.3.4, existem sequências limitadas que não possuem limites e, portanto, a condição "ser limitada" não é suficiente para garantir a convergência. Entretanto, adicionando-se à limitação a condição de *monotonicidade*, fica assegurada a convergência. Este fato é estabelecido pelo critério dado a seguir.

Critério 1.3.11 (Critério da Convergência Monótona) Toda sequência que é ao mesmo tempo limitada e monótona é convergente.

Demonstração A demonstração será feita para uma sequência decrescente limitada, podendo ser facilmente adaptada para o caso em que a sequência é crescente limitada. Seja então $\{a_n\}$ uma sequência decrescente, limitada inferiormente e seja $l = \inf\{a_n\}$. Dado $\varepsilon > 0$, segue de (1.5) que existe um índice n_0 tal que $l + \varepsilon > a_{n_0}$ e, sendo a sequência $\{a_n\}$ decrescente, temos:

$$a_n \leq a_{n_0} < l + \varepsilon\,, \;\forall n \geq n_0. \tag{1.12}$$

Por outro lado, sendo l o ínfimo da sequência $\{a_n\}$, então $l \leq a_n$, $\forall n$, de modo que:

$$l - \varepsilon < l \leq a_n\,, \;\forall n, \tag{1.13}$$

e combinando (1.12) e (1.13), resulta $l - \varepsilon < a_n < l + \varepsilon$, $\forall n \geq n_0$, isto é, $|a_n - l| < \varepsilon$, $\forall n \geq n_0$. Com isso provamos que $\lim\limits_{n\to\infty} a_n = l$. ■

Acabamos de provar que uma sequência decrescente e limitada inferiormente converge para o seu ínfimo. De modo similar prova-se que uma sequência crescente e limitada superiormente é convergente e o limite é o seu supremo.

Exemplo 1.3.12 No Exemplo 1.1.13 verificamos que a sequência de termo geral

$$a_n = \frac{n!}{1 \cdot 3 \cdot 5 \cdot \ldots \cdot (2n-1)}$$

é decrescente e, de acordo com o Critério 1.3.11, para concluir que ela converge basta verificar que ela é limitada. Ora,

$$0 < a_n = \frac{1}{1} \cdot \frac{2}{3} \cdot \frac{3}{5} \cdot \frac{4}{7} \cdot \ldots \cdot \frac{n}{2n-1} \le 1 \cdot 1 \cdot 1 \cdot 1 \cdot \ldots \cdot 1 = 1\,,\ \forall n,$$

provando que ela é limitada. No Exemplo 1.3.18 mostraremos que:

$$\lim_{n\to\infty} \frac{n!}{1 \cdot 3 \cdot 5 \cdot \ldots \cdot (2n-1)} = 0$$

e do Critério 1.3.11 deduzimos que $\inf\{a_n\} = 0$. É oportuno ressaltar que a sequência $x_n = x - a_n$ é crescente, tem limite x e, portanto, $\sup\{x_n\} = x$; além disso, $\inf\{x_n\} = x - a_1 = x - 1$.

Critério 1.3.13 (Critério do Confronto) Sejam $\{a_n\}, \{b_n\}$ e $\{c_n\}$ três sequências satisfazendo à condição: $a_n \le b_n \le c_n\,,\ \forall n$. Se $\lim\limits_{n\to\infty} a_n = \lim\limits_{n\to\infty} c_n = l$, então a sequência $\{b_n\}$ é convergente e seu limite é igual a l.

Demonstração Dado $\varepsilon > 0$, seja n_0 um índice a partir do qual se tem:

$$-\varepsilon < a_n - l < \varepsilon \quad \text{e} \quad -\varepsilon < c_n - l < \varepsilon\,. \tag{1.14}$$

Notando que $a_n - l \le b_n - l \le c_n - l$ e usando as desigualdades (1.14), obtemos:

$$-\varepsilon < b_n - l < \varepsilon\,,\ \forall n \ge n_0,$$

ou, de modo equivalente, $|b_n - l| < \varepsilon\,,\ \forall n \ge n_0$. ■

O critério apresentado a seguir faz referência às subsequências par e ímpar, podendo ser generalizado para qualquer par de subsequências que juntas contenham todos os termos da sequência original, a partir de determinada ordem.

Critério 1.3.14 (Critério das Subsequências) Uma sequência $\{a_n\}$ converge para l se, e somente se, as subsequências $\{a_{2n}\}$ e $\{a_{2n-1}\}$ convergem para l.

Demonstração Ao usar a definição de limite procura-se, a partir de um $\varepsilon > 0$ dado, um inteiro positivo n_0 tal que $|a_n - l| < \varepsilon$, $\forall n \ge n_0$, sem, contudo, exigir que o n seja par ou ímpar. ■

Observação 1.3.15 Quando uma sequência converge para um número l, demonstra-se que qualquer subsequência dela converge para esse mesmo l. Agora, uma sequência divergente pode ter várias subsequências convergindo para o mesmo valor. Isso não contradiz o resultado contido no Critério 1.3.14 porque aquelas duas subsequências citadas no critério, juntas, contêm todos os termos da sequência original e por isso elas são especiais. Também pode acontecer de todas as subsequências de uma dada sequência serem divergentes, como é o caso da sequência $a_n = n$.

Exemplo 1.3.16

(a) a sequência $a_n = (-1)^n$ é divergente porque as subsequências par e ímpar convergem para valores distintos. De fato, $a_{2n} = (-1)^{2n} = 1$, $\forall n$, converge para 1, enquanto que $a_{2n-1} = (-1)^{2n-1} = -1$, $\forall n$, converge para -1.

(b) a sequência $a_n = \dfrac{(-1)^n}{n}$, embora alternada, converge para zero, porque a subsequência par $a_{2n} = \dfrac{1}{2n}$ e a subsequência ímpar $a_{2n-1} = \dfrac{-1}{2n-1}$ convergem para zero.

(c) a sequência $a_n : 1, 1/2, 3, 1/4, 5, 1/6, \ldots$ é divergente. De fato, a subsequência par é $a_{2n} = 1/2n$, converge para zero, enquanto a subsequência ímpar $a_{2n-1} = 2n-1$ é divergente.

(d) Consideremos os subconjuntos $\mathbb{N}_2 = \{2^k,\ k = 1, 2, 3, \ldots\}$ e $\mathbb{N}_3 = \{3^k,\ k = 1, 2, 3, \ldots\}$ dos números naturais e a sequência $\{a_n\}$ definida por: $a_n = 1/n$, se $n \in \mathbb{N}_2 \cup \mathbb{N}_3$, e $a_n = n$, caso contrário. A sequência $\{a_n\}$ não converge, porque não é limitada, embora as subsequências $\{a_n\}_{n \in \mathbb{N}_2}$ e $\{a_n\}_{n \in \mathbb{N}_3}$ tenham o mesmo limite.

Critério 1.3.17 (Critério da Razão) Se $a_n \neq 0$, $\forall n$, e a razão $\left|\dfrac{a_{n+1}}{a_n}\right|$ tem limite $l < 1$, então a sequência $\{a_n\}$ é convergente e $\lim a_n = 0$.

Demonstração Como $\lim a_n = 0$ se, e somente se, $\lim |a_n| = 0$, não há perda de generalidades em admitirmos que $a_n > 0$, $\forall n$. Consideremos, então, um número real r tal que $l < r < 1$ e $0 < \dfrac{a_{n+1}}{a_n} < r$, a partir de uma certa ordem n_0 (este índice n_0 corresponde à escolha de $\varepsilon = r - l$ na Definição 1.3.1). Como $r < 1$, a desigualdade $a_{n+1}/a_n < r$ implica que $a_{n+1} < a_n$, para $n \geq n_0$, e, portanto, a sequência $\{a_n\}$ se torna decrescente a partir da ordem n_0. Sendo assim:

$$0 < a_n \leq a_{n_0}, \quad \forall n \geq n_0, \tag{1.15}$$

e esta relação (1.15) assegura a limitação da sequência $\{a_n\}$, colocando-a nas condições do Critério 1.3.11, sendo por conseguinte convergente. Para provar que $\{a_n\}$ converge para zero, raciocinamos por absurdo admitindo que seu limite é um número $s \neq 0$. Como a sequência $\{a_{n+1}\}$ também converge para s, por ser uma subsequência de $\{a_n\}$, resulta que

$$l = \lim_{n\to\infty} \frac{a_{n+1}}{a_n} = \frac{\lim\limits_{n\to\infty} a_{n+1}}{\lim\limits_{n\to\infty} a_n} = \frac{s}{s} = 1,$$

contradizendo a hipótese de ser l um número < 1. ■

Exemplo 1.3.18 Usando o Critério 1.3.17 provaremos que as sequências

$$a_n = \frac{n!}{n^n}, \quad b_n = \frac{r^n}{n!}, \quad c_n = \frac{(-1)^n\, n!}{1\cdot 3\cdot 5\cdot \ldots \cdot (2n-1)} \quad \text{e} \quad d_n = \frac{n^p}{2^n}$$

convergem todas para zero. Com efeito, todas essas sequências são de termos não nulos, e de acordo com o Critério 1.3.17 é suficiente provar em cada caso que a razão x_{n+1}/x_n em valor absoluto tem limite menor do que 1. Para a sequência $\{a_n\}$, temos:

$$\lim_{n\to\infty} \left|\frac{a_{n+1}}{a_n}\right| = \lim_{n\to\infty} \frac{(n+1)!}{(n+1)^{n+1}} \cdot \frac{n^n}{n!} = \lim_{n\to\infty} \left(\frac{n}{n+1}\right)^n = \frac{1}{e} < 1.$$

Aqui usamos o seguinte limite fundamental do cálculo: $\lim\limits_{x\to\infty} \left(1 + \dfrac{1}{x}\right)^x = e.$

Para a sequência $\{b_n\}$, temos:

$$\lim_{n\to\infty} \left|\frac{b_{n+1}}{b_n}\right| = \lim_{n\to\infty} \frac{|r|^{n+1}}{(n+1)!} \cdot \frac{n!}{|r|^n} = |r| \lim_{n\to\infty} \frac{1}{n+1} = 0 < 1.$$

Para a sequência $\{c_n\}$, temos:

$$\lim_{n\to\infty} \left|\frac{c_{n+1}}{c_n}\right| = \lim_{n\to\infty} \frac{1\cdot 3\cdot 5\cdot \ldots \cdot (2n-1)\,(n+1)!}{1\cdot 3\cdot 5\cdot \ldots \cdot (2n-1)\,(2n+1)\,n!} = \lim_{n\to\infty} \frac{n+1}{2n+1} = \frac{1}{2} < 1.$$

Finalmente, para a sequência $\{d_n\}$, temos:

$$\lim_{n\to\infty} \left|\frac{d_{n+1}}{d_n}\right| = \lim_{n\to\infty} \frac{(n+1)^p}{2^{n+1}} \cdot \frac{2^n}{n^p} = \frac{1}{2} \lim_{n\to\infty} \left(\frac{n+1}{n}\right)^p = \frac{1}{2} < 1.$$

No Exemplo 1.3.18, ao calcular o limite do quociente $\dfrac{d_{n+1}}{d_n}$, usamos o seguinte argumento:

$$\lim_{n\to\infty} \left(\frac{n+1}{n}\right)^p = \left(\lim_{n\to\infty} \frac{n+1}{n}\right)^p = (1)^p = 1.$$

A justificativa de se poder *passar o limite para dentro da potência* tem a ver com a continuidade da função $x \longmapsto x^p$. O caso geral pode ser formalizado da seguinte maneira: se $\{a_n\}$ é uma sequência com limite l e f é uma função contínua em um intervalo fechado $[a, b]$, o qual contém todos os termos da sequência $\{a_n\}$, para n suficientemente grande, então:

$$\lim_{n\to\infty} f(a_n) = f\left(\lim_{n\to\infty} a_n\right) = f(l). \tag{1.16}$$

Para comprovar (1.16) inicialmente observamos que o limite l da sequência $\{a_n\}$ jaz no intervalo $[a, b]$ e a continuidade de f em l significa que a cada $\varepsilon > 0$ dado corresponde um $\delta > 0$ tal que:

$$|f(x) - f(l)| < \varepsilon, \text{ sempre que } x \in [a, b] \text{ e } |x - l| < \delta. \tag{1.17}$$

De acordo com a definição de convergência 1.3.1 existe um índice $n_0 \in \mathbb{N}$, que possivelmente depende do δ, tal que $|a_n - l| < \delta$, $\forall n \geq n_0$, e aumentando n_0, se necessário for, podemos admitir que os termos a_n, a partir da ordem n_0, estão no intervalo $[a, b]$ e, sendo assim, resulta de (1.17):

$$|f(a_n) - f(l)| < \varepsilon, \quad \forall n \geq n_0.$$

Isso mostra que a sequência $\{f(a_n)\}$ tem limite $f(l)$.

Como aplicação estabelecemos os seguintes limites:

(a) $\lim a^{1/n} = a^{\lim 1/n} = a^0 = 1$, para todo $a > 0$;

(b) No Exemplo 1.3.6(a) mostramos que $\dfrac{\ln n}{n} \to 0$ e escrevendo $n^{1/n} = \exp\left(\frac{1}{n}\ln n\right)$, resulta:

$$\lim n^{1/n} = \lim\left[\exp\left(\tfrac{1}{n}\ln n\right)\right] = \exp\left[\lim\left(\tfrac{1}{n}\ln n\right)\right] = e^0 = 1.$$

Observação 1.3.19 No Critério da Razão 1.3.17, quando $\lim\left|\dfrac{a_{n+1}}{a_n}\right| = 1$, então a sequência $\{a_n\}$ pode ter limite zero ou pode ser divergente. Considere as sequências $a_n = 1/n$, $b_n = (-1)^n$ e $c_n = n$ e comprove nossa afirmação. Por outro lado, se $\lim\left|\dfrac{a_{n+1}}{a_n}\right| = l > 1$, aplicamos o Critério da Razão à sequência $b_n = 1/|a_n|$ e deduzimos que $b_n \to 0$ e, assim, $|a_n| \to \infty$. Outro caso que merece reflexão é aquele em que a razão $\left|\dfrac{a_{n+1}}{a_n}\right|$ não tem limite e, ainda assim, a sequência $\{a_n\}$ converge para zero. Consideremos como exemplo a sequência $x, xy, x^2y, x^2y^2, x^3y^2, \ldots$ começando com x e multiplicando-se alternadamente por x e y, sendo $0 < x < y < 1$. Nesse caso, a razão $\dfrac{a_{n+1}}{a_n}$ é a sequência divergente $y, x, y, x, y, \ldots$ (confira o Critério 1.3.14) e para mostrar que $\{a_n\}$ tem limite zero, consideramos a sequência $b_n = y^n$ e observamos que:

$$\frac{a_{n+1}}{a_n} \leq y = \frac{b_{n+1}}{b_n} \Longrightarrow \frac{a_{n+1}}{b_{n+1}} \leq \frac{a_n}{b_n}, \quad \forall n,$$

e, portanto, a sequência $\{a_n/b_n\}$ é monótona não crescente. Sendo assim:

$$0 < \frac{a_n}{b_n} \leq \frac{a_1}{b_1} \Longrightarrow 0 < a_n \leq \left(\frac{a_1}{b_1}\right) b_n = \left(\frac{a_1}{b_1}\right) y^n \to 0$$

e a nossa conclusão segue do Critério do Confronto 1.3.13. A sequência $\{x_n\}$ definida por $x_n = 1/n$, se n é par, e $x_n = 1/n^2$, se n é ímpar, também converge para zero, embora a razão $|x_{n+1}/x_n|$ não tenha limite.

Exemplo 1.3.20 (a constante de Euler γ) Consideremos a sequência $a_n = 1+\frac{1}{2}+\cdots+\frac{1}{n}-\ln n$ e recordemos que $\ln n$ é a área sob o gráfico da curva $y = 1/x$, entre $x = 1$ e $x = n$. Observando a figura 1.1 e comparando as áreas, deduzimos facilmente que $a_n > 0$, $\forall n$, e, além disso:

$$a_n - a_{n+1} = [\ln(n+1) - \ln n] - \frac{1}{n+1} > 0, \quad \forall n.$$

Logo, a sequência $\{a_n\}$ é decrescente e limitada inferiormente sendo, portanto, convergente. O seu limite, representado pele letra γ, leva o nome de *constante de Euler.*

Com isso concluimos o estudo introdutório sobre sequências numéricas. Informações complementares podem ser encontradas em [2], [16], [21] ou [22].

1.4 Exercícios Complementares

1.4A Falso ou verdadeiro? Procure justificar as afirmações falsas com um contraexemplo.

(a) toda sequência convergente é limitada;

(b) toda sequência limitada é convergente;

(c) toda sequência limitada é monótona;

(d) toda sequência monótona é convergente;

(e) a soma de duas sequências divergentes é divergente;

(f) toda sequência divergente é não monótona;

(g) se uma sequência convergente possui uma infinidade de termos nulos, seu limite é zero;

(h) toda sequência divergente é não limitada;

(i) se uma sequência possui uma subsequência convergente, ela própria converge;

(j) toda sequência alternada é divergente;

(k) toda sequência decrescente limitada é convergente e seu limite é zero;

(l) se uma sequência $\{a_n\}$ diverge, então $\{|a_n|\}$ também diverge;

(m) se $|a_{n+1} - a_n| \to 0$, então $\{a_n\}$ é convergente;

(n) se a sequência $\{|a_n|\}$ converge para zero, então $\{a_n\}$ também converge para zero;

(o) se $a_n \le b_n$, $\forall n$, $\{a_n\}$ crescente e $\{b_n\}$ convergente, então $\{a_n\}$ converge;

(p) se $\{a_n\}$ é convergente, então $\{(-1)^n a_n\}$ também converge;

(q) a sequência $\{a_n\}$ definida por $a_1 = 1$ e $a_{n+1} = \dfrac{n a_n}{n+1}$ é convergente;

(r) a sequência $\{a_n\}$ definida por $a_1 = 1$ e $a_{n+1} = 1 - a_n$ é convergente;

(s) se $a_n \neq 0$, $\forall n$, e $\lim\limits_{n\to\infty} \left|\dfrac{a_{n+1}}{a_n}\right| = l < 1$, então $\lim\limits_{n\to\infty} a_n = 0$;

(t) se $|a_{n+1} - a_n| = 1$, $\forall n$, então $\{a_n\}$ é divergente;

(u) se $(-1)^n a_n$ é convergente e $a_n > 0$, $\forall n$, então $a_n \to 0$;

(v) se $\{a_n\}$ é decrescente e $a_n > 0$, $\forall n \ge 10$, então $\{a_n\}$ converge.

1.4B Dê exemplo de duas sequências $\{a_n\}$ e $\{b_n\}$ tais que $\lim\limits_{n\to\infty} a_n = 0$ e $\{a_n b_n\}$ seja divergente. Por que isso não contradiz o Critério 1.3.9?

1.4C Usando a definição de limite, prove que:

(a) $\lim\limits_{n\to\infty} \dfrac{n}{2n-1} = \dfrac{1}{2}$ (b) $\lim\limits_{n\to\infty} \dfrac{\operatorname{sen}(n^5+n)}{n} = 0$ (c) $\lim\limits_{n\to\infty} \dfrac{3n^2+1}{n^2} = 3$

(d) $\lim\limits_{n\to\infty} \dfrac{5+n}{2+3n} = \dfrac{1}{3}$ (e) $\lim\limits_{n\to\infty} \dfrac{5}{2+3n} = 0$ (f) $\lim\limits_{n\to\infty} \left(2 + \dfrac{1}{n}\right) = 2.$

1.4D Calcule o limite das seguintes sequências:

(a) $\dfrac{n-1}{n+1}$ (b) $\dfrac{1}{3^n} + \left(\dfrac{3}{4}\right)^{n-3}$ (c) $\dfrac{\ln n}{e^n}$ (d) $\dfrac{4n^2-3n}{n^2+5n-6}$ (e) $\dfrac{n^2}{n+1} - \dfrac{n^2}{n+2}$

(f) $\left(1+\dfrac{1}{3n}\right)^n$ (g) $\dfrac{\sqrt{n!}+e^{2n}}{5\sqrt{n!}-e^n}$ (h) $\dfrac{n}{e^n}$ (i) $\dfrac{3n\sqrt{n}+1}{7-2n\sqrt{n}}$ (j) $\left(1+\dfrac{2}{n}\right)^n$

(k) $n^{1/n}$ (l) $n \operatorname{sen}(\pi/n)$ (m) $2^n/e^n$ (n) $\sqrt[n]{n^2+n}$ (o) $\sqrt{n+1}-\sqrt{n}$

(p) $\sqrt[n]{a}\,, a > 0$ (q) $\dfrac{3^n+(-2)^n}{3^{n+1}+(-2)^n}$ (r) $\dfrac{n!}{3^{n+1}}$ (s) $\dfrac{(n+1)^n}{n^{n+1}}$ (t) $\dfrac{\sqrt[3]{n^2}\operatorname{sen}(n^2)}{n+2}$

1.4E Em cada caso verifique se a sequência é convergente (C) ou divergente (D).

(a) $\sqrt{n^2+1}-\sqrt{n}$ (b) $\dfrac{2^n}{n!}$ (c) $\dfrac{1}{\sqrt{n^2+1}-\sqrt{n}}$ (d) $\dfrac{2^n}{1+2^n}$

(e) $\dfrac{n^2}{2n-1}-\dfrac{n^2}{2n+1}$ (f) $\dfrac{n^n}{n!}$ (g) $\dfrac{1\cdot 3\cdot 5\cdot\ldots\cdot(2n-1)}{n!2^n}$ (h) $n\left[\operatorname{sen}\left(\dfrac{n^3+1}{n^2}\right)-\operatorname{sen} n\right]$

(i) $\dfrac{n}{2^n}+\dfrac{(-1)^n}{n}$ (j) $\dfrac{n}{2^n}$ (k) $\dfrac{n!}{1\cdot 3\cdot 5\cdot\ldots\cdot(2n-1)}$ (l) $\dfrac{n^2}{\ln(n+1)}$

(m) $\ln(e^n-1)-n$ (n) $\cos(n\pi)$ (o) $\sqrt[8]{n^2+1}-\sqrt[4]{n+1}$ (p) $\operatorname{sen}(n\pi/2)$

1.4F Prove que $\lim\limits_{n\to\infty}(3^n+4^n)^{1/n}=4$. Se $a,b\geq 0$, mostre que $\lim\limits_{n\to\infty}(a^n+b^n)^{1/n}=\max\{a,b\}$.

1.4G Se $|r|<1$, use o Critério da Razão 1.3.17 para mostrar que $\lim\limits_{n\to\infty} nr^n=0$. Se $r>1$, mostre que $\lim\limits_{n\to\infty} r^n=\infty$. E se $r<-1$?

1.4H Dado um número real r seja $S_n=1+r+r^2+\cdots+r^{n-1}$, $n\in\mathbb{N}$. Mostre que $S_n-rS_n=1-r^n$ e se $|r|<1$, use essa relação e deduza que

$$\lim_{n\to\infty} S_n=\frac{1}{1-r}.$$

Agora, identifique a sequência $\sqrt{2}, \sqrt{2\sqrt{2}}, \sqrt{2\sqrt{2\sqrt{2}}},\ldots$ com aquela de termo geral $a_n=2^{\frac{1}{2}+\frac{1}{4}+\cdots+\frac{1}{2^n}}$ e calcule seu limite.

1.4I Na demonstração da Propriedade 1.3.7(e) o seguinte fato foi usado: *se $\{b_n\}$ é convergente, com $b_n\neq 0$, $\forall n$, e $\lim\limits_{n\to\infty} b_n\neq 0$, então a sequência $\{1/b_n\}$ é limitada.* Naquela ocasião as propriedades do limite ainda não estavam estabelecidas e, por isso, o fato deve ser provado usando a definição de limite. Prove-o.

1.4J Dois procedimentos foram usados ao calcular $\lim(1/n+1/n+1/n+\cdots+1/n)$ (soma com n parcelas). Explique qual o procedimento correto.

(a) simplificando a expressão:

$$\lim(1/n+1/n+\cdots+1/n)=\lim\left(n\times\frac{1}{n}\right)=1$$

(b) usando a propriedade 1.3.7(a):

$$\lim(1/n+1/n+\cdots+1/n)=\lim 1/n+\lim 1/n+\cdots+\lim 1/n=0.$$

1.4K Mostre que $\lim_{n\to\infty}\left[\operatorname{sen}(\frac{\pi}{2^2})\cdot\operatorname{sen}(\frac{\pi}{3^2})\cdot\operatorname{sen}(\frac{\pi}{4^2})\cdot\ldots\cdot\operatorname{sen}(\frac{\pi}{n^2})\right]=0$. (o produto de limites não deve ser usado!)

1.4L Considere a sequência cujos termos são definidos pela recorrência: $a_1 = 5$ e $a_{n+1} = \sqrt{a_n}$. Estes termos podem ser gerados em uma calculadora, introduzindo-se o número 5 e pressionando-se a tecla $\boxed{\sqrt{x}}$.

(a) Descreva o comportamento de $\{a_n\}$ quando n aumenta;

(b) Convença-se de que $a_n = 5^{1/2^n}$ e calcule $\lim_{n\to\infty} a_n$.

1.4M Em uma calculadora uma sequência é gerada introduzindo-se um número e pressionando-se a tecla $\boxed{1/x}$. Em que condições a sequência tem limite?

1.4N Seja $f:\mathbb{R}\to\mathbb{R}$ uma função derivável, sendo $f(0)=0$. Calcule $\lim_{n\to\infty} nf(1/n)$. Quanto vale $\lim_{n\to\infty} n\operatorname{arctg}(1/n)$?

1.4O Seja $f:\mathbb{R}\to\mathbb{R}$ uma função derivável tal que $f(x)>-1$, $\forall x$, e $\lim_{x\to\infty} f(x)=0$. Dê exemplo de uma tal função e calcule o limite da sequência $a_n = \dfrac{\ln(1+f(n))}{f(n)}$.

1.4P Considere a sequência $\{a_n\}$ definida pela recorrência: $a_1 = 1$ e $a_n = a_{n-1} + \cos a_{n-1}$, para $n \geq 2$. Mostre que $\{a_n\}$ é monótona limitada (convergente) e que $\lim a_n = \pi/2$.

1.4Q Uma população estável de 35.000 pássaros vive em três ilhas. Cada ano, 10% da população da ilha A migra para ilha B, 20% da população da ilha B migra para a ilha C e 5% da população da ilha C migra para ilha A. Denotando por A_n, B_n e C_n, respectivamente, os números de pássaros nas ilhas A, B e C, no n-ésimo ano antes da ocorrência da migração e admitindo a convergência das sequências $\{A_n\}, \{B_n\}$ e $\{C_n\}$, dê uma aproximação do número de pássaros em cada ilha após muitos anos.

1.5 Indução Finita

Consideremos uma sequência $T_1, T_2, T_3, T_4, \cdots$ de tijolos do mesmo tamanho, postos em pé e enfileirados de modo que a distância entre dois tijolos consecutivos é sempre menor do que o seu comprimento. Imprimimos ao tijolo T_1 uma força que o faz tombar sobre o tijolo T_2 e este, por sua vez, tomba sobre o tijolo T_3, e assim por diante. É razoável imaginar que todos os tijolos irão tombar. Como comprovar esse fato matematicamente? Imaginamos uma demonstração usando um argumento *por etapas*. Primeiro, comprovamos que o tijolo T_1 tombou. Se o tombo do n-ésimo tijolo T_n acarretar no tombo do tijolo T_{n+1}, para qualquer etapa $n \geq 1$, então todos os tijolos tombarão. Esse método de demonstração por etapas é conhecido como *Método de Indução Finita*, o qual admitiremos sem demonstração e enunciaremos a seguir.

Desejamos provar uma dada propriedade $P(n)$ acerca dos números naturais. Para comprovar a ocorrência de $P(n)$ para todo n, é suficiente provar o seguinte:

■ **Etapa 1** Que a propriedade $P(1)$ ocorre, isto é, a propriedade relativa ao inteiro $n = 1$ é verdadeira.

■ **Etapa 2** A ocorrência da propriedade $P(n)$, $n \geq 1$, implica a ocorrência da propriedade $P(n+1)$, isto é, se a propriedade relativa aos inteiros $\leq n$ é verdadeira, então a propriedade relativa ao inteiro $n+1$ também é verdadeira.

A primeira etapa é o ponto de partida e a segunda é o processo que permite passar de um inteiro para outro.

Exemplo 1.5.1 Desejamos provar que para todo inteiro $n \geq 1$, vale a relação:

$$1 + 2 + 3 + \ldots + n = \frac{n(n+1)}{2}. \tag{1.18}$$

A relação (1.18) é a propriedade $P(n)$ e para demonstrá-la usaremos o Método de Indução Finita. Para $n = 1$, a relação (1.18) é simplesmente:

$$1 = \frac{1(1+1)}{2},$$

que é uma sentença verdadeira. Agora, admitindo (1.18) verdadeira provaremos que $P(n+1)$ também é verdadeira, isto é:

$$1 + 2 + 3 + \cdots + n + (n+1) = \frac{(n+1)(n+2)}{2}. \tag{1.19}$$

Ora, usando (1.18), temos:

$$\underbrace{1 + 2 + 3 + \cdots + n} + (n+1) = \underbrace{\frac{n(n+1)}{2}} + n + 1 = \frac{(n+1)(n+2)}{2}$$

e isto prova (1.19).

Exemplo 1.5.2 Recordemos que o *fatorial* de um número natural n é o número inteiro $n!$ definido por $n! = 1 \times 2 \times 3 \times \ldots \times n$ e verificaremos agora que $n! \geq 2^{n-1}$, $\forall n \in \mathbb{N}$. Essa relação é a propriedade $P(n)$. Para $n = 1$, a relação é $1! \geq 2^{1-1}$, que obviamente é verdadeira. Admitamos que $P(n)$ seja verdadeira, isto é, $n! \geq 2^{n-1}$. Provar que $P(n+1)$ ocorre significa provar que $(n+1)! \geq 2^n$. Mas, usando a relação no n-ésimo estágio, temos:

$$(n+1)! = (n+1)\underbrace{n!} \geq (n+1)\underbrace{2^{n-1}} \geq 2 \cdot 2^{n-1} = 2^n.$$

Exemplo 1.5.3 Agora usaremos indução para mostrar que $A_n = 3\left(n^2 + n\right)$ é divisível por 6, para qualquer inteiro positivo n. Ser divisível por 6 significa ser múltiplo de 6, e para $n = 1$ temos $A_1 = 6$, que é divisível por 6. Admitindo que A_n é divisível por 6, segue que existe um número inteiro k tal que:

$$A_n = 3\left(n^2 + n\right) = 6k. \tag{1.20}$$

Para concluir, mostraremos que A_{n+1} é um múltiplo de 6. De fato,

$$A_{n+1} = 3\left[(n+1)^2 + (n+1)\right] = 3\left(n^2 + n\right) + 6(n+1) \tag{1.21}$$

e, substituindo (1.20) em (1.21), concluímos que $A_{n+1} = 6(k + n + 1)$ é múltiplo de 6.

Exemplo 1.5.4 (comparando somas finitas) Consideremos as somas finitas:

$$S_n = 1 - \frac{1}{2} + \frac{1}{3} - \frac{1}{4} + \cdots + \frac{(-1)^{n-1}}{n} \quad \text{e} \quad R_n = 1 + \frac{1}{2} + \frac{1}{3} + \cdots + \frac{1}{n}$$

e mostremos usando indução finita que $R_{2n} - R_n = S_{2n}$, isto é:

$$\frac{1}{n+1} + \frac{1}{n+2} + \cdots + \frac{1}{2n} = 1 - \frac{1}{2} + \frac{1}{3} - \cdots + \frac{(-1)^{n-1}}{n} + \cdots - \frac{1}{2n}. \tag{1.22}$$

Após um reagrupamento, a expressão do lado direito de (1.22) torna-se igual a

$$\frac{1}{1 \times 2} + \frac{1}{3 \times 4} + \cdots + \frac{1}{(2n-1) \times 2n}$$

e a sentença $P(n)$ a ser demonstrada agora é:

$$\frac{1}{n+1} + \frac{1}{n+2} + \cdots + \frac{1}{2n} = \frac{1}{1 \times 2} + \frac{1}{3 \times 4} + \cdots + \frac{1}{(2n-1) \times 2n}. \tag{1.23}$$

Para $n = 1$ a sentença é $\frac{1}{2} = \frac{1}{1 \times 2}$, portanto, verdadeira. Supondo que (1.23) ocorra, devemos comprovar que $R_{2n+2} - R_{n+1} = S_{2n+2}$. De fato, usando (1.23), temos:

$$\begin{aligned} S_{2n+2} &= \frac{1}{1 \times 2} + \frac{1}{3 \times 4} + \cdots + \frac{1}{(2n-1) \times 2n} + \frac{1}{(2n+1) \times (2n+2)} = \\ &= \frac{1}{n+1} + \frac{1}{n+2} + \cdots + \frac{1}{2n} + \frac{1}{(2n+1) \times (2n+2)} = \\ &= \frac{1}{n+1} + \frac{1}{n+2} + \cdots + \frac{1}{2n} + \frac{1}{2n+1} - \frac{1}{2n+2} = \\ &= \left(\frac{1}{n+1} - \frac{1}{2n+2} \right) + \frac{1}{n+2} + \cdots + \frac{1}{2n} + \frac{1}{2n+1}. \end{aligned}$$

Para concluir basta observarmos que a expressão entre parênteses no lado direito da última igualdade é precisamente $\frac{1}{2n+2}$.

Existe uma extensão do Método de Indução Finita, em que se deseja provar que uma certa propriedade ocorre, não para todo número natural n, mas a partir de uma certa ordem n_0. Nesse caso, o método é descrito pelas seguintes etapas:

■ **Etapa 1** Demonstra-se que a propriedade $P(n)$ ocorre no estágio $n = n_0$, isto é, $P(n_0)$ é verdadeira.

■ **Etapa 2** Supondo $P(k)$ verdadeira para $n_0 \leq k \leq n$, demonstra-se que $P(n+1)$ é também verdadeira.

Exemplo 1.5.5 (O Problema de Fibonacci) Suponha que coelhos sejam eternos e que a cada mês cada par produza um novo par, que se torna reprodutivo com dois meses de idade. Começando com um par recém-nascido, quantos pares de coelhos existirão no n-ésimo mês? Se denotarmos por por a_n a quantidade de pares de coelhos no n-ésimo mês, como no primeiro mês não há reprodução, teremos $a_1 = 1$ e $a_2 = 1$. A partir do segundo mês inicia-se a reprodução, obedecendo a seguinte sequência:

$$a_1 = 1, \ a_2 = 1, \ a_3 = 2, \ a_4 = 3, \ a_5 = 5, \ \ldots. \tag{1.24}$$

A quantidade de pares de coelhos em um determinado mês, a partir do terceiro, é igual a quantidade do mês anterior mais a quantidade reproduzida dois meses antes, isto é, $a_n = a_{n-1} + a_{n-2}$. A sentença matemática que se deseja provar é, portanto:

$$P(n) : a_n = a_{n-1} + a_{n-2}, \ n \geq 3.$$

Observando a sequência (1.24) comprovamos que $P(3)$ é verdadeira. Admitindo $P(n)$ verdadeira, para $n \geq 3$, nossa meta é mostrar que $P(n+1)$ também é verdadeira. Ora, o número de pares no estágio $n+1$ é $a_{n+1} = a_n + a_{n-1}$, que corresponde ao número de pares no mês anterior a_n mais o número de pares produzidos dois meses antes a_{n-1}. É claro que a sequência $\{a_n\}$ assim definida é crescente e $a_n \geq 1$, $\forall n$. Se ela fosse limitada superiormente, então ela seria convergente e teríamos:

$$\lim a_n = \lim a_{n-1} + \lim a_{n-2} \tag{1.25}$$

e sendo $\lim a_n = \lim a_{n-1} = \lim a_{n-2}$, segue de (1.25) que $\lim a_n = 0$. Isto não é possível, tendo em vista que $a_n \geq 1$, $\forall n$, acarreta $\lim a_n \geq 1$, se o limite existisse. Logo, a_n não é limitada superiormente e, sendo assim, $\lim a_n = \infty$. A sequência $\{a_n\}$ leva o nome de *sequência de Fibonacci* e no Exercício 1.6K encontra-se uma expressão para o termo geral a_n.

1.6 Exercícios Complementares

1.6A Use o Método de Indução Finita para provar as seguintes relações:

(a) $1 + 3 + 5 + ... + (2n-1) = n^2$;

(b) $1^2 + 2^2 + 3^2 + ... + n^2 = \frac{1}{6}n(n+1)(2n+1)$;

(c) $1^3 + 2^3 + 3^3 + ... + n^3 = \left[\dfrac{n(n+1)}{2}\right]^2$;

(d) $1^2 + 3^2 + 5^2 + ... + (2n-1)^2 = \frac{1}{3}(4n^3 - n)$;

(e) $(1+x)(1+x^2)(1+x^4) \cdot ... \cdot (1+x^{2^n}) = \dfrac{1-x^{2^{n+1}}}{1-x}$, o ponto de partida é $n = 0$;

(f) $\sum\limits_{k=1}^{n} \ln\left[\dfrac{(k+1)^2}{k(k+2)}\right] = \ln 2 + \ln\left(\dfrac{n+1}{n+2}\right)$.

1.6B Mostre que $n(n^2+5)$ é divisível por 6. (sug. use o Exemplo 1.5.3).

1.6C Uma função $f : \mathbb{R} \to \mathbb{R}$ satisfaz a: $f(xy) = f(x) + f(y)$, $\forall x, y$. Prove que $f(a^n) = nf(a)$.

1.6D Represente por $\dbinom{n}{k}$ o coeficiente binomial $\dfrac{n!}{k!(n-k)!}$, onde k e n são números inteiros positivos e $k \leq n$. Mostre que:

(a) $\dbinom{n}{k-1} + \dbinom{n}{k} = \dbinom{n+1}{k}$;

(b) $(x+y)^n = \sum\limits_{k=0}^{n} \binom{n}{k} x^k y^{n-k}$.

1.6E Demonstre a seguinte regra de Leibniz para derivação:

$$[fg]^{(n)} = \sum_{k=0}^{n} \binom{n}{k} f^{(n-k)} g^{(k)}.$$

1.6F Prove a *Desigualdade de Bernoulli*: $(1+r)^n \geq 1+nr$, para $r \geq -1$ e $n \in \mathbb{N}$. Use o resultado e mostre que se $\alpha > 1$ e $-1 \leq r \leq 0$, então $1+\alpha r \leq (1+r)^\alpha$.

1.6G Se x e y são números reais, mostre que:

$$x^n - y^n = (x-y)\left(x^{n-1} + x^{n-2}y + \cdots + xy^{n-2} + y^{n-1}\right), \ n \in \mathbb{N}.$$

1.6H Mostre que $\dfrac{1 \cdot 3 \cdot 5 \cdot \ldots \cdot (2n-1)}{2 \cdot 4 \cdot 6 \cdot \ldots \cdot (2n)} \geq \dfrac{1}{2n}$, $\forall n \in \mathbb{N}$.

1.6I Mostre que $\lim\limits_{x \to \infty} \dfrac{x}{(\ln x)^n} = \infty$, $\forall n = 0, 1, 2, 3, \ldots$.

1.6J Uma sequência $\{b_n\}$ é definida pela recorrência: $b_1 = -1$ e $b_n = \dfrac{(1-n)\, b_{n-1}}{n^2}$, $n \geq 2$. Use o Método de Indução Finita e prove que $b_n = \dfrac{(-1)^n}{n!n}$, $\forall n = 1, 2, 3, \ldots$.

1.6K A sequência de *Fibonacci* é definida por: $a_1 = 1$, $a_2 = 1$ e, para $n \geq 3$, $a_n = a_{n-1} + a_{n-2}$. Mostre que

$$a_n = \frac{1}{2^n\sqrt{5}}\left[\left(1+\sqrt{5}\right)^n - \left(1-\sqrt{5}\right)^n\right].$$

1.6L Considere a sequência $a_n = \dfrac{n}{(n+1)!}$ e mostre por indução que

$$a_1 + a_2 + a_3 + \cdots + a_n = 1 - \frac{1}{(n+1)!}.$$

1.6M Em cada caso abaixo, encontre o primeiro inteiro positivo n_0 para o qual a sentença é verdadeira e, usando a extensão do Método de Indução, prove que a sentença matemática é verdadeira para qualquer número inteiro maior do que n_0 :

(a) $10^n \leq n^n$ (b) $n^2 + 18 \leq n^3$ (c) $5 + \log_2 n \leq n$ (d) $2n + 2 \leq 2^n$

(e) $2^n \leq n!$ (f) $n + 12 \leq n^2$ (g) $n \log_2 n + 9 \leq n^2$ (h) $n^2 \leq 2^n$.

2. Séries Numéricas

Uma soma infinita é um processo que sempre nos intriga porque literalmente não podemos somar, um a um, uma infinidade de termos. Ao estabelecer que a soma infinita

$$a_1 + a_2 + a_3 + \cdots + a_n + \cdots$$

tem valor S desejamos passar a seguinte idéia: o valor da soma $a_1 + a_2 + a_3 + \cdots + a_n$ torna-se arbitrariamente próximo de S, à medida que o número n de parcelas aumenta.

Em alguns casos uma soma infinita resulta em um número, como no caso da soma $1/2 + 1/4 + 1/8 + \cdots + 1/2^n + \cdots = 1$, deduzida a partir da soma das áreas da figura ao lado. Em outros casos, a soma infinita torna-se arbitrariamente grande à medida que se aumenta o número de parcelas. Não parece tão óbvio, mas isso ocorre com a soma $1 + 1/2 + 1/3 + 1/4 + \cdots + 1/n + \cdots = \infty$, como veremos adiante. Por fim, existem somas infinitas cujo resultado é indefinido, como é o caso da soma $1 - 1 + 1 - 1 + 1 - \cdots$ cujo valor pode ser 1, pode ser 0, dependendo de como seus termos são agrupados:

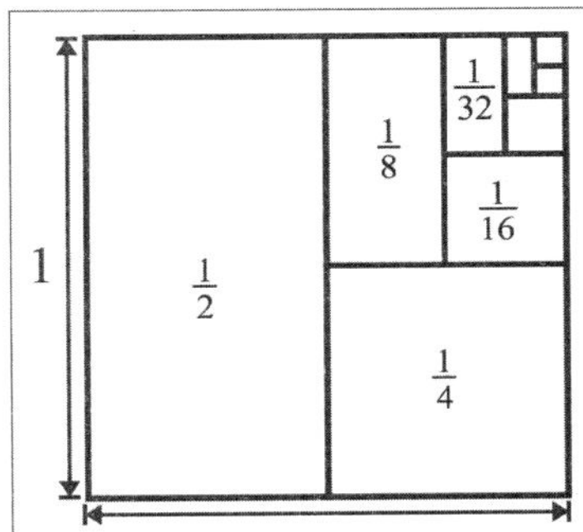

Fig. 2.1

$$(1-1) + (1-1) + (1-1) + \cdots = 0 \quad \text{ou} \quad 1 + (-1+1) + (-1+1) + \cdots = 1.$$

O fundamento teórico para o cálculo de somas infinitas foi desenvolvido por Cauchy e, antes desse feito, matemáticos como Gauss, Laplace e Euler usaram com sucesso somas infinitas e obtiveram resultados surpreendentes. O que desenvolveremos aqui servirá de base para os capítluos seguintes, onde trataremos com séries de funções de diversos tipos.

2.1 Fundamentos Gerais

Para motivar o que será desenvolvido neste capítulo, apresentaremos como ilustração o cálculo da soma infinita:

$$0.9 + 0.09 + 0.009 + 0.0009 + \cdots .$$

A esta soma infinita associamos uma sequência $\{S_n\}$ definida da seguinte maneira:

$$\begin{aligned} S_1 &= 0.9 \\ S_2 &= 0.9 + 0.09 = 0.99 \\ S_3 &= 0.9 + 0.09 + 0.009 = 0.999 \\ S_4 &= 0.9 + 0.09 + 0.009 + 0.0009 = 0.9999, \end{aligned}$$

e assim por diante. É natural pensar na soma infinita como o limite da sequência $\{S_n\}$, quando $n \to \infty$, e considerando que:

$$S_n = 0.\underbrace{9999\ldots 9}_{n \text{ vezes}}$$

então $\lim\limits_{n\to\infty} S_n = 0.9999\ldots$ é uma dízima periódica. Esse cálculo pode ser feito de outra maneira, escrevendo as parcelas da soma infinita como frações ordinárias e dessa forma obtemos:

$$\tfrac{9}{10} + \tfrac{9}{100} + \tfrac{9}{1000} + \tfrac{9}{10000} + \cdots,$$

de onde segue que:

$$S_n = \tfrac{9}{10}\left[1 + \tfrac{1}{10} + \left(\tfrac{1}{10}\right)^2 + \left(\tfrac{1}{10}\right)^3 + \left(\tfrac{1}{10}\right)^4 + \cdots + \left(\tfrac{1}{10}\right)^{n-1}\right]. \tag{2.1}$$

Em (2.1) a expressão entre colchetes é a soma dos n primeiros termos de uma progressão geométrica de razão $r = \frac{1}{10}$ e vale $S_n = \frac{9}{10}\left[\dfrac{1-(1/10)^n}{1-1/10}\right]$. Assim, $S_n = 1 - \left(\frac{1}{10}\right)^n$ e, portanto, $\lim\limits_{n\to\infty} S_n = 1$. Isto nos conduz à igualdade $0.9999\ldots = 1$ que deve ser vista como um limite.

Dada uma sequência $\{a_n\}$ de números reais, a soma infinita

$$a_1 + a_2 + a_3 + \cdots + a_n + \cdots$$

será representada simbolicamente por $\sum\limits_{n=1}^{\infty} a_n$ e denominada série infinita ou simplesmente série; o termo a_n recebe o nome de termo geral da série. A letra grega $\sum$ (lê-se sigma) significa soma e o índice n sob o $\sum$ indica onde a soma se inicia e o símbolo ∞ sobre o $\sum$ indica que a soma é infinita. O que temos em mente é estabelecer condições sobre a sequência $\{a_n\}$ para que a soma infinita $\sum\limits_{n=1}^{\infty} a_n$ resulte em um número real. Se este for o caso, a série denomina-se convergente.

Exemplo 2.1.1 A soma infinita $1+1/2+1/4+1/8+\cdots$ se representa por $\sum\limits_{n=1}^{\infty}\dfrac{1}{2^{n-1}}$ e para cada n seja S_n a soma finita:

$$S_n = 1+1/2+1/4+1/8+\cdots+1/2^{n-1} = \frac{1-(1/2)^n}{1-1/2} = 2\left[1-(1/2)^n\right].$$

Se olharmos a soma infinita $\sum\limits_{n=1}^{\infty}\dfrac{1}{2^{n-1}}$ como o limite da soma parcial S_n, com $n\to\infty$, teremos

$$\sum_{n=1}^{\infty}\frac{1}{2^{n-1}} = \lim_{n\to\infty} S_n = \lim_{n\to\infty} 2\left[1-(1/2)^n\right] = 2. \tag{2.2}$$

Exemplo 2.1.2 Investiguemos a soma infinita

$$1+1/2+1/3+1/4+\cdots,$$

representada simbolicamente por $\sum\limits_{n=1}^{\infty}1/n$. A figura 2.2 ao lado mostra o gráfico da função $f(x)=1/x$, $x>0$, onde jazem os pontos $(n,1/n)$ e, comparando as áreas dos retângulos com a área sob o gráfico de f, concluímos que:

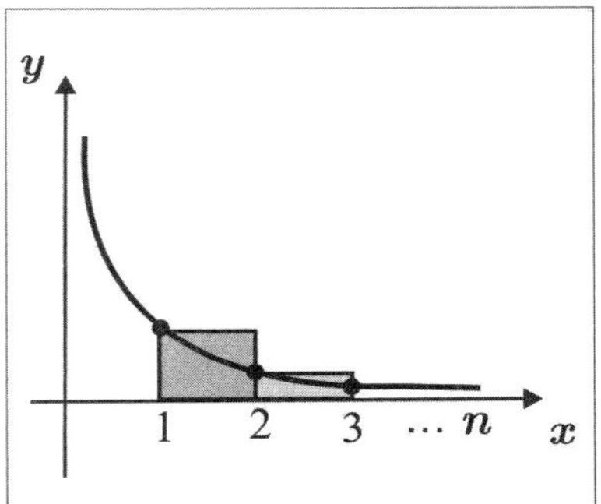

Fig. 2.2

$$f(1)+f(2)+f(3)+f(4)+\cdots+f(n) \geq \int_1^n f(x)\,dx,$$

ou seja:

$$1+1/2+1/3+1/4+\cdots+1/n \geq \ln n, \quad \forall n\in\mathbb{N}. \tag{2.3}$$

Como $\lim\limits_{n\to\infty}\ln n=\infty$, usando (2.3) deduzimos que:

$$\lim_{n\to\infty}\left[1+1/2+1/3+1/4+\cdots+1/n\right]=\infty$$

e é razoável afirmar que $\sum\limits_{n=1}^{\infty}\dfrac{1}{n}=\infty$. Observamos que essa soma infinita não é um número real.

Os exemplos dados acima motivam o conceito de convergência para séries numéricas. A convergência de uma série $\sum\limits_{n=1}^{\infty}a_n$ está relacionada com a convergência de sua sequência de somas parciais $\{S_n\}$, a qual é definida por:

$$S_n = a_1+a_2+a_3+a_4+\cdots+a_n. \tag{2.4}$$

O termo geral S_n definido em (2.4) é denominado n-ésima soma parcial da série $\sum\limits_{n=1}^{\infty} a_n$.

Definição 2.1.3 A série $\sum\limits_{n=1}^{\infty} a_n$ denomina-se convergente quando a sequência $\{S_n\}$ de suas somas parciais for convergente. Neste caso, a soma da série é o limite da sequência $\{S_n\}$, isto é:

$$\sum_{n=1}^{\infty} a_n = \lim_{n\to\infty} S_n. \tag{2.5}$$

Quando uma série não for convergente ela será denominada série divergente. Neste caso, a sequência de somas parciais $\{S_n\}$ é divergente, isto é, ou não tem limite finito ou $S_n \to \pm\infty$.

Exemplo 2.1.4

(a) Série Geométrica $\sum\limits_{n=1}^{\infty} \alpha r^{n-1}$

Os números α e r que figuram na série geométrica denominam-se, respectivamente, coeficiente e razão da série; ambos são supostos diferentes de zero. O termo geral da série é $a_n = \alpha r^{n-1}$ e a n-ésima soma parcial é $S_n = \alpha\left(1 + r + r^2 + \cdots + r^{n-1}\right)$, cuja convergência depende do valor da razão r e será estabelecida por etapas.

■ Se $|r| \geq 1$, usamos a relação $|S_{n+1} - S_n| = |a_{n+1}| = |\alpha|\,|r|^n$ para deduzir que: (i) se $r = \pm 1$, então $|S_{n+1} - S_n| = |\alpha|$ e (ii) se $|r| > 1$, teremos $|S_{n+1} - S_n| \to \infty$. Em ambos os casos a sequência $\{S_n\}$ – e, portanto, a série – diverge, porque as distâncias $|S_{n+1} - S_n|$ não se aproximam de zero.

■ Se $|r| < 1$, vimos no exemplo 1.3.2(c) que $\lim r^n = 0$ e usando a relação $(1 - r)\, S_n = \alpha\,(1 - r^n)$ (veja o Exercício 1.4H) deduzimos que $\lim S_n = \alpha/\,(1 - r)$. Este é o único caso em que a série geométrica converge e sua soma é $\alpha/\,(1 - r)$.

Em (2.2) temos um caso particular em que $\alpha = 1$ e $r = 1/2$. O valor da soma de uma série geométrica convergente é determinado pela fórmula padrão

$$\sum_{n=1}^{\infty} \alpha r^{n-1} = \alpha/\,(1 - r)\,, \quad |r| < 1, \tag{2.6}$$

e no caso da série $\sum\limits_{n=k}^{\infty} a_n$, que se inicia em $n = k$, escrevemos $\sum\limits_{n=k}^{\infty} a_n = -a_1 - a_2 - \cdots - a_{k-1} + \sum\limits_{n=1}^{\infty} a_n$. Por exemplo, para a série geométrica $\sum\limits_{n=3}^{\infty} (1/2^n)$, em que o termo geral é $a_n = 1/2^n$, temos:

$$\sum_{n=3}^{\infty} (1/2^n) = -a_1 - a_2 + \sum_{n=1}^{\infty} (1/2^n) = -1/2 - 1/4 + \sum_{n=1}^{\infty} \tfrac{1}{2}\,(1/2)^{n-1} = -\frac{3}{4} + \frac{1/2}{1 - 1/2} = 1/4.$$

(b) Série Harmônica $\displaystyle\sum_{n=1}^{\infty}\frac{1}{n}$

Vamos investigar a série harmônica[1] através de sua sequência de somas parciais. Denotando por $\{S_n\}$ a sequência de somas parciais dessa série, temos que:

$$S_n = 1 + \frac{1}{2} + \frac{1}{3} + \cdots + \frac{1}{n}$$
$$S_{2n} = 1 + \frac{1}{2} + \frac{1}{3} + \cdots + \frac{1}{n} + \frac{1}{n+1} + \cdots + \frac{1}{2n}.$$

e, portanto:

$$S_{2n} - S_n = \frac{1}{n+1} + \frac{1}{n+2} + \cdots + \frac{1}{2n} \geq \frac{1}{2n} + \frac{1}{2n} + \cdots + \frac{1}{2n} = \frac{1}{2}. \tag{2.7}$$

Se a sequência $\{S_n\}$ fosse convergente, então a subsequência $\{S_{2n}\}$ também seria, teria o mesmo limite que $\{S_n\}$ e, assim, teríamos $\lim\limits_{n\to\infty}\{S_{2n} - S_n\} = 0$. Isto não é possível, pois a desigualdade (2.7) nos assegura que $\lim\limits_{n\to\infty}\{S_{2n} - S_n\} \geq 1/2$, caso o limite exista. Com isto concluímos que a série harmônica $\sum\limits_{n=1}^{\infty}\frac{1}{n}$ é divergente e, como vimos no Exemplo 2.1.2, sua soma é $+\infty$.

(c) Série de Encaixe $\displaystyle\sum_{n=1}^{\infty}(b_n - b_{n+1})$

Uma série do tipo $(b_1 - b_2) + (b_2 - b_3) + (b_3 - b_4) + \cdots$, em que cada termo se encaixa no seguinte, recebe o nome de *série de encaixe* ou *série telescópica*. Ela é representada simbolicamente por $\sum_{n=1}^{\infty}(b_n - b_{n+1})$ e sua sequência de somas parciais $\{S_n\}$ é:

$$S_n = (b_1 - b_2) + (b_2 - b_3) + \cdots + (b_n - b_{n+1}) = b_1 - b_{n+1}. \tag{2.8}$$

Se a sequência $\{b_n\}$ convergir para um número l, então segue de (2.8) que a sequência $\{S_n\}$ converge para $b_1 - l$, sendo este o valor da soma da série. É claro que, se a sequência $\{b_n\}$ divergir, o mesmo ocorre com as somas parciais $\{S_n\}$. Assim, a série de encaixe $\sum\limits_{n=1}^{\infty}(b_n - b_{n+1})$ é convergente se, e somente se, a sequência $\{b_n\}$ o for e, neste caso, a soma da série é:

$$\sum_{n=1}^{\infty}(b_n - b_{n+1}) = b_1 - \lim_{n\to\infty} b_n. \tag{2.9}$$

[1] A denominação *série harmônica* é em correspondência aos *nós* em uma corda vibrando (nota musical). Por exemplo, 1/2 produz um *harmônico* igual ao dobro da *freqüência fundamental*, 1/3 produz um *harmônico* 3 vêzes a *freqüência fundamental* e assim sucessivamente.

(d) Exemplos de Séries de Encaixe

1. A série $\sum\limits_{n=1}^{\infty} \dfrac{1}{n^2+n}$ pode ser vista como uma série de encaixe, bastando para isso decompor $\dfrac{1}{n^2+n}$ em frações simples escrevendo $\dfrac{1}{n^2+n} = \dfrac{1}{n} - \dfrac{1}{n+1}$. Como a sequência $b_n = 1/n$ converge para zero, então a série de encaixe é convergente e, além disso, de acordo com (2.9), temos:

$$\sum_{n=1}^{\infty} \frac{1}{n^2+n} = b_1 - \lim_{n\to\infty} b_n = 1 - 0 = 1.$$

Usando a convergência dessa série podemos deduzir que a série $\sum\limits_{n=1}^{\infty} \dfrac{1}{n^2}$ também converge. De fato, a sequência $\{S_n\}$ de somas parciais dessa série é crescente e $0 \le S_n \le 2R_n$, onde $\{R_n\}$ é a n-ésima soma parcial da série $\sum\limits_{n=1}^{\infty} \dfrac{1}{n^2+n}$. Logo, $\{S_n\}$ é monótona limitada e, portanto, convergente.

2. A série $\sum\limits_{n=1}^{\infty} \ln\left(\dfrac{n}{n+1}\right)$ é também uma série de encaixe, neste caso divergente. De fato, colocando a série sob a forma $\sum\limits_{n=1}^{\infty} (b_n - b_{n+1})$, com $b_n = \ln n$, deduzimos que a série de encaixe diverge, porque (b_n) é uma sequência divergente.

3. Para calcular o valor da soma da série $\sum\limits_{n=1}^{\infty} \dfrac{2}{n^2+5n+6}$, primeiro decompomos a fração $\dfrac{2}{n^2+5n+6}$ em frações parciais e identificamos a série como uma série de encaixe. Temos:

$$\frac{2}{n^2+5n+6} = \frac{2}{(n+2)(n+3)} = \frac{2}{n+2} - \frac{2}{n+3}$$

e se considerarmos $b_n = \dfrac{2}{n+2}$, teremos

$$\sum_{n=1}^{\infty} \frac{2}{n^2+5n+6} = \sum_{n=1}^{\infty} (b_n - b_{n+1}) = b_1 - \lim b_n = 2/3.$$

4. A série de encaixe $\sum\limits_{n=1}^{\infty} \left(\dfrac{1}{\sqrt[n]{2}} - \dfrac{1}{\sqrt[n+1]{2}}\right)$ tem soma $S = -1/2$. De fato, se $b_n = \dfrac{1}{\sqrt[n]{2}}$, então

$$S = b_1 - \lim b_n = \frac{1}{2} - \lim \frac{1}{\sqrt[n]{2}} = -1/2.$$

(e) Série de Mengoli $\quad \sum\limits_{n=1}^{\infty} (b_n - b_{n+k})$

Fixados um número natural k e uma sequência convergente $\{b_n\}$, investiguemos a convergência da série $\sum_{n=1}^{\infty}(b_n - b_{n+k})$, conhecida por *Série de Mengoli*[2] e que generaliza as séries de encaixe. Usando o Método de Indução Finita, mostra-se que a n-ésima soma parcial da série de Mengoli é

$$S_n = b_1 + b_2 + \cdots + b_k - (b_{n+1} + b_{n+2} + \cdots + b_{n+k})$$

e, considerando que $\lim_{n\to\infty} b_{n+j} = \lim b_n$, $\forall j = 1, 2, \ldots k$, concluímos que a série $\sum_{n=1}^{\infty}(b_n - b_{n+k})$ é convergente e tem soma

$$\sum_{n=1}^{\infty}(b_n - b_{n+k}) = b_1 + b_2 + \cdots + b_k - k \lim b_n. \tag{2.10}$$

A título de ilustração, deixe-nos calcular a soma da série $\sum\limits_{n=1}^{\infty}\left(\dfrac{n}{n+1} - \dfrac{n+2}{n+3}\right)$, a qual se identifica com a série de Mengoli

$$\sum_{n=1}^{\infty}\left(\frac{n}{n+1} - \frac{n+2}{n+3}\right) = \sum_{n=1}^{\infty}(b_n - b_{n+2}),$$

sendo $b_n = \dfrac{n}{n+1}$. De acordo com (2.10), temos

$$\sum_{n=1}^{\infty}\left(\frac{n}{n+1} - \frac{n+2}{n+3}\right) = \sum_{n=1}^{\infty}(b_n - b_{n+2}) = b_1 + b_2 - 2\lim b_n = -5/6.$$

O critério dado a seguir fornece uma condição necessária, mas não suficiente, para que uma série numérica seja convergente.

Critério 2.1.5 (Critério do n-ésimo Termo) Se a série $\sum\limits_{n=1}^{\infty} a_n$ é convergente, então o termo geral a_n tem limite zero.

Demonstração Denotando por $\{S_n\}$ a sequência de somas parciais da série, temos que $a_n = S_n - S_{n-1}$ e, admitindo que a série seja convergente, resulta que a sequência de somas parciais $\{S_n\}$ converge para um certo número l, o mesmo ocorrendo com a subsequência $\{S_{n-1}\}$. Então,

$$\lim_{n\to\infty} a_n = \lim_{n\to\infty}(S_n - S_{n-1}) = \lim_{n\to\infty} S_n - \lim_{n\to\infty} S_{n-1} = l - l = 0. \quad \blacksquare \tag{2.11}$$

Observação 2.1.6 Como vimos no Exemplo 2.1.4, a série $\sum\limits_{n=1}^{\infty} \ln\left(\dfrac{n}{n+1}\right)$ e a série harmônica $\sum\limits_{n=1}^{\infty}\dfrac{1}{n}$ são divergentes, embora o termo geral a_n tenha limite zero em ambos os casos. Ressaltamos

[2] Pietro Mengoli (1626-1826), matemático italiano.

com isso que a condição $\lim_{n\to\infty} a_n = 0$ não é suficiente para garantir a convergência da série $\sum_{n=1}^{\infty} a_n$. Porém, quando a sequência $\{a_n\}$ for divergente ou $\lim_{n\to\infty} a_n \neq 0$, então a série $\sum_{n=1}^{\infty} a_n$ será divergente. Por exemplo, as séries $\sum_{n=1}^{\infty} (-1)^n$ e $\sum_{n=1}^{\infty} (1 + 1/n)$ são ambas divergentes. A primeira porque o termo geral $a_n = (-1)^n$ não converge e a segunda porque o termo geral $a_n = 1 + 1/n$, embora convergente, não tem limite zero.

O Critério 2.1.5 constitui-se no primeiro critério de convergência, na verdade um critério de divergência, para séries. Ao investigarmos a convergência de uma série, em primeiro lugar observamos o comportamento de seu termo geral, como sugere o diagrama a seguir.

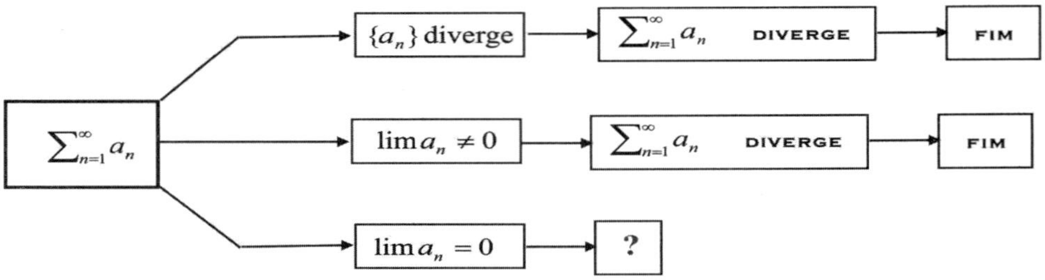

A condição $\lim_{n\to\infty} a_n = 0$ não dá informação sobre a convergência da série $\sum_{n=1}^{\infty} a_n$, sendo necessária uma investigação adicional para determinar a natureza (convergente ou divergente) da série. A seguinte tabela ilustra algumas situações:

$\sum_{n=1}^{\infty} a_n$	$\lim_{n\to\infty} a_n$	natureza da série
$\sum_{n=1}^{\infty} \frac{n}{2n+1}$	$\frac{1}{2}$	divergente
$\sum_{n=1}^{\infty} \frac{\ln n}{n^2}$	0	não prevista pelo critério 2.1.5
$\sum_{n=1}^{\infty} \frac{e^n}{n^2}$	∞	divergente

Como ocorre com as sequências numéricas, o acréscimo ou a omissão de um número finito de termos não altera a convergência ou a divergência de uma série, podendo alterar o valor de sua soma. Em outras palavras, o comportamento da cauda da série é quem determina sua convergência.

Aliás, série convergente é aquela cuja cauda tem limite zero. Mais precisamente, uma série $\sum_{n=1}^{\infty} a_n$ é convergente se, e somente se, $\lim_{p\to\infty} \sum_{n=p}^{\infty} a_n = 0$. Este critério de convergência é conhecido como Critério de Cauchy e pode ser formulado assim: uma condição necessária e suficiente para que a série $\sum_{n=1}^{\infty} a_n$ seja convergente é que:

$$\lim_{n,p\to\infty} (a_{n+1} + a_{n+2} + \cdots + a_{n+p}) = 0.$$

A demonstração desse critério de convergência para séries foge ao nosso objetivo e, de certa forma, o resultado a seguir dá uma versão preliminar do comportamento da cauda de uma série convergente.

Critério 2.1.7 (Critério da Cauda) Se as séries $\sum_{n=1}^{\infty} a_n$ e $\sum_{n=1}^{\infty} b_n$ diferem apenas em uma quantidade finita de termos, então ambas são convergentes ou ambas são divergentes.

Demonstração Por hipótese, existe um índice n_0 a partir do qual $a_n = b_n$ e se $\{S_n\}$ e $\{R_n\}$ são as sequências de somas parciais de $\sum_{n=1}^{\infty} a_n$ e $\sum_{n=1}^{\infty} b_n$, respectivamente, então para $n > n_0$, temos:

$$S_n = a_1 + a_2 + \cdots + a_{n_0} + \cdots + a_n \tag{2.12}$$

$$R_n = b_1 + b_2 + \cdots + b_{n_0} + \cdots + b_n \tag{2.13}$$

e sendo $a_n = b_n$, a partir da ordem n_0, resulta de (2.12) e (2.13) que:

$$S_n = R_n + [(a_1 - b_1) + (a_2 - b_2) + \cdots + (a_{n_0} - b_{n_0})], \quad \forall n > n_0. \tag{2.14}$$

Observando a relação (2.14), levando em conta que a expressão entre colchetes é constante, isto é, não depende do índice n, deduzimos que as sequências $\{S_n\}$ e $\{R_n\}$ são ambas convergentes ou ambas divergentes. ■

É consequência direta do Exemplo 2.1.4 e do Critério 2.1.7 que as séries harmônicas $\sum_{n=10}^{\infty} \frac{1}{n}$ e $\sum_{n=6}^{\infty} \frac{1}{n-5}$ são divergentes, enquanto as séries $\sum_{n=8}^{\infty} \frac{1}{4^{n-5}}$ e $\sum_{n=13}^{\infty} \frac{1}{n^2+n}$ são convergentes. Procure justificar essas afirmações, comparando essas séries com as correspondentes do Exemplo 2.1.4, identificando a quantidade de termos em que elas diferem. Ainda como consequência do Critério

2.1.7, temos que para cada número natural p as séries $\sum_{n=1}^{\infty} a_n$ e $\sum_{n=p}^{\infty} a_n$ são ambas convergentes ou ambas divergentes.

Proposição 2.1.8 (Operações com Séries) Sejam $\sum_{n=1}^{\infty} a_n$ e $\sum_{n=1}^{\infty} b_n$ duas séries numéricas e seja λ um número real.

(a) Se as séries $\sum_{n=1}^{\infty} a_n$ e $\sum_{n=1}^{\infty} b_n$ são convergentes, então as séries $\sum_{n=1}^{\infty} (a_n + b_n)$ e $\sum_{n=1}^{\infty} (\lambda a_n)$ também convergem, e valem as relações:

$$\sum_{n=1}^{\infty} (a_n + b_n) = \sum_{n=1}^{\infty} a_n + \sum_{n=1}^{\infty} b_n \tag{2.15}$$

$$\sum_{n=1}^{\infty} (\lambda a_n) = \lambda \sum_{n=1}^{\infty} a_n. \tag{2.16}$$

(b) Se $\sum_{n=1}^{\infty} a_n$ é convergente e $\sum_{n=1}^{\infty} b_n$ é divergente, então a série $\sum_{n=1}^{\infty} (a_n + b_n)$ é divergente.

(c) Se $\sum_{n=1}^{\infty} a_n$ é divergente e $\lambda \neq 0$, então a série $\sum_{n=1}^{\infty} (\lambda a_n)$ também diverge.

Demonstração Na demonstração utilizaremos as Propriedades Algébricas 1.3.7 do limite de sequências. Denotando por $\{S_n\}$, $\{R_n\}$, $\{U_n\}$ e $\{V_n\}$ as sequências de somas parciais das séries $\sum_{n=1}^{\infty} a_n$, $\sum_{n=1}^{\infty} b_n$, $\sum_{n=1}^{\infty} (a_n + b_n)$ e $\sum_{n=1}^{\infty} (\lambda a_n)$, respectivamente, temos $U_n = S_n + R_n$ e $V_n = \lambda S_n$ e, se as sequências $\{S_n\}$ e $\{R_n\}$ forem convergentes, então as sequências $\{U_n\}$ e $\{V_n\}$ também serão convergentes e, além disso:

$$\lim_{n\to\infty} U_n = \lim_{n\to\infty} S_n + \lim_{n\to\infty} R_n \quad \text{e} \quad \lim_{n\to\infty} V_n = \lambda \lim_{n\to\infty} S_n.$$

Isto prova a parte (a). Para provar a parte (b) raciocinamos por absurdo. De fato, se a série $\sum_{n=1}^{\infty} (a_n + b_n)$ fosse convergente, então a sequência $\{U_n\}$ seria convergente e, por conseguinte, a sequência $\{R_n\}$ também seria, já que $R_n = U_n - S_n$. Isso acarretaria na convergência da série $\sum_{n=1}^{\infty} b_n$, contradizendo a hipótese. A parte (c) se demonstra de forma semelhante. Se a série $\sum_{n=1}^{\infty} (\lambda a_n)$ fosse convergente, então a sequência $\{V_n\}$ seria convergente, o mesmo ocorrendo com a sequência $\{S_n\}$, porque $S_n = \frac{1}{\lambda} V_n$. Mais uma vez chegamos a uma contradição, já que, neste caso, a série $\sum_{n=1}^{\infty} a_n$ é suposta divergente. ■

Observação 2.1.9 Quando as séries $\sum_{n=1}^{\infty} a_n$ e $\sum_{n=1}^{\infty} b_n$ são ambas divergentes, então a série $\sum_{n=1}^{\infty} (a_n + b_n)$ pode convergir ou divergir. Por exemplo, as séries $\sum_{n=1}^{\infty} \frac{1}{n}$ e $\sum_{n=1}^{\infty} \frac{-1}{n+1}$ são ambas divergentes e, contudo, a série obtida pela soma termo a termo é a série de encaixe $\sum_{n=1}^{\infty} \frac{1}{n^2+n}$ convergente. Dê um exemplo de duas séries divergentes de modo que a série obtida pela soma termo a termo seja divergente. Por fim, observamos que a série $\sum_{n=1}^{\infty} \left(\frac{1}{n^2+n} + \frac{2}{5^{n-1}}\right)$ é convergente, porque $\sum_{n=1}^{\infty} \frac{1}{n^2+n}$ e $\sum_{n=1}^{\infty} \frac{3}{2^n}$ são convergentes, enquanto a série $\sum_{n=1}^{\infty} \left(\frac{1}{n^2+n} - \ln \frac{n}{n+1}\right)$ é divergente, porque $\sum_{n=1}^{\infty} \frac{1}{n^2+n}$ converge e $\sum_{n=1}^{\infty} \ln\left(\frac{n}{n+1}\right)$ diverge.

2.2 Exercícios Complementares

2.2A O que significa uma série $\sum_{n=1}^{\infty} a_n$ ser divergente?

2.2B Falso ou Verdadeiro? Justifique.

(a) se $\lim_{n\to\infty} a_n = 0$, então $\sum_{n=1}^{\infty} a_n$ converge;

(b) se $\sum_{n=1}^{\infty} a_n$ diverge, então $\lim_{n\to\infty} a_n \neq 0$;

(c) se $\sum_{n=1}^{\infty} a_n$ converge e $a_n \geq 0, \forall n$, então $\sum_{n=1}^{\infty} \sqrt{a_n}$ converge;

(d) se $\sum_{n=1}^{\infty} a_n$ diverge, então $\sum_{n=1}^{\infty} a_n^2$ diverge;

(e) se $\sum_{n=1}^{\infty} a_n$ e $\sum_{n=1}^{\infty} b_n$ divergem, então $\sum_{n=1}^{\infty} (a_n + b_n)$ diverge;

(f) se $\sum_{n=1}^{\infty} a_n$ diverge e $a_n \neq 0, \forall n$, então $\sum_{n=1}^{\infty} \frac{1}{a_n}$ converge;

(g) se $\{a_n\}$ é uma sequência constante, então $\sum_{n=1}^{\infty} a_n$ converge;

(h) se $\sum_{n=1}^{\infty} a_n$ converge, então $\sum_{n=100}^{\infty} a_n$ converge.

2.2C Por observação do limite do termo geral, verifique que as séries abaixo são divergentes:

(a) $\sum\limits_{n=1}^{\infty}\left(\sqrt{n}+\sqrt{n+1}\right)$ (b) $\sum\limits_{n=1}^{\infty}\left[1+(-1)^n\right]$ (c) $\sum\limits_{n=1}^{\infty}\dfrac{n^3}{n^3+n^2+4}$

(d) $\sum\limits_{n=1}^{\infty}\dfrac{n}{\cos n}$ (e) $\sum\limits_{n=1}^{\infty} n \operatorname{sen}\left(\dfrac{1}{n}\right)$ (f) $\sum\limits_{n=1}^{\infty}\dfrac{n!}{2^n}$.

2.2D Encontre uma série cuja n-ésima soma vem dada por:

(a) $S_n = \dfrac{2n}{3n+1}$ (b) $S_n = \dfrac{n^2}{n+1}$ (c) $S_n = \dfrac{1}{2^n}$

2.2E Identifique cada série abaixo com uma série de encaixe ou uma série geométrica e calcule o valor da soma no caso de ela convergir.

(a) $\sum\limits_{n=0}^{\infty}\left(\dfrac{2}{3}\right)^n$ (b) $\sum\limits_{n=3}^{\infty}4\left(\dfrac{2}{5}\right)^n$ (c) $\sum\limits_{n=1}^{\infty}\dfrac{3}{9n^2+3n-2}$

(d) $\sum\limits_{n=1}^{\infty}\ln\left(\dfrac{n}{n+1}\right)$ (e) $\sum\limits_{n=1}^{\infty}\dfrac{2n+1}{n^2(n+1)^2}$ (f) $\sum\limits_{n=1}^{\infty}\left(\dfrac{1}{2^{n-2}}-\dfrac{1}{3^{n+2}}\right)$

(g) $\sum\limits_{n=1}^{\infty}\left[\dfrac{(-1)^n}{2^n}+\dfrac{(-1)^{n+1}}{3^n}\right]$ (h) $\sum\limits_{n=1}^{\infty}\dfrac{1}{4n^2-1}$ (i) $\sum\limits_{n=1}^{\infty}\dfrac{2}{(4n-3)(4n+1)}$

(j) $\sum\limits_{n=1}^{\infty}\ln\left[\dfrac{(n+1)^2}{n(n+2)}\right]$ (k) $\sum\limits_{n=1}^{\infty}\dfrac{2^{n+1}}{3^{2n}}$ (l) $\sum\limits_{n=1}^{\infty}\left[\dfrac{2^n \operatorname{sen}(n\pi+\pi/2)}{3^{2n-2}}\right]$.

2.2F Encontre os valores de x que tornam a série $\sum\limits_{n=1}^{\infty} x^{2n}$ convergente e calcule o valor da soma. Idem para a série $\dfrac{1}{2}+\dfrac{x-3}{4}+\dfrac{(x-3)^2}{8}+\cdots+\dfrac{(x-3)^n}{2^{n+1}}+\cdots$

2.2G Expresse cada decimal periódica como uma série e ache a fração ordinária que ela representa:

(a) $0,232323\ldots$ (b) $5,146146146\ldots$ (c) $3,2394394\ldots$ (d) $2,718288288\ldots$.

2.2H Deixa-se cair uma bola de borracha de uma altura de 10 metros. A bola repica aproximadamente metade da distância após cada queda. Use uma série geométrica para aproximar o percurso total feito pela bola até o repouso completo.

2.2I A extremidade de um pêndulo oscila ao longo de um arco de 24 centímetros em sua primeira oscilação. Se cada oscilação é aproximadamente 5/6 da oscilação precedente, use uma série geométrica para obter uma aproximação da distância total percorrida pelo pêndulo até entrar em repouso total.

2.2J Administra-se a um indivíduo uma dose de Q unidades de um certo remédio. A quantidade que permanece na corrente sangüínea ao final de t minutos é Qe^{-kt}, onde k é uma constante positiva. Admitindo que a mesma dose seja administrada em intervalos sucessivos de T minutos, mostre que a quantidade de remédio $R(n)$ imediatamente após a n-ésima dose vem dada por:

$$R(n) = \sum_{j=0}^{n-1} Qe^{-jkT}.$$

Encontre uma cota superior para a quantidade de remédio na corrente sangüínea após um número arbitrário de doses e ache o menor tempo entre as doses, de modo que a quantidade de remédio $R(n)$ não exceda um nível de risco M, $M > Q$.

2.2K Suponha que cada unidade monetária introduzida na economia recircule do seguinte modo: 85% da unidade original são gastos; em seguida, 85% daqueles 0,85 são gastos, e assim por diante. Determine o impacto econômico (o total gasto) se \$ 1.000.000,00 forem introduzidos na economia.

2.2L Em um programa de erradicação de epidemia, liberam-se diariamente na população N moscas macho esterilizadas, e 90% dessas moscas sobrevivem a um determinado dia. Após n dias, mostre que o número de moscas esterilizadas na população é dado por:

$$N^* = N + (0.9)N + (0.9)^2 N + ... + (0.9)^{n-1} N$$

e determine o número de moscas esterilizadas que devem ser liberadas a cada dia, se o objetivo do programa, a longo alcance, é manter 20.000 moscas esterilizadas na população.

2.2M Dois atletas disputam 10 provas de percurso em 10 etapas sucessivas. Os tempos de cada etapa são os mesmos e a tabela a seguir mostra as distâncias, em km, percorridas por cada um deles nas quatro etapas iniciais:

	etapa 1	etapa 2	etapa 3	etapa 4
atleta A	$\frac{1}{2}$	$\frac{1}{4}$	$\frac{1}{8}$	$\frac{1}{16}$
atleta B	$\frac{1}{2}$	$\frac{2!}{2\times 3!}$	$\frac{3!}{3\times 4!}$	$\frac{4!}{4\times 5!}$

Se a vitória é dada àquele que alcançou o maior percurso, qual foi o atleta vencedor?

2.2N Com auxílio do Exercício 1.6L calcule o valor da soma $\sum\limits_{n=1}^{\infty} \dfrac{n}{(n+1)!}$.

2.2O Considere a sequência de Fibonacci $\{a_n\}$ definida no Exemplo 1.5.5. Mostre que:

(a) $\dfrac{1}{a_{n-1}a_{n+1}} = \dfrac{1}{a_{n-1}a_n} - \dfrac{1}{a_n a_{n+1}}, \ \forall n \geq 2;$

(b) $\sum\limits_{n=2}^{\infty} \dfrac{1}{a_{n-1}a_{n+1}} = 1$ e $\sum\limits_{n=2}^{\infty} \dfrac{a_n}{a_{n-1}a_{n+1}} = 2.$

2.3 Séries de Termos Positivos

Nesta seção vamos investigar, por meio de critérios específicos, a convergência de uma série $\sum\limits_{n=1}^{\infty} a_n$ em que todos os termos a_n são positivos. Para tal série, as somas parciais S_n formam uma sequência monótona crescente e sua convergência está condicionada à sua limitação. Uma série $\sum\limits_{n=1}^{\infty} a_n$ onde cada termo a_n é maior do que zero é denominada série de termos positivos. Dizemos que a série $\sum\limits_{n=1}^{\infty} a_n$ é dominada pela série $\sum\limits_{n=1}^{\infty} b_n$ quando $a_n \leq b_n\,, \forall n$. Nesse caso, $\sum\limits_{n=1}^{\infty} a_n$ é a série dominada e $\sum\limits_{n=1}^{\infty} b_n$ é a série dominante. O primeiro critério específico para séries de termos positivos é conhecido como Critério da Integral e relaciona a soma discreta (série) com a soma contínua (integral).

Critério 2.3.1 (Critério da Integral) Consideremos uma função $f : [1, \infty) \to \mathbb{R}$ contínua e suponhamos que f seja não negativa e monótona não crescente, isto é:

$$\text{(a)} \quad f(x) \geq 0, \quad \forall x \geq 1 \qquad \text{e} \qquad \text{(b)} \quad f(x) \geq f(y), \quad \text{sempre que} \quad 1 \leq x \leq y.$$

Nestas condições, e considerando $a_n = f(n)$, então a série $\sum\limits_{n=1}^{\infty} a_n$ será convergente se, e somente se, a integral imprópria $\displaystyle\int_1^{\infty} f(x)\,dx$ o for.

Demonstração Suponhamos que o gráfico de f tenha o aspecto mostrado nas figuras 2.3, a partir das quais deduzimos que

$$a_2 + a_3 + \cdots + a_n \leq \int_1^2 f(x)\,dx + \int_2^3 f(x)\,dx + \ldots + \int_{n-1}^n f(x)\,dx \leq a_1 + a_2 + \cdots + a_{n-1},$$

isto é:

$$0 \leq S_n - a_1 \leq R_n \leq S_{n-1}, \ \forall n, \tag{2.17}$$

onde $S_n = a_1 + a_2 + \cdots + a_n$ é a n-ésima soma parcial da série e $R_n = \int_1^n f(x)\,dx$.

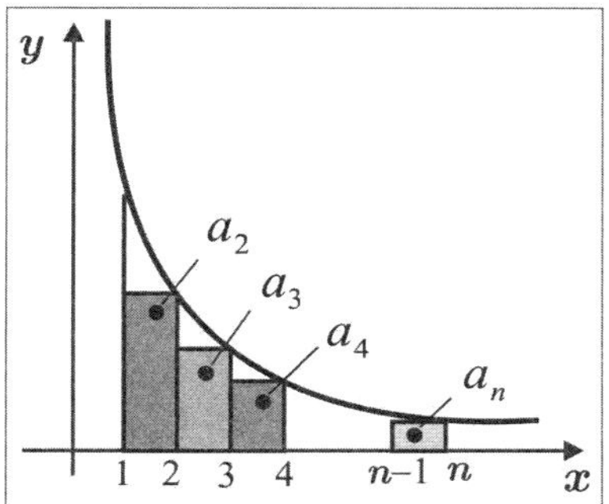

Fig. 2.3a

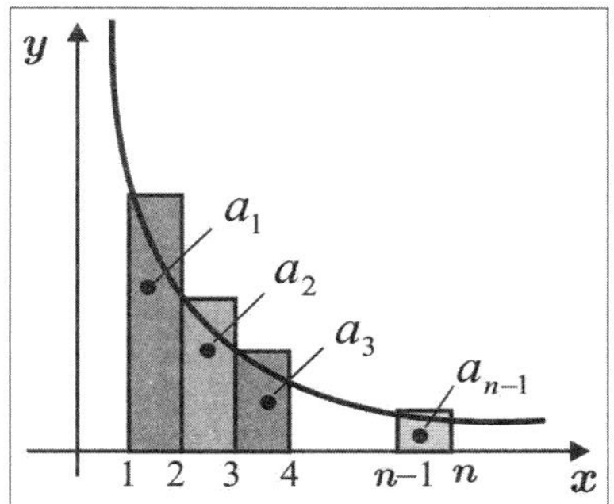

Fig. 2.3b

Sendo as sequências $\{S_n\}$ e $\{R_n\}$ monótonas, segue das relações (2.17) que a limitação — e, portanto, a convergência — de uma delas implica a limitação e, por conseguinte, a convergência da outra. Isso prova que as sequências $\{S_n\}$ e $\{R_n\}$ são ambas convergentes ou ambas divergentes. ■

Exemplo 2.3.2

(a) A função $f(x) = 1/x^2$ atende às condições do Critério 2.3.1 no intervalo $[1, \infty)$. De fato, nesse intervalo a função é claramente contínua e não negativa e como a derivada $f'(x) = -2/x^3$ é negativa, para todo $x \geq 1$, então $f(x)$ é decrescente. A integral imprópria $\int_1^\infty (1/x^2)\, dx$ é convergente (seu valor é igual a 1) e, por conseguinte, a série correspondente $\sum\limits_{n=1}^{\infty} \dfrac{1}{n^2}$ converge.

(b) Para $x \geq 2$, a função $f(x) = \dfrac{1}{x \ln x}$ também atende às condições do Critério 2.3.1 (verifique!) e a integral imprópria $\int_2^\infty (1/x \ln x)\, dx = \lim\limits_{B \to \infty} [\ln(\ln x)]_{x=2}^{x=B} = \infty$, sendo divergente, implica que a série $\sum\limits_{n=2}^{\infty} \dfrac{1}{n \ln n}$ também diverge.

(c) Consideremos agora a função $f(x) = xe^{-x^2}$, definida para $x \geq 1$. Não é difícil verificar que as condições do Critério 2.3.1 são atendidas também neste caso e que a integral imprópria $\int_1^\infty xe^{-x^2} dx$ converge para $1/2e$. Portanto, a série $\sum\limits_{n=1}^{\infty} ne^{-n^2}$ é convergente.

(d) A série $\sum\limits_{n=2}^{\infty} \dfrac{1}{n(\ln n)^2}$ é convergente, tendo em vista que

$$\int_2^\infty \frac{dx}{x(\ln x)^2} = \lim_{B \to \infty} \int_2^\infty \frac{dx}{x(\ln x)^2 =} = \lim_{B \to \infty} \left[-\frac{1}{t} \right]_{t=\ln 2}^{t=\ln B} = \lim_{B \to \infty} \left[\frac{1}{\ln 2} - \frac{1}{\ln B} \right] = \frac{1}{\ln 2} < \infty.$$

2.3.1 Estimativa do Erro

Quando utilizamos o Critério da Integral, o valor da integral imprópria não é necessariamente igual ao valor da soma da série, no caso de esta convergir. O critério dá informação sobre a convergência sem indicar o valor da soma da série. A n-ésima soma parcial $S_n = a_1+a_2+a_3+\cdots+a_n$ pode ser considerada como aproximação da soma da série e esta aproximação será tão melhor quanto maior for o índice n. É claro que ao substituir a soma da série pela n-ésima soma parcial cometemos um erro, o qual pode ser estimado pelo valor da integral imprópria. De fato, representando por S a soma série, então

$$S - S_n = a_{n+1} + a_{n+2} + a_{n+3} + \ldots$$

e as relações

$$\int_{n+1}^{\infty} f(x)\,dx \leq S - S_n \leq \int_{n}^{\infty} f(x)\,dx \tag{2.18}$$

são deduzidas por comparação de áreas a partir das figuras 2.4(a) e 2.4(b).

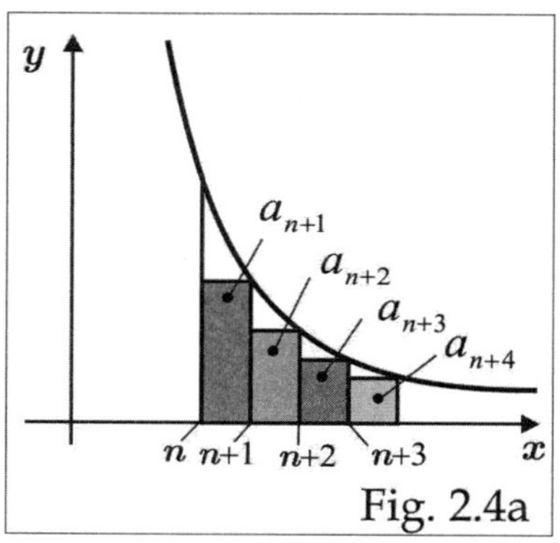

Fig. 2.4a

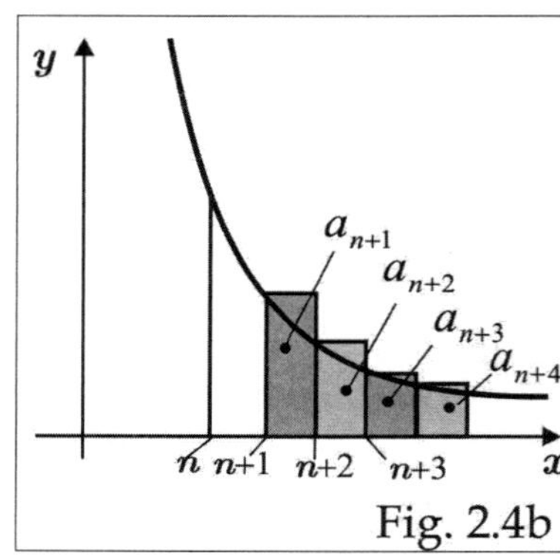

Fig. 2.4b

Adicionando S_n a cada lado de (2.18), obtemos:

$$S_n + \int_{n+1}^{\infty} f(x)\,dx \leq S \leq S_n + \int_{n}^{\infty} f(x)\,dx \tag{2.19}$$

e as desigualdades (2.19) fornecem uma cota inferior e uma cota superior para a soma S, que podem ser usadas para aproximar a soma S por falta ou por excesso. Como ilustração consideremos a série do Exemplo 2.3.2(c). Para aquela série, temos:

$$\begin{aligned}
S_1 &= 1/e \simeq 0.369 \\
S_2 &= 1/e + 2/e^4 \simeq 0.369 + 0.037 = 0.406 \\
S_3 &= 1/e + 2/e^4 + 3/e^9 \simeq 0.37 + 0.037 + 0.00038 = 0.4063
\end{aligned}$$

e o erro cometido ao substituir a soma da série $\sum_{n=1}^{\infty} ne^{-n^2}$ pela soma parcial S_3 é menor do que $1/2e^9 \approx 6.4 \times 10^{-5}$, que é o valor da integral imprópria $\int_3^{\infty} xe^{-x^2}dx$. Uma aproximação por falta para a soma da série é:

$$\sum_{n=1}^{\infty} ne^{-n^2} \approx S_3 + \int_4^{\infty} x\exp\left(-x^2\right) dx \approx 0.4063 + 5.9 \times 10^{-8}.$$

Um cálculo computacional nos dá a aproximação $\sum_{n=1}^{\infty} ne^{-n^2} \approx 0.4065$.

Ainda como ilustração, vamos encontrar o número de termos que devem ser somados de modo que o erro cometido ao aproximar $\sum_{n=1}^{\infty} 1/n^2$ pela soma parcial correspondente seja menor do que $E = 0.1$. De acordo com (2.18) o erro $E = S - S_n$ não ultrapassa o valor $\int_n^{\infty} \left(1/x^2\right) dx$ e basta considerar n de modo que essa integral seja menor do que 0.1. Isso nos dá $\dfrac{1}{n} < 0.1$ e, portanto, devemos tomar $n = 11$ e aproximar a soma da série por $S_{11} \approx 1.635$.

2.3.2 p-séries

Uma classe importante de séries numéricas é aquela constituída das séries do tipo $\sum_{n=1}^{\infty} \dfrac{1}{n^p}$, que levam o nome de p-séries e que são bastante utilizadas como séries de prova nos critérios de comparação. O termo geral $a_n = 1/n^p$ tem limite 1, quando $p = 0$, e limite ∞, quando $p < 0$. Em ambos os casos o Critério do n-ésimo Termo estabelece a divergência da série. No caso $p > 0$ a convergência das p-séries será determinada pelo Critério da Integral e iniciamos a investigação recordando algumas integrais impróprias elementares. Se $p > 0$, a função $f(x) = 1/x^p$, definida para $x \geq 1$, atende às condições do Critério 2.3.1 (verifique!) e temos:

(i) se $p = 1$, então $\displaystyle\int_1^{\infty} \frac{1}{x^p}dx = \int_1^{\infty} \frac{1}{x}dx = \lim_{B\to\infty} \int_1^{B} \frac{1}{x}dx = \lim_{B\to\infty} \ln B = \infty$

(ii) se $p \neq 1$, então $\displaystyle\int_1^{\infty} \frac{1}{x^p}dx = \lim_{B\to\infty} \int_1^{B} x^{-p}dx = \frac{1}{1-p}\lim_{B\to\infty} \left[B^{1-p} - 1\right] = \begin{cases} \infty, \text{ se } 0 < p < 1 \\ \dfrac{1}{p-1}, \text{ se } p > 1. \end{cases}$

Assim, a integral imprópria $\int_1^{\infty} (1/x^p)\, dx$ converge apenas quando $p > 1$ e como consequência do critério da integral deduzimos que a p-série $\sum_{n=1}^{\infty} 1/n^p$ converge quando $p > 1$ e diverge quando $p \leq 1$. São convergentes as seguintes p-séries: $\sum_{n=1}^{\infty} \dfrac{1}{n^{5/2}}$, $\sum_{n=1}^{\infty} \dfrac{1}{n^{3/2}}$ e $\sum_{n=1}^{\infty} \dfrac{1}{n^2}$. São p-séries divergentes: $\sum_{n=1}^{\infty} \dfrac{1}{n^{2/3}}$, $\sum_{n=1}^{\infty} \dfrac{1}{\sqrt{n}}$ e $\sum_{n=1}^{\infty} \dfrac{1}{n}$.

2.3.3 Comparação de Séries

Recordemos os seguintes fatos para séries de termos positivos:

(a) a sequência $\{S_n\}$ de somas parciais é monótona crescente e será convergente se, e somente se, for limitada;

(b) se a série $\sum_{n=1}^{\infty} a_n$ é dominada pela série $\sum_{n=1}^{\infty} b_n$, isto é, se $a_n \leq b_n$, $\forall n$, as respectivas sequências de somas parciais $\{S_n\}$ e $\{R_n\}$ satisfazem à relação $S_n \leq R_n$, $\forall n$.

Esses fatos, juntamente com o Critério 1.3.11 estabelecem o seguinte critério de convergência, conhecido como Critério da Comparação.

Critério 2.3.3 (Critério da Comparação Direta) Sejam $\sum_{n=1}^{\infty} a_n$ e $\sum_{n=1}^{\infty} b_n$ séries de termos positivos.

(a) Se a série $\sum_{n=1}^{\infty} b_n$ converge e $a_n \leq b_n\,, \forall n$, então a série $\sum_{n=1}^{\infty} a_n$ também converge.

(b) Se a série $\sum_{n=1}^{\infty} b_n$ diverge e $a_n \geq b_n\,, \forall n$, então a série $\sum_{n=1}^{\infty} a_n$ também diverge.

Demonstração As afirmações (a) e (b) são equivalentes e provaremos apenas a parte (a). Suponhamos então que $a_n \leq b_n$, $\forall n$, e que a série $\sum_{n=1}^{\infty} b_n$ seja convergente. Se $\{S_n\}$ e $\{R_n\}$ representam as somas parciais das séries $\sum_{n=1}^{\infty} a_n$ e $\sum_{n=1}^{\infty} b_n$, respectivamente, então $0 \leq S_n \leq R_n$, $\forall n$, e como $\{R_n\}$ é uma sequência limitada, por ser convergente, resulta que $\{S_n\}$, além de monótona, é limitada e, portanto, convergente. Logo, a série $\sum_{n=1}^{\infty} a_n$ converge. ■

Observação 2.3.4 Embora os resultados que envolvem uma série dominada por outra sejam, em geral, enunciados e demonstrados admitindo-se que este domínio ocorra para todos os termos das séries, eles continuam válidos quando uma das séries é dominada pela outra a partir de determinada ordem. Afinal, quem estabelece a convergência de uma série é sua cauda.

Exemplo 2.3.5

(a) Se $n \geq 3$, então $\dfrac{\ln n}{n} \geq \dfrac{1}{n}$ e como a série harmônica $\sum_{n=1}^{\infty} \dfrac{1}{n}$ é divergente (veja o Exemplo 2.1.4(b)) segue do Critério da Comparação que a série $\sum_{n=1}^{\infty} \dfrac{\ln n}{n}$ é também divergente.

(b) As séries $\sum\limits_{n=1}^{\infty} \frac{1}{n!}$ e $\sum\limits_{n=1}^{\infty} \frac{1}{n^2+3n-2}$ são convergentes, já que elas são dominadas, respectivamente, pelas séries convergentes $\sum\limits_{n=1}^{\infty} \frac{1}{2^{n-1}}$ e $\sum\limits_{n=1}^{\infty} \frac{1}{n^2}$.

(c) Se a série dominada (a menor) for convergente, então a série dominante (a maior) pode convergir ou divergir. Por exemplo, a série convergente $\sum\limits_{n=1}^{\infty} \frac{1}{n^2}$ é dominada pela série divergente $\sum\limits_{n=1}^{\infty} \frac{1}{n}$. Se a série maior for divergente, então a série menor poderá convergir ou não.

Ao aplicarmos o Critério da Comparação, a série de prova $\sum_{n=1}^{\infty} b_n$ que desejamos encontrar, além de natureza conhecida, deve atender à condição $a_n \leq b_n$ ou $a_n \geq b_n$, conforme o caso, para todo número natural n a partir de um certo índice n_0. Dependendo da expressão que define o termo geral a_n, a desigualdade $a_n \leq b_n$ (ou $a_n \geq b_n$) pode ser de difícil comprovação, e o critério da comparação dado a seguir é em geral mais fácil de ser aplicado porque, uma vez escolhida a série de prova $\sum b_n$, nossas conclusões dependem tão somente do limite da razão a_n/b_n, com $n \to \infty$.

Critério 2.3.6 (Critério da Comparação no Limite) Sejam $\sum\limits_{n=1}^{\infty} a_n$ e $\sum\limits_{n=1}^{\infty} b_n$ duas séries de termos positivos e seja $l = \lim\limits_{n\to\infty} (a_n/b_n)$.

(a) Se $l > 0$ as séries $\sum_{n=1}^{\infty} a_n$ e $\sum_{n=1}^{\infty} b_n$ são ambas convergentes ou ambas divergentes.

(b) Se $l = 0$ e $\sum_{n=1}^{\infty} b_n$ converge, então $\sum_{n=1}^{\infty} a_n$ também converge.

(c) Se $l = \infty$ e $\sum_{n=1}^{\infty} b_n$ é divergente, então $\sum_{n=1}^{\infty} a_n$ também é divergente.

Demonstração A demonstração é consequência direta do Critério da Comparação. Observamos que em (a) e (b) a série $\sum_{n=1}^{\infty} b_n$, a partir de um certo momento, passa a dominar a série $\sum_{n=1}^{\infty} a_n$, enquanto em (c) a série $\sum_{n=1}^{\infty} b_n$ passa a ser dominada pela série $\sum_{n=1}^{\infty} a_n$. Por exemplo, em (a) fixando $\varepsilon = l/2$ na definição de limite de sequência, encontramos um índice n_0 tal que

$$\frac{l}{2} b_n \leq a_n \leq \frac{3l}{2} b_n \,, \forall n \geq n_0. \qquad \blacksquare$$

Quando o termo geral a_n é um quociente, um bom caminho para se chegar a uma série de prova $\sum\limits_{n=1}^{\infty} b_n$ adequada ao Critério da Comparação no Limite se obtém conservando no numerador e no denominador de a_n apenas os termos dominantes (termos de maior grau no caso de polinômios). Por exemplo, para a série $\sum\limits_{n=1}^{\infty} \frac{6\sqrt{n}}{5n+4}$ temos $a_n = \frac{6\sqrt{n}}{5n+4}$ e conservando os termos dominantes obtemos $\dfrac{6\sqrt{n}}{5n} = \dfrac{6}{5\sqrt{n}}$ e podemos considerar $b_n = \dfrac{1}{\sqrt{n}}$. Como $\lim\limits_{n\to\infty} \dfrac{a_n}{b_n} = \dfrac{6}{5} > 0$ e $\sum\limits_{n=1}^{\infty} b_n$ diverge, segue que $\sum\limits_{n=1}^{\infty} a_n$ também diverge. Já a série $\sum\limits_{n=1}^{\infty} \dfrac{1}{2n-1}$ é divergente, porque $\lim\limits_{n\to\infty} \dfrac{1/(2n-1)}{1/n} = 1$.

Exemplo 2.3.7 Com o Critério 2.3.6 deduzimos que as séries $\sum\limits_{n=1}^{\infty} e^{-n^2}$ e $\sum\limits_{n=1}^{\infty} \operatorname{sen}^4(1/n)$ são convergentes. Basta compará-las com as p-séries convergentes $\sum\limits_{n=1}^{\infty} \dfrac{1}{n^2}$ e $\sum\limits_{n=1}^{\infty} \dfrac{1}{n^4}$ e notar que

$$\lim_{n\to\infty} \frac{e^{-n^2}}{1/n^2} = 0 \quad \text{e} \quad \lim_{n\to\infty} \frac{\operatorname{sen}^4(1/n)}{1/n^4} = 1.$$

Exemplo 2.3.8 A restrição do Critério da Comparação às series de termos positivos fica evidenciada quando consideramos $a_n = 1/n$ e $b_n = (-1)^n/\sqrt{n}$, de modo que $\lim a_n/b_n = 0$ e, como veremos adiante, $\sum\limits_{n=1}^{\infty} b_n$ é convergente e, ainda assim, $\sum\limits_{n=1}^{\infty} a_n$ diverge. Observamos que a série $\sum\limits_{n=1}^{\infty} b_n$ não é de termos positivos.

Para finalizar esta seção, observamos que a propriedade associativa não é válida para qualquer soma infinita. Por exemplo, a série divergente $\sum\limits_{n=1}^{\infty} (-1)^n$ torna-se convergente quando seus termos são reagrupados de modo conveniente. De fato:

$$(-1+1) + (-1+1) + \cdots + \left[(-1)^n + (-1)^{n+1}\right] + \cdots = 0.$$

No caso das séries de termos positivos convergentes, um reagrupamento dos seus termos não altera a convergência nem o valor da soma, conforme estabelece o seguinte critério.

Critério 2.3.9 (Critério do Reagrupamento) O valor da soma de uma série de termos positivos convergente não é alterado por um reagrupamento de seus termos.

Demonstração Seja $\sum\limits_{n=1}^{\infty} a_n$ uma tal série com soma S e seja $\sum\limits_{n=1}^{\infty} b_n$ a série obtida por reagrupamento. Se $\{S_n\}$ e $\{R_n\}$ denotam, respectivamente, as somas parciais de $\sum\limits_{n=1}^{\infty} a_n$ e $\sum\limits_{n=1}^{\infty} b_n$, então a sequência $\{S_n\}$ converge para S e para cada n temos $R_n \leq S$. Ora, a sequência $\{R_n\}$ é monótona e limitada por S, logo convergente. Se R é seu limite, então $R \leq S$ e, invertendo os papéis, podemos olhar a série $\sum\limits_{n=1}^{\infty} a_n$ como obtida de $\sum\limits_{n=1}^{\infty} b_n$ por reagrupamento, e uma repetição do argumento descrito acima implica $S \leq R$. Com isso concluímos que $S = R$. ■

Na seção 2.7 daremos uma versão mais geral do Critério 2.3.9 sobre o reagrupamento.

2.3.4 Produto de Séries

Dadas duas séries de termos positivos $\sum\limits_{n=1}^{\infty} a_n$ e $\sum\limits_{n=1}^{\infty} b_n$ convergentes, então a série $\sum\limits_{n=1}^{\infty} a_n b_n$ é convergente (veja o Exercício 2.4G), embora não conheçamos o valor de sua soma. Já o Produto de Cauchy dessas séries, que é obtido por um arranjo conveniente dos termos $a_n b_n$, conforme a seguinte tabela

$$\begin{array}{ccccccccc}
 & & \swarrow & & \swarrow & & \swarrow & & \\
 & a_1b_1 & & a_1b_2 & & a_1b_3 & & a_1b_4 & \cdots \\
\swarrow & & \swarrow & & \swarrow & & \swarrow & & \\
 & a_2b_1 & & a_2b_2 & & a_2b_3 & & a_2b_4 & \cdots \\
\swarrow & & \swarrow & & \swarrow & & \swarrow & & \\
 & a_3b_1 & & a_3b_2 & & a_3b_3 & & a_3b_4 & \cdots \\
\swarrow & & \swarrow & & \swarrow & & \swarrow & & \\
 & a_4b_1 & & a_4b_2 & & a_4b_3 & & a_4b_4 & \cdots \\
 & \vdots & & \vdots & & \vdots & & \vdots &
\end{array}$$

dá origem a uma nova série convergente

$$\sum_{n=1}^{\infty} c_n = a_1b_1 + a_1b_2 + a_2b_1 + a_1b_3 + a_2b_2 + a_3b_1 + \cdots ,$$

cuja soma é:

$$\sum_{n=1}^{\infty} c_n = \left(\sum_{n=1}^{\infty} a_n\right)\left(\sum_{n=1}^{\infty} b_n\right).$$

Às vezes é conveniente indexar as séries a partir de $n = 0$ e, neste caso, o produto de Cauchy se escreve sob a forma:

$$\sum_{n=0}^{\infty} c_n = a_0b_0 + a_0b_1 + a_1b_0 + a_0b_2 + a_1b_1 + a_2b_0 + \cdots$$

ou, simbolicamente:

$$\sum_{n=0}^{\infty} c_n = \sum_{n=0}^{\infty}\left(\sum_{k=0}^{n} a_k b_{n-k}\right).$$

Os comentários acerca do produto de séries apresentados aqui dizem respeito às séries de termos positivos, embora os resultados sejam válidos em situações mais gerais, como veremos no

Teorema 2.7.5 adiante. Outros produtos de Cauchy podem ser arranjados sem que a série resultante seja alterada na sua convergência ou no valor de sua soma. Por exemplo, a tabela

$$\begin{array}{ccccccccc}
 & \downarrow & & \downarrow & & \downarrow & & \downarrow & \\
\leftarrow & a_1b_1 & & a_1b_2 & & a_1b_3 & & a_1b_4 & \cdots \\
 & & & \downarrow & & \downarrow & & \downarrow & \\
\leftarrow & a_2b_1 & \leftarrow & a_2b_2 & & a_2b_3 & & a_2b_4 & \cdots \\
 & & & & & \downarrow & & \downarrow & \\
\leftarrow & a_3b_1 & \leftarrow & a_3b_2 & \leftarrow & a_3b_3 & & a_3b_4 & \cdots \\
 & & & & & & & \downarrow & \\
\leftarrow & a_4b_1 & \leftarrow & a_4b_2 & \leftarrow & a_4b_3 & \leftarrow & a_4b_4 & \cdots \\
 & \vdots & & \vdots & & \vdots & & \vdots &
\end{array}$$

sugere o seguinte produto de Cauchy:

$$\sum_{n=1}^{\infty} c_n = a_1b_1 + a_1b_2 + a_2b_2 + a_2b_1 + a_1b_3 + +a_2b_3 + a_3b_3 \cdots$$

2.4 Exercícios Complementares

2.4A Use o Critério da Comparação ou Comparação no Limite para determinar a natureza das séries abaixo:

(a) $\sum\limits_{n=1}^{\infty} \dfrac{1}{n^4+n^2+1}$ (b) $\sum\limits_{n=1}^{\infty} \dfrac{1}{n3^n}$ (c) $\sum\limits_{n=1}^{\infty} \dfrac{\sqrt{n}}{n^2+1}$ (d) $\sum\limits_{n=1}^{\infty} \dfrac{2+\cos n}{n^2}$

(e) $\sum\limits_{n=1}^{\infty} \dfrac{\operatorname{arctg} n}{n}$ (f) $\sum\limits_{n=1}^{\infty} \dfrac{\ln n}{n^3}$ (g) $\sum\limits_{n=1}^{\infty} \dfrac{n+5}{n2^n}$ (h) $\sum\limits_{n=1}^{\infty} \ln(1+1/2^n)$

(i) $\sum\limits_{n=1}^{\infty} \operatorname{sen}(1/n^2)$ (j) $\sum\limits_{n=1}^{\infty} \dfrac{1}{n!}$ (k) $\sum\limits_{n=1}^{\infty} \dfrac{2n+n^2}{n^3+1}$ (l) $\sum\limits_{n=1}^{\infty} \dfrac{1}{\sqrt[3]{5n^2+1}}$

(m) $\sum\limits_{n=2}^{\infty} \dfrac{1}{\sqrt{4n^3-5n}}$ (n) $\sum\limits_{n=1}^{\infty} \dfrac{\sqrt{n}}{n+4}$ (o) $\sum\limits_{n=1}^{\infty} \dfrac{1+2^n}{1+3^n}$ (p) $\sum\limits_{n=1}^{\infty} \operatorname{sen}(1/n)$

(q) $\sum\limits_{n=2}^{\infty} \dfrac{1}{(n-1)^2}$ (r) $\sum\limits_{n=1}^{\infty} \dfrac{\ln n}{n^2}$ (s) $\sum\limits_{n=1}^{\infty} \dfrac{1}{n^n}$ (t) $\sum\limits_{n=1}^{\infty} \dfrac{n}{\sqrt{n^2+1}}$

2.4B Em cada caso verifique que a função que estende o n-ésimo termo da série satisfaz às hipóteses do Critério da Integral e em seguida determine a natureza da série:

(a) $\sum\limits_{n=3}^{\infty} \dfrac{3}{n(\ln n)^2}$ (b) $\sum\limits_{n=1}^{\infty} \dfrac{1}{(2n+3)^2}$ (c) $\sum\limits_{n=2}^{\infty} \dfrac{1}{n(n-1)}$ (d) $\sum\limits_{n=1}^{\infty} \dfrac{2n^2}{n^3+1}$

(e) $\sum\limits_{n=1}^{\infty} \dfrac{1}{n^2-1}$ (f) $\sum\limits_{n=4}^{\infty} (\dfrac{1}{n-3} - \dfrac{1}{n})$ (g) $\sum\limits_{n=1}^{\infty} \dfrac{\operatorname{arctg} n}{n^2+1}$ (h) $\sum\limits_{n=2}^{\infty} \dfrac{2}{n\sqrt{n^2-1}}$

2.4C Determine, caso exista algum, todos os números reais α e β que tornam as séries $\sum\limits_{n=2}^{\infty} \dfrac{2n+n^2}{n\,(\ln n)^{\alpha}}$ e $\sum\limits_{n=2}^{\infty} \dfrac{1}{n^{\beta} \ln n}$ convergentes.

2.4D Observando a demonstração do Critério da Integral, verifique a relação:

$$\ln(n+1) < 1 + \frac{1}{2} + \frac{1}{3} + \cdots + \frac{1}{n} < 1 + \ln n.$$

Usando esse fato, estime o número de termos da série harmônica $\sum\limits_{n=1}^{\infty} \dfrac{1}{n}$ que devem ser somados para que se tenha $S_n > 100$. $\left[\text{resposta: } n > e^{100} - 1 \simeq 2.688 \times 10^{43}\right]$.

2.4E Em cada caso determine o menor número de termos que devem ser somados para aproximar a soma da série com um erro menor do que E.

(a) $\sum\limits_{n=1}^{\infty} \dfrac{1}{n^2}$; $E = 0.001$ (b) $\sum\limits_{n=1}^{\infty} \dfrac{1}{n^3}$; $E = 0.01$ (c) $\sum\limits_{n=2}^{\infty} \dfrac{1}{n\,(\ln n)^2}$; $E = 0.01$.

2.4F Se $\{a_n\}$ é uma sequência de termos positivos e $\lim\limits_{n\to\infty} n^p a_n = l > 0$, prove que a série $\sum\limits_{n=1}^{\infty} a_n$ converge se $p > 1$ e diverge se $0 < p \le 1$.

2.4G Se $\sum\limits_{n=1}^{\infty} a_n$ e $\sum\limits_{n=1}^{\infty} b_n$ são séries de termos positivos convergentes, mostre que $\sum\limits_{n=1}^{\infty} a_n b_n$ é também convergente.

2.4H Falso ou Verdadeiro? Justifique.

(a) se $a_n > 0$, $\forall n$, e $\sum\limits_{n=1}^{\infty} a_n$ é convergente, então $\sum\limits_{n=1}^{\infty} \dfrac{1}{a_n}$ diverge;

(b) se $a_n > 0$, $\forall n$, e $\sum\limits_{n=1}^{\infty} a_n$ é convergente, então $\sum\limits_{n=1}^{\infty} \sqrt{a_n a_{n+1}}$ é convergente;

(c) se $a_n > 0$, $\forall n$, e $\lim\limits_{n\to\infty} \sqrt{n} a_n = 1$, então a série $\sum\limits_{n=1}^{\infty} a_n$ diverge;

(d) se $a_n > 0$, $\forall n$, e $\lim\limits_{n\to\infty} a_n = 0$, então a série $\sum\limits_{n=1}^{\infty} \dfrac{a_n}{\sqrt{n}}$ converge;

(e) se $\sum_{n=1}^{\infty} a_n$ e $\sum_{n=1}^{\infty} b_n$ são séries de termos positivos divergentes, então a série $\sum_{n=1}^{\infty} (a_n + b_n)$ também diverge;

(f) se $a_n > 0$, $\forall n$, e $\lim_{n\to\infty} \dfrac{a_{n+1}}{a_n} = 1$, então a série $\sum_{n=1}^{\infty} a_n$ diverge;

(g) se $0 < a_n < 1$ e $\sum_{n=1}^{\infty} a_n$ converge, então $\sum_{n=1}^{\infty} a_n^2$ converge;

(h) se $0 < a_n < 1$ e $\sum_{n=1}^{\infty} a_n$ converge, então $\sum_{n=1}^{\infty} \dfrac{a_n}{1-a_n}$ converge;

2.4I A série $\sum_{n=1}^{\infty} \left(\dfrac{1}{n^2+n} - \ln \dfrac{n}{n+1} \right)$ é convergente ou divergente?

2.4J Mostre que $\dfrac{\pi}{4} \le \sum_{n=1}^{\infty} \dfrac{1}{n^2+1} \le \dfrac{1}{2} + \dfrac{\pi}{4}$.

2.5 Séries Alternadas

A sequência $\{S_n\}$ de somas parciais de uma série de termos positivos $\sum_{n=1}^{\infty} a_n$ é crescente e sua convergência é decorrente de sua limitação. Esse foi o argumento usado na demonstração de critérios de convergência estudados até aqui, mais especificamente os Critérios da Comparação e da Integral, os quais são válidos apenas para séries de termos positivos. A restrição do Critério da Comparação às séries de termos positivos torna-se clara quando consideramos a série $\sum_{n=1}^{\infty} (-n)$ que é dominada pela série convergente $\sum_{n=1}^{\infty} \dfrac{1}{n^2}$ e, ainda assim, não converge. O critério da comparação no limite também não se aplica se uma das séries não for de termos positivos. Se considerarmos $a_n = 1/n$ e $b_n = (-1)^n / \sqrt{n}$, então $\lim(a_n/b_n) = 0$, a série $\sum_{n=1}^{\infty} b_n$, como veremos adiante, converge e, contudo, $\sum_{n=1}^{\infty} a_n$ diverge. Neste caso, o critério da comparação no limite não se aplica porque a série de prova $\sum_{n=1}^{\infty} b_n$ tem seus termos alternadamente positivos e negativos e, por essa razão, ela recebe o nome de Série Alternada ou Série de Leibniz, em homenagem ao matemático alemão Gottfried Wilhelm von Leibniz. As séries alternadas aparecem, por exemplo, no estudo de fenômenos ondulatórios, cujo modelo matemático tem por solução funções $u(x,t)$ representadas por séries trigonométricas:

$$u(x,t) = \sum_{n=1}^{\infty} \left(a_n \cos \frac{n\pi t}{L} + b_n \operatorname{sen} \frac{n\pi t}{L} \right) \operatorname{sen} \frac{n\pi x}{L}, \tag{2.20}$$

onde os coeficientes a_n e b_n que figuram na série (2.20) determinam a posição inicial e a velocidade inicial, respectivamente, de um ponto da onda. Uma introdução ao estudo das séries de Fourier (séries trigonométricas) será apresentada no Capítulo 4.

As séries alternadas em geral se apresentam em uma das seguintes formas equivalentes:

$$b_1 - b_2 + b_3 - \cdots + (-1)^{n-1} b_n + \cdots = \sum_{n=1}^{\infty} (-1)^{n-1} b_n \tag{2.21}$$

ou:

$$-b_1 + b_2 - b_3 + \cdots + (-1)^n b_n + \cdots = \sum_{n=1}^{\infty} (-1)^n b_n, \tag{2.22}$$

onde $\{b_n\}$ é uma sequência de termos positivos. Nesse tipo de série o fator $(-1)^n$ é o responsável pela mudança no sinal dos termos da série e as séries dadas por (2.21) e (2.22) são ambas convergentes ou ambas divergentes. Por essa razão, investigaremos a convergência apenas de uma delas.

Critério 2.5.1 (Critério de Leibniz) Seja $\{b_n\}$ uma sequência de termos positivos, monótona decrescente e tal que $\lim_{n\to\infty} b_n = 0$. Então a série alternada $\sum_{n=1}^{\infty} (-1)^n b_n$ é convergente e, se $\{S_n\}$ representa sua sequência de somas parciais, a soma S da série atende à relação:

$$S_{2n-1} \leq S \leq S_{2n}, \ \forall n. \tag{2.23}$$

Demonstração Na figura 2.5 abaixo mostramos as primeiras somas parciais da série oscilando de um lado para o outro em torno do alvo S e a distância entre duas somas parciais consecutivas tornando-se cada vez menor, porque $\lim b_n = 0$.

Como a seqüência $\{b_n\}$ decresce, temos:

$S_1 = -b_1$

$S_2 = -b_1 + b_2$

$S_3 = S_1 + (b_2 - b_3) \geq S_1$

$S_4 = S_2 + (-b_3 + b_4) \leq S_2$

$S_5 = S_3 + (b_4 - b_5) \geq S_3$

$S_6 = S_4 + (-b_5 + b_6) \leq S_4$

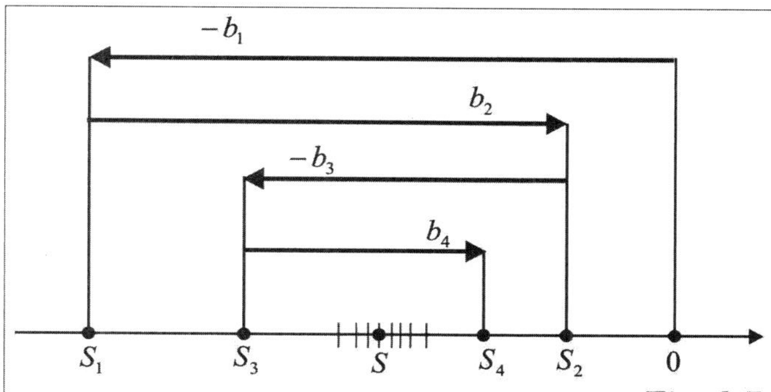

Fig. 2.5

Em geral, o decrescimento da sequência $\{b_n\}$ implica que $b_{2n} - b_{2n+1} \geq 0$ e $-b_{2n-1} + b_{2n} \leq 0$, $\forall n$, e sendo assim

$$S_{2n} = (-b_1 + b_2) + (-b_3 + b_4) + \cdots + (-b_{2n-1} + b_{2n})$$

é monótona decrescente (soma de parcelas negativas) e, reagrupando seus termos, obtemos:

$$S_{2n} = -b_1 + (b_2 - b_3) + (b_4 - b_5) + \cdots + (b_{2n-2} - b_{2n-1}) + b_{2n} \geq -b_1,$$

de onde concluímos que $\{S_{2n}\}$ é limitada inferiormente. Assim, $\{S_{2n}\}$ é decrescente e limitada inferiormente, sendo portanto convergente (veja o Critério 1.3.11). Um raciocínio inteiramente análogo nos permite concluir que a sequência $\{S_{2n-1}\}$ é monótona crescente e limitada superiormente e, portanto, convergente. Como $\{b_{2n}\}$ converge para zero, então:

$$\lim_{n\to\infty} S_{2n-1} = \lim_{n\to\infty} (S_{2n} - b_{2n}) = \lim_{n\to\infty} S_{2n}$$

e graças ao Critério 1.3.14 estabelecemos a convergência da sequência $\{S_n\}$ e, por conseguinte, da série. Se S representa o valor da soma da série, então as subsequências $\{S_{2n}\}$ e $\{S_{2n-1}\}$ convergem para S e da monotonia de $\{S_{2n}\}$ e $\{S_{2n-1}\}$, deduzimos que $S = \inf\{S_{2n}\}$ e também $S = \sup\{S_{2n-1}\}$. Com isso chegamos a (2.23) e concluímos a demonstração. ■

Exemplo 2.5.2 A sequência $b_n = 1/n$ é decrescente, tem limite zero e o critério de Leibniz assegura a convergência da série alternada harmônica $\sum\limits_{n=1}^{\infty} \frac{(-1)^n}{n}$. De modo similar deduzimos que as séries alternadas $\sum\limits_{n=1}^{\infty} \frac{(-1)^n}{n5^n}$ e $\sum\limits_{n=1}^{\infty} \frac{(-1)^n}{\sqrt{n}}$ são convergentes.

Exemplo 2.5.3 Para aplicar o critério de Leibniz à serie alternada $\sum\limits_{n=3}^{\infty} \frac{(-1)^n n}{n^2-5}$, primeiro mostraremos que a sequência $b_n = \dfrac{n}{n^2-5}$ é tal que: (a) $\lim\limits_{n\to\infty} b_n = 0$ e (b) $b_n \geq b_{n+1}$, $\forall n \geq 3$.

Para comprovarmos a condição (a), observamos que $\lim\limits_{n\to\infty} b_n = \lim\limits_{n\to\infty} \dfrac{1}{n - 5/n} = 0$. A condição (b) pode ser verificada observando-se o sinal da derivada primeira da função extensão. De fato, se $f(x) = \dfrac{x}{x^2-5}$, então $f'(x) = -\dfrac{x^2+5}{(x^2-5)^2} < 0$, $\forall x \geq 3$, e, portanto, a sequência $\{b_n = f(n)\}$ se torna decrescente a partir do seu terceiro termo. Sendo assim, a série alternada converge.

2.5.1 Estimativa do Erro

Em muitas situações práticas, mesmo tendo certeza da convergência da série alternada, às vezes é bastante difícil calcular o valor exato de sua soma e, dependendo do caso, um valor aproximado da soma da série pode ser utilizado com sucesso, desde que se estime o erro cometido. Quando a série alternada $\sum_{n=1}^{\infty}(-1)^n b_n$ atende às condições do Critério de Leibniz, a substituição da soma S da série pela k-ésima soma parcial S_k gera um erro cujo valor absoluto não excede o primeiro termo que se despreza, isto é, $|S - S_k| \le b_{k+1}$. Para comprovar esse fato, representemos por R_k o erro $\sum_{n=k+1}^{\infty}(-1)^n b_n$ e observemos que:

$$(-1)^{k+1} R_k = \underbrace{b_{k+1} - b_{k+2}}_{+} + \underbrace{b_{k+3} - b_{k+4}}_{+} + \cdots \ge 0$$

e, também:

$$(-1)^{k+1} R_k = b_{k+1} + \underbrace{b_{k+3} - b_{k+2}}_{-} + \underbrace{b_{k+5} - b_{k+4}}_{-} + \cdots \le b_{k+1}.$$

Combinando essas duas desigualdades, deduzimos que $0 \le (-1)^{k+1} R_k \le b_{k+1}$ e, consequentemente, obtemos $|R_k| \le b_{k+1}$, como queríamos. É oportuno observar quando a aproximação é por falta ou por excesso. Para as séries do tipo $\sum_{n=1}^{\infty}(-1)^n b_n$ a soma parcial S_{2n} é uma aproximação da soma da série por excesso, enquanto S_{2n-1} é uma aproximação da mesma soma, agora por falta, conforme (2.23). Com as séries do tipo $\sum_{n=1}^{\infty}(-1)^{n-1} b_n$ ocorre o contrário, e em ambos os casos o erro cometido é da mesma ordem.

Exemplo 2.5.4 Ao aproximar a soma da série $\sum\limits_{n=1}^{\infty}\dfrac{(-1)^n}{n5^n}$ por $S_4 = -\dfrac{1}{5}+\dfrac{1}{50}-\dfrac{1}{375}+\dfrac{1}{2500} \simeq -0.18$, cometemos um erro da ordem $b_5 \simeq 6.4\times10^{-3}$ e a aproximação é por excesso, isto é, $S \le S_4 \simeq -0.18$.

Exemplo 2.5.5 Vamos calcular o valor aproximado de $\sum\limits_{n=1}^{\infty}\dfrac{(-1)^{n+1}}{n2^n}$ com quatro casas decimais e com erro menor do que $E = 5 \times 10^{-4}$. O número de termos que devem ser considerados na aproximação coincide com o primeiro índice n tal que $b_{n+1} \le E \le b_n$. Um cálculo direto nos dá $b_7 = 11.1 \times 10^{-4}$ e $b_8 = 4.8 \times 10^{-5}$, de modo que devemos tomar $n = 7$ e a aproximação a ser considerada é $S \simeq S_7$. Com auxílio de uma calculadora, obtemos $S_7 = 0.4057$ e essa aproximação é por excesso. Usando métodos computacionais, obtemos $\sum\limits_{n=1}^{\infty}\dfrac{(-1)^{n+1}}{n2^n} \simeq 0.40547$.

2.6 Exercícios Complementares

2.6A Aproxime a soma da série pela soma parcial S_4 e estime o erro.

(a) $\sum\limits_{n=1}^{\infty} \dfrac{(-1)^{n+1}}{n3^n}$ (b) $\sum\limits_{n=1}^{\infty} \dfrac{(-1)^n n}{(2n)!}$ (c) $\sum\limits_{n=1}^{\infty} \dfrac{(-1)^n}{n^2}$ (d) $\sum\limits_{n=1}^{\infty} \dfrac{(-1)^{n+1}}{n^2+n}$

2.6B Use a Estimativa do Erro para aproximar a soma da série com quatro casas decimais e com erro menor do que $E = 5 \times 10^{-1}$. Diga quando a aproximação é por falta ou por excesso:

(a) $\sum\limits_{n=1}^{\infty} \dfrac{(-1)^{n+1}}{\sqrt{n}}$ (b) $\sum\limits_{n=1}^{\infty} \dfrac{(-1)^n}{n^2}$ (c) $\sum\limits_{n=1}^{\infty} \dfrac{(-1)^n}{n^n}$.

2.6C Verifique que as séries abaixo atendem às condições do Critério de Leibniz e conclua que elas são convergentes:

(a) $\sum\limits_{n=1}^{\infty} \dfrac{(-1)^n}{n^2+7}$ (b) $\sum\limits_{n=1}^{\infty} \dfrac{(-1)^n n}{2^n}$ (c) $\sum\limits_{n=1}^{\infty} \dfrac{(-1)^n n^2}{n^3+2}$ (d) $\sum\limits_{n=1}^{\infty} (-1)^n \operatorname{sen}(1/n)$.

2.6D Determine os valores inteiros de p que tornam a série convergente.

(a) $\sum\limits_{n=1}^{\infty} \dfrac{(-1)^n}{n^p}$ (b) $\sum\limits_{n=1}^{\infty} \dfrac{(-1)^n}{n+p}$ (c) $\sum\limits_{n=2}^{\infty} \dfrac{(-1)^n (\ln n)^p}{n}$.

2.6E Seja $\{b_n\}$ a sequência definida por: $b_n = 1/n$, se n for ímpar, e $b_n = 1/n^2$, se n for par. Mostre que a série $\sum (-1)^n b_n$ é divergente. Por que o Critério de Leibiniz não se aplica neste caso?

2.7 Convergência Absoluta e Condicional

Como vimos no Exemplo 2.5.2, a série alternada $\sum\limits_{n=1}^{\infty} \dfrac{(-1)^n}{n}$ é convergente, enquanto que a série obtida desta, considerando cada termo em valor absoluto é a série harmônica $\sum\limits_{n=1}^{\infty} \dfrac{1}{n}$ divergente. O processo inverso preserva a convergência, isto é, se a série $\sum_{n=1}^{\infty} |a_n|$ é convergente, então a série $\sum_{n=1}^{\infty} a_n$ também converge. Para comprovar este fato primeiro usamos a relação $0 \leq a_n + |a_n| \leq 2|a_n|$, $\forall n$, e o Critério da Comparação para concluir que a série $\sum_{n=1}^{\infty}(a_n+|a_n|)$ é convergente. Em seguida usamos a relação $a_n = (a_n+|a_n|)-|a_n|$, combinada com a propriedade 2.1.8(a), e concluímos a convergência da série $\sum_{n=1}^{\infty} a_n$. Além disso, denotando por $\{S_n\}$ e $\{R_n\}$ as sequências de somas parciais das séries $\sum_{n=1}^{\infty} a_n$ e $\sum_{n=1}^{\infty} |a_n|$, respectivamente, segue da desigualdade triangular que:

$$|S_n| = |a_1 + a_2 + ... + a_n| \leq |a_1| + |a_2| + ... + |a_n| = R_n,$$

e, portanto, $\lim_{n\to\infty} S_n \leq \lim_{n\to\infty} R_n$. Assim,

$$\left|\sum_{n=1}^{\infty} a_n\right| \leq \sum_{n=1}^{\infty} |a_n|.$$

Esses comentários motivam as definições de Convergência Absoluta e Convergência Condicional dadas a seguir.

Definição 2.7.1 A série $\sum_{n=1}^{\infty} a_n$ denomina-se absolutamente convergente quando a série $\sum_{n=1}^{\infty} |a_n|$ for convergente.

Exemplo 2.7.2 As séries $\sum\limits_{n=1}^{\infty} \dfrac{(-1)^n}{n^2}$, $\sum\limits_{n=1}^{\infty} \dfrac{(-1)^n}{2^n}$ e $\sum\limits_{n=1}^{\infty} \dfrac{1}{n^2+4}$ convergem absolutamente. A série $\sum\limits_{n=1}^{\infty} \dfrac{(-1)^n}{n}$, embora convergente, não converge absolutamente, conforme observamos no início desta seção. A convergência desta última série é de natureza condicional. Mais precisamente temos definição a seguir.

Definição 2.7.3 A série $\sum_{n=1}^{\infty} a_n$ denomina-se condicionalmente convergente quando for convergente e a série $\sum_{n=1}^{\infty} |a_n|$ for divergente.

A natureza da convergência (absoluta ou condicional) irá decidir se as somas infinitas se comportam como somas finitas, com respeito ao reagrupamento de seus termos. Em uma soma finita, é claro, seus termos podem ser reagrupados (ou rearranjados) sem que o valor da soma seja alterado. Nesse aspecto uma série absolutamente convergente se comporta como uma soma finita. Isso é estabelecido pelo seguinte critério:

Critério 2.7.4 (Critério do Reagrupamento) Se $\sum_{n=1}^{\infty} a_n$ converge absolutamente e tem soma S, então a série $\sum_{n=1}^{\infty} b_n$, obtida de $\sum_{n=1}^{\infty} a_n$ por um reagrupamento de seus termos, é absolutamente convergente e tem soma S.

Demonstração Para cada $k = 1, 2, 3, \ldots$, temos que:

$$0 \leq \sum_{n=1}^{k} |b_j| \leq \sum_{n=1}^{\infty} |a_j|, \quad \forall n = 1, 2, 3, \cdots$$

de onde segue que as somas parciais da série $\sum_{n=1}^{\infty} |b_n|$ formam uma sequência monótona crescente e limitada, sendo portanto convergente. Assim, a série $\sum_{n=1}^{\infty} b_n$ converge absolutamente e resta-nos provar que ela tem soma S. Denotemos por $\{S_n\}$ e $\{R_n\}$ as somas parciais das séries $\sum_{n=1}^{\infty} a_n$ e

$\sum_{n=1}^{\infty} b_n$, respectivamente, e seja $\varepsilon > 0$ dado. A convergência absoluta da série $\sum_{n=1}^{\infty} a_n$ garante a existência de um índice n tal que:

$$|S_n - S| < \varepsilon/2 \quad \text{e} \quad |a_{n+1}| + |a_{n+2}| + \cdots + |a_{n+p}| < \varepsilon/2, \ \forall p \geq 1, \tag{2.24}$$

e se m é um índice suficientemente grande, então a soma parcial R_m contém todos os termos a_j , $1 \leq j \leq n$, e certamente outros, e dessa forma podemos escrever:

$$R_m = a_1 + a_2 + \cdots + a_n + a_{k_1} + a_{k_2} + \cdots + a_{k_s}$$

onde $k_1, k_2, \ldots, k_s$ são inteiros maiores do que n. Se $n + p_0$ é o maior dos números $k_1, k_2, \ldots, k_s$, então:

$$|R_m - S_n| \leq |a_{k_1}| + |a_{k_2}| + \cdots + |a_{k_s}| \leq |a_{n+1}| + |a_{n+2}| + \cdots + |a_{n+p_0}| < \varepsilon/2 \tag{2.25}$$

e usando (2.24), (2.25) e a desigualdade triangular, obtemos:

$$|R_m - S| \leq |R_m - S_n| + |S_n - S| < \varepsilon/2 + \varepsilon/2 = \varepsilon. \quad \blacksquare$$

Quando uma série converge condicionalmente um reagrupamento de seus termos pode alterar o valor da soma e até torná-la divergente. Consideremos a serie condicionalmente convergente $\sum_{n=1}^{\infty} \frac{(-1)^{n-1}}{n}$ e calculemos sua soma. Se S_n é a n-ésima soma parcial dessa série, vimos no Exemplo 1.5.4 que $S_{2n} = R_{2n} - R_n$ e no Exemplo 1.3.20 constatamos que $\lim (R_n - \ln n) = \gamma$. Considerando a subsequência par obtemos $\lim [R_{2n} - \ln (2n)] = \gamma$ e combinando esses resultados, encontramos:

$$\lim S_{2n} = \lim [R_{2n} - \ln (2n)] - \lim (R_n - \ln n) + \ln 2 = \ln 2$$

e como $\{S_n\}$ converge, deduzimos que $\lim S_n = \ln 2$. Assim,

$$1 - \frac{1}{2} + \frac{1}{3} - \frac{1}{4} + \frac{1}{5} - \frac{1}{6} + \cdots = \ln 2. \tag{2.26}$$

Multiplicando (2.26) por $1/2$ e inserindo zeros entre os termos da série resultante, chegamos a:

$$0 + \frac{1}{2} + 0 - \frac{1}{4} + 0 + \frac{1}{6} + 0 - \frac{1}{8} + 0 + \frac{1}{10} + \cdots = \tfrac{1}{2} \ln 2 \tag{2.27}$$

e adicionando termo a termo as séries (2.26) e (2.27), obtemos:

$$1 + \frac{1}{3} - \frac{1}{2} + \frac{1}{5} + \frac{1}{7} - \frac{1}{4} + \cdots = \tfrac{3}{2} \ln 2. \tag{2.28}$$

Observamos que a série (2.28) contém os mesmos termos da série (2.26), porém rearranjados, e, contudo, as somas dessas séries são diferentes. Com relação ao reagrupamento dos termos de uma série condicionalmente convergente, temos o seguinte: os termos de uma série condicionalmente convergente $\sum a_n$ podem ser rearranjados de modo que a série resultante tenha soma S preestabelecida. A construção que apresentaremos foi idealizada por Riemann e as sequências a_n^+ e a_n^- introduzidas no Exercício 2.8C serão utilizadas na comprovação. As séries $\sum a_n^+$ e $\sum a_n^-$ são divergentes com somas $+\infty$ e $-\infty$, respectivamente, e consideramos um número suficiente de termos a_n^+, cuja soma seja $\geq S$. Em seguida adicionamos termos negativos a_n^- de modo que a soma resultante seja $\leq S$ e depois adicionamos termos positivos a_n^+ de modo que a soma volte a ser $\geq S$ e assim por diante. Como a_n^+ e a_n^- convergem para zero e $a_n^+ + a_n^- = a_n$, então a quantidade na qual a soma parcial S_n excede S, ou fica abaixo desse valor, se aproxima de zero. Logo $\lim S_n = S$.

O seguinte resultado sobre o produto de Cauchy para séries absolutamente convergentes será apresentado sem demonstração e o leitor interessado pode consultar [10].

Teorema 2.7.5 Se $\sum_{n=1}^{\infty} a_n$ e $\sum_{n=1}^{\infty} b_n$ são séries absolutamente convergentes, então:

(a) a série $\sum_{n=1}^{\infty} a_n b_n$ é absolutamente convergente; e

(b) o produto de Cauchy $\sum_{n=1}^{\infty} c_n$ das séries $\sum_{n=1}^{\infty} a_n$ e $\sum_{n=1}^{\infty} b_n$ converge absolutamente e

$$\sum_{n=1}^{\infty} c_n = \left(\sum_{n=1}^{\infty} a_n\right)\left(\sum_{n=1}^{\infty} b_n\right). \quad \blacksquare$$

2.7.1 Critérios da Razão e da Raiz

O critério de convergência que daremos a seguir, embora não conclusivo em muitos casos, constitui-se em um dos mais importantes (senão o mais importante) dentre os critérios de convergência para séries numéricas, não apenas do ponto de vista técnico como também nas aplicações às Séries de Potências que serão abordadas no próximo capítulo.

Teorema 2.7.6 (Critério da Razão) Dada uma série $\sum\limits_{n=1}^{\infty} a_n$, com $a_n \neq 0$, $\forall n$, seja

$$L = \lim_{n\to\infty} \left|\frac{a_{n+1}}{a_n}\right|.$$

(a) Se $L < 1$, então a série converge absolutamente;

(b) Se $L > 1$ ou $L = \infty$, então a série diverge.

Demonstração Supondo que $\lim\limits_{n\to\infty}\left|\dfrac{a_{n+1}}{a_n}\right| = L < 1$, escolhemos um número real r tal que $L < r < 1$ e na Definição 1.3.1 de limite de sequência consideramos $\varepsilon = r - L$ para encontrar um índice n_0 a partir do qual é válida a relação:

$$-r + L < \left|\frac{a_{n+1}}{a_n}\right| - L < r - L. \tag{2.29}$$

Segue de (2.29) que $|a_{n+1}| < r\,|a_n|\,,\ \forall n \geq n_0$, e nessa desigualdade, fazendo sucessivamente $n = n_0,\ n_0+1,\ n_0+2,\ n_0+3, \ldots$, obtemos:

$$|a_{n_0+k}| < r^k\,|a_{n_0}|\,,\ \forall k = 1, 2, 3, \ldots, \tag{2.30}$$

e como $0 < r < 1$, então a série geométrica $\sum_{n=1}^{\infty} r^k$ converge, e de (2.30) mais o Critério da Comparação deduzimos que a série $\sum_{k=1}^{\infty} |a_{n_0+k}|$ também converge. Para concluir que $\sum_{n=1}^{\infty} |a_n|$ é convergente, é só aplicar o Critério da Cauda 2.1.7. Isto prova a parte (a). Para provar a parte (b), admitimos que $\lim\limits_{n\to\infty}\left|\dfrac{a_{n+1}}{a_n}\right| = L > 1$ e consideramos, agora, r tal que $1 < r < L$. Novamente usamos a definição de limite de sequência com $\varepsilon = L - r$ e fixamos um índice n_0 a partir do qual se tem:

$$r - L < \left|\frac{a_{n+1}}{a_n}\right| - L < L - r$$

e daí obtemos $0 < |a_{n_0}| \leq |a_n|\,,\ \forall n \geq n_0$ e, portanto, a sequência $\{a_n\}$, caso seja convergente, possui limite diferente de zero. Do Critério do n-ésimo Termo segue que a série $\sum\limits_{n=1}^{\infty} a_n$ diverge. ■

Exemplo 2.7.7 Para a série $\sum\limits_{n=1}^{\infty} \dfrac{(-1)^n\, n^n}{n!}$, temos que:

$$L = \lim_{n\to\infty}\left|\frac{a_{n+1}}{a_n}\right| = \lim_{n\to\infty}\left|\frac{(n+1)^{n+1}}{(n+1)!}\,\frac{n!}{n^n}\right| = \lim_{n\to\infty}\left(\frac{n+1}{n}\right)^n = e > 1$$

e pelo Critério da Razão concluímos que a série diverge.

Exemplo 2.7.8 Para as séries $\sum\limits_{n=1}^{\infty} \dfrac{(-1)^n}{n^2}$, $\sum\limits_{n=1}^{\infty} \dfrac{(-1)^n}{n}$ e $\sum\limits_{n=1}^{\infty} \dfrac{1}{n}$, o limite da razão $\left|\dfrac{a_{n+1}}{a_n}\right|$ é igual a 1 e o Critério da Razão não se aplica. A convergência deve ser investigada por meio de outros argumentos. A primeira converge absolutamente, porque $\sum\limits_{n=1}^{\infty}\left|\frac{(-1)^n}{n^2}\right| = \sum\limits_{n=1}^{\infty}\frac{1}{n^2}$ é convergente. A segunda, como já vimos, converge condicionalmente e a terceira é a série harmônica divergente. Este exemplo mostra que o Critério da Razão não se aplica aos casos em que $\lim\limits_{n\to\infty}\left|\frac{a_{n+1}}{a_n}\right| = 1$.

2.7.2 Estimativa do Erro

Seja $\sum_{n=1}^{\infty} a_n$ uma série de termos positivos e suponhamos que $\lim \frac{a_{n+1}}{a_n} = L < 1$. O Critério da Razão estabelece a convergência dessa série e usaremos uma Série Geométrica para estimar o erro $R_n = a_{n+1} + a_{n+2} + \ldots$ da aproximação da série pela n-ésima soma parcial.

(a) Suponhamos que $a_{n+1} < 1$ e que $\frac{a_{n+1}}{a_n}$ seja decrescente. Então:

$$R_n = a_{n+1}\left[1 + \frac{a_{n+2}}{a_{n+1}} + \frac{a_{n+3}}{a_{n+1}} + \cdots\right] \le a_{n+1}\left[1 + \frac{a_{n+2}}{a_{n+1}} + \left(\frac{a_{n+2}}{a_{n+1}}\right)^2 + \cdots\right] = \frac{a_{n+1}}{1 - \frac{a_{n+2}}{a_{n+1}}}.$$

Nesse caso, temos a estimativa $R_n \le \frac{a_{n+1}^2}{a_{n+1} - a_{n+2}}$.

(b) Suponhamos, agora, que $\frac{a_{n+1}}{a_n}$ seja crescente. Recordemos que uma sequência crescente e convergente tem para limite o seu supremo e, sendo assim, $L = \sup\left(\frac{a_{n+1}}{a_n}\right) \ge \frac{a_{n+1}}{a_n}$, $\forall n$. Logo:

$$R_n = a_{n+1}\left[1 + \frac{a_{n+2}}{a_{n+1}} + \frac{a_{n+3}}{a_{n+1}} + \cdots\right] \le a_{n+1}\left[1 + L + L^2 + \cdots\right] = \frac{a_{n+1}}{1 - L}.$$

Finalizamos esta parte introdutória sobre séries numéricas com o enunciado do Critério da Raiz. A demonstração é similar àquela apresentada para o Critério da Razão.

Teorema 2.7.9 (Critério da Raiz) Dada uma série $\sum_{n=1}^{\infty} a_n$, seja $L = \lim\limits_{n\to\infty} \sqrt[n]{|a_n|}$.

(a) Se $L < 1$, então a série converge absolutamente;

(b) Se $L > 1$ ou $L = \infty$, então a série diverge. ■

Exemplo 2.7.10 Para ilustrar o Critério da Raiz vamos considerar a série $\sum\limits_{n=2}^{\infty}(-1)^n\left(\frac{n}{\ln n}\right)^n$ onde temos:

$$\lim_{n\to\infty}\sqrt[n]{|a_n|} = \lim_{n\to\infty}\frac{n}{\ln n} = (\text{L'Hôpital}) = \lim_{n\to\infty}\frac{1}{1/n} = \lim_{n\to\infty} n = \infty,$$

e, portanto, a série é divergente.

Encerramos este capítulo com um critério de convergência devido a *Raabe*, cuja demonstração se baseia no Exercício 2.8G.

Teorema 2.7.11 (Critério da Raabe) Se $L = \lim [n(1 - |a_{n+1}/a_n|)]$, então $\sum a_n$ converge absolutamente se $L > 1$ ou $L = \infty$ e diverge se $L < 1$ ou $L = -\infty$. ■

Os capítulos 1 e 2 formam a base (o cenário) para a apresentação das séries de potências que discutiremos no próximo capítulo. É fundamental nos familiarizarmos com os conceitos e critérios de convergência para sequências e séries numéricas e, por isso, recomendamos a resolução dos exercícios para a fixação da teoria.

2.8 Exercícios Complementares

2.8A Falso ou Verdadeiro? Justifique.

(a) se $\sum_{n=1}^{\infty} a_n$ converge, então $\sum_{n=1}^{\infty} a_n^2$ converge;

(b) se $\sum_{n=1}^{\infty} a_n$ converge absolutamente, então $\sum_{n=1}^{\infty} a_n^2/\left(1 + a_n^2\right)$ converge;

(c) se $\sum_{n=1}^{\infty} a_n^2$ converge, então $\sum_{n=1}^{\infty} a_n$ converge absolutamente;

(d) se $\lim\limits_{n\to\infty} (a_n/b_n) = 0$ e $\sum_{n=1}^{\infty} a_n$ diverge, então $\sum_{n=1}^{\infty} b_n$ diverge;

(e) se $\lim\limits_{n\to\infty} (a_n/b_n) = \infty$ e $\sum_{n=1}^{\infty} b_n$ converge, então $\sum_{n=1}^{\infty} a_n$ converge;

(f) se $\sum_{n=1}^{\infty} a_n$ converge absolutamente, $a_n \neq 0$, então $\sum_{n=1}^{\infty} 1/|a_n|$ diverge;

(g) se $\sum_{n=1}^{\infty} a_n$ e $\sum_{n=1}^{\infty} b_n$ são divergentes, então $\sum_{n=1}^{\infty} a_n b_n$ é divergente;

(h) se $\sum_{n=1}^{\infty} a_n$ e $\sum_{n=1}^{\infty} b_n$ são convergentes, então $\sum_{n=1}^{\infty} a_n b_n$ é convergente;

(i) para todo inteiro positivo k a série alternada $\sum_{n=1}^{\infty} \dfrac{(-1)^n}{\sqrt[k]{n}}$ converge.

2.8B Usando o Critério da Raiz, verifique que as séries dadas abaixo convergem:

(a) $\sum\limits_{n=1}^{\infty} \left(\dfrac{-n}{3n+1}\right)^n$ (b) $\sum\limits_{n=1}^{\infty} (\sqrt[n]{n} - 1)^n$ (c) $\sum\limits_{n=1}^{\infty} \dfrac{n^5}{5^n}$ (d) $\sum\limits_{n=2}^{\infty} \dfrac{(-5)^{n+1}}{(\ln n)^n}$.

2.8C Suponha que a sequência $\{a_n\}$ seja convergente e tenha limite l. Considere as sequências $\{a_n^+\}$ e $\{a_n^-\}$ definidas por: $a_n^+ = \frac{1}{2}(a_n + |a_n|)$ e $a_n^- = \frac{1}{2}(a_n - |a_n|)$

(a) Calcule $\lim a_n^+$ e $\lim a_n^-$;

(b) Se $\sum a_n$ converge absolutamente, mostre que $\sum a_n^+$ e $\sum a_n^-$ convergem;

(c) Se $\sum a_n$ converge condicionalmente, mostre que $\sum a_n^+$ e $\sum a_n^-$ divergem.

2.8D *Estratégia para Testar a Convergência* Na teoria estabelecemos vários critérios para testar a convergência de uma série numérica e a dificuldade é: qual o teste adequado a uma determinada série. Essa dificuldade também surge quando se integra funções. Não há regra que estabeleça qual critério se aplica a qual série. Apresentamos um roteiro que poderá ajudar na investigação.

1. Se $\lim a_n \neq 0$ ou a sequência $\{a_n\}$ é divergente o critério do n-ésimo termo deve ser usado para concluir que a série $\sum a_n$ diverge;

2. Se a série é da forma $\sum_{n=1}^{\infty} \alpha r^{n-1}$ ela é uma série geométrica, que converge para $\alpha/(1-r)$ se $|r| < 1$ e diverge se $|r| \geq 1$;

3. Se a série é da forma $\sum_{n=1}^{\infty} (b_n - b_{n+1})$ ela é uma série de encaixe, que converge para $b_1 - \lim b_n$, se $\{b_n\}$ convergir. Se $\{b_n\}$ divergir a série de encaixe também diverge;

4. Se a série é da forma $\sum 1/n^p$ ela é uma p-série e será convergente apenas quando $p > 1$;

5. Nos outros casos tenta-se o Critério da Razão seguindo o esquema:

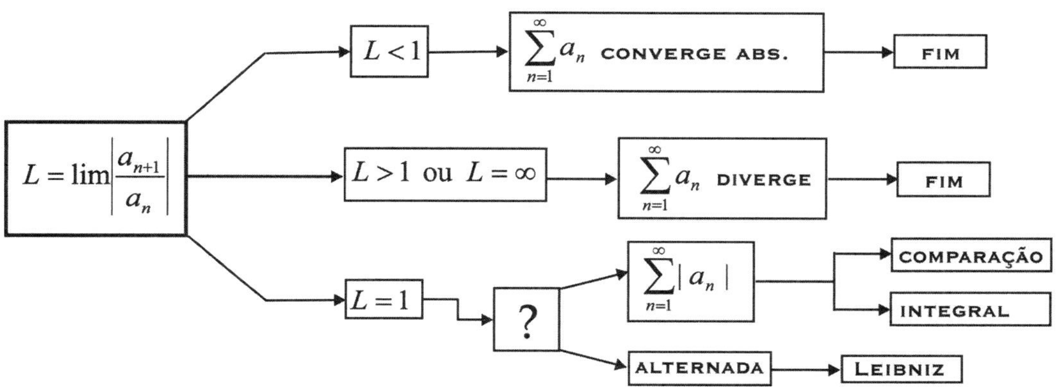

Teste a convergência das séries:

(a) $\sum_{n=1}^{\infty} \frac{n!}{n^n}$ (b) $\sum_{n=1}^{\infty} \frac{(-1)^n 2^n}{n!}$ (c) $\sum_{n=1}^{\infty} \frac{n^2}{n!}$ (d) $\sum_{n=1}^{\infty} \frac{(2^n+3^n)^{1/n}}{n}$

(e) $\sum_{n=1}^{\infty} \frac{(n!)^2}{(2n)!}$ (f) $\sum_{n=1}^{\infty} \frac{3n}{\sqrt{n^3+1}}$ (g) $\sum_{n=1}^{\infty} \frac{n3^{2n}}{5^{n-1}}$ (h) $\sum_{n=1}^{\infty} \frac{(-1)^n \cos n}{n^2}$

(i) $\sum_{n=1}^{\infty} \frac{\sqrt{n}}{n^2+2}$ (j) $\sum_{n=2}^{\infty} \frac{1}{(\ln n)^n}$ (k) $\sum_{n=1}^{\infty} n!\left(\frac{2}{n}\right)^n$ (l) $\sum_{n=1}^{\infty} \frac{(-1)^n}{n(n+2)}$

2.8E Escreva os cinco primeiros termos e em seguida teste a convergência das séries:

(a) $\sum\limits_{n=1}^{\infty} \dfrac{1 \cdot 3 \cdot 5 \cdot \ldots \cdot (2n-1)}{n!}$ (b) $\sum\limits_{n=1}^{\infty} \dfrac{2 \cdot 4 \cdot 6 \cdot \ldots \cdot (2n)}{1 \cdot 4 \cdot 7 \cdot \ldots \cdot (3n-2)}$.

2.8F Se $0 < a_n < 1$, $\forall n$, e a série $\sum\limits_{n=1}^{\infty} a_n$ converge, mostre que a série $\sum\limits_{n=1}^{\infty} \ln(1-a_n)$ converge absolutamente. Siga as seguintes etapas:

(i) Prove que se $0 < x < 1$, então $|\ln(1-x)| \leq x/(1-x)$.

(ii) Por comparação no limite, mostre que a série $\sum\limits_{n=1}^{\infty} \dfrac{a_n}{1-a_n}$ converge a partir daí conclua o resultado.

2.8G *Comparando Razões* Sejam $\{a_n\}$ e $\{b_n\}$ duas sequências tais que $|a_{n+1}/a_n| \leq |b_{n+1}/b_n|$, $\forall n \geq n_0$, e suponha que a série $\sum b_n$ convirja absolutamente.

(a) Mostre que existe uma constante $C > 0$, tal que $|a_n| \leq C|b_n|$, $n \geq n_0$, e por comparação conclua que $\sum |a_n|$ converge.

(b) Se $n(1 - |a_{n+1}/a_n|) \geq \alpha$, para algum $\alpha > 1$, use a sequência $b_n = 1/(n-1)^\alpha$ e a Desigualdade de Bernoulli do Exercício 1.6F para mostrar que $\sum a_n$ converge absolutamente.

2.8H Seja $\{a_n\}$ a sequência $x, xy, x^2y, x^2y^2, x^3y^2, \ldots$, definida na Observação 1.3.19. A sequência $\{S_n\}$ de somas parciais da série $\sum\limits_{n=1}^{\infty} a_n$ é tal que

$$S_n \leq x\left(1 + y + y^2 + \cdots + y^{n-1}\right), \quad \forall\, n,$$

e, portanto, a série $\sum\limits_{n=1}^{\infty} a_n$ é convergente, embora a razão $|a_{n+1}/a_n|$ não tenha limite. O mesmo ocorre com a sequência $\{x_n\}$ definida por:

$$x_n = \begin{vmatrix} 1/n^2, & \text{se } n \text{ é par} \\ 1/n^3, & \text{se } n \text{ é ímpar.} \end{vmatrix}$$

2.8I **Alergia pelo número 7 - Renate Watanabe (RPM 31)** Se eliminássemos da série harmônica todas as frações que contivessem o algarismo 7, chegaríamos à série

$$\frac{1}{1} + \frac{1}{2} + \frac{1}{3} + \frac{1}{4} + \frac{1}{5} + \frac{1}{6} + \frac{1}{8} + \frac{1}{9} + \frac{1}{10} + \cdots + \frac{1}{15} + \frac{1}{16} + \frac{1}{18} + \frac{1}{19} + \frac{1}{20} + \frac{1}{21} + \cdots \qquad (\bigstar)$$

e como todos os algarismos, exceto o número 7, podem ser usados na nova série (★), espera-se que a série assim construida seja divergente. Mas, não é isso que ocorre; a série (★) é convergente e sua soma não ultrapassa 80.

(i) Cada uma das oito primeiras parcelas, de $\frac{1}{1}$ até $\frac{1}{9}$, é menor ou igual a 1 e a soma dessas frações é menor ou igual a 8;

(ii) As 8×9 frações seguintes, de $\frac{1}{10}$ até $\frac{1}{99}$, tem soma menor ou igual a $8 \times 9 \times \dfrac{1}{10}$, já que cada fração é menor ou igual a $\frac{1}{10}$;

(ii) As $8 \times 9 \times 9$ frações seguintes, de $\frac{1}{100}$ até $\frac{1}{999}$, tem soma menor ou igual a $8 \times 9^2 \times \dfrac{1}{100}$, já que cada fração é menor ou igual a $\frac{1}{100}$ e assim por diante.

A soma da série (★) não ultrapassa

$$8 + \frac{8 \times 9}{10} + \frac{8 \times 9^2}{10^2} + \frac{8 \times 9^3}{10^3} + \cdots = \frac{8}{1 - \frac{9}{10}} = 80.$$

2.8J Desafio Investigue a convergência ou divergência da série

$$\sum_{n=1}^{\infty} \frac{1}{n^3 \operatorname{sen}^2 n}.$$

3. Séries de Potências

3.1 Introdução

O objetivo principal deste capítulo é representar as funções elementares do cálculo como *séries de potências*, que são aquelas séries cujos termos contêm potências de uma variável x. São séries de potências as séries do tipo:

$$c_0 + c_1 (x-a) + c_2 (x-a)^2 + c_3 (x-a)^3 + \cdots + c_n (x-a)^n + \cdots, \tag{3.1}$$

representadas simbolicamente por:

$$\sum_{n=0}^{\infty} c_n (x-a)^n, \tag{3.2}$$

onde, por simplicidade, convencionamos $(x-a)^0 = 1$, quando $x = a$. Se considerarmos em (3.2) $c_n = 1$, para todo n, a série se torna uma série geométrica de razão $x - a$, convergente quando $|x-a| < 1$. Na série (3.2) o número real a denomina-se *centro* da série e os números c_n são os *coeficientes*. Um caso particular da série de potências (3.2) ocorre quando $a = 0$ e, neste caso, a série resultante será:

$$c_0 + c_1 x + c_2 x^2 + c_3 x^3 + \cdots + c_n x^n + \cdots \tag{3.3}$$

simbolicamente representada por:

$$\sum_{n=0}^{\infty} c_n x^n, \tag{3.4}$$

onde, mais uma vez, convencionamos $x^0 = 1$, quando $x = 0$.

As séries de potências aparecem em muitos problemas da Física-Matemática, como por exemplo, em fenômenos ondulatórios e distribuição de temperatura em placas, onde recorremos às *funções de Bessel*:

$$J_k (x) = \sum_{n=0}^{\infty} \frac{(-1)^n}{n!\,(n+k)!} \left(\frac{x}{2}\right)^{2n+k}, \tag{3.5}$$

que são tipos especiais de séries de potências, para descrever determinados modelos.

Ao lidarmos com séries de potências, duas perguntas naturais que surgem são: para que valores reais atribuídos a x a série de potências (3.1) é convergente? Se f é a função representada pela série (3.1), qual a relação entre f e os coeficientes c_n da série? É claro que toda série de potências do tipo (3.1) é convergente quando $x = a$, sendo, neste caso, a soma da série igual a c_0. O conjunto dos valores reais atribuídos a x que tornam a série de potências convergente é, portanto, não vazio e para tal x a série representa um número real que é o valor de sua soma. Dessa forma, a série de potências (3.1) define uma função real f cujo valor em x é:

$$f(x) = \sum_{n=0}^{\infty} c_n (x-a)^n$$

e cujo domínio é precisamente o conjunto dos números x para os quais a série converge. Uma série de potências se assemelha a um polinômio, com a diferença de possuir uma infinidade de termos, e a função que ela representa é aproximada em cada x de seu domínio (intervalo de convergência) pelos polinômios S_n, que são as somas parciais da série. As relações entre a função f e os coeficientes c_n da série serão estabelecidas na Seção 3.5.

Os valores de x que tornam uma série de potências convergente serão determinados pelo Critério da Razão, sendo o caso extremo ($L = 1$) analisado em separado. Para ilustrar algumas situações, admitiremos que as operações *Derivação* e *Integração* sejam possíveis termo a termo para séries. É claro que podemos derivar e integrar termo a termo no caso de uma soma finita e as generalizações para somas infinitas trataremos adiante na Seção 3.3.

Exemplo 3.1.1 Para qualquer valor que se atribua a x a série de potências $\sum_{n=0}^{\infty} \frac{x^n}{n!}$ converge absolutamente. De fato, o termo geral da série é $a_n = \frac{x^n}{n!}$ de modo que

$$L = \lim_{n\to\infty} \left| \frac{a_{n+1}}{a_n} \right| = \lim_{n\to\infty} \left| \frac{x^{n+1}}{(n+1)!} \frac{n!}{x^n} \right| = |x| \lim_{n\to\infty} \frac{1}{n+1} = 0$$

e sendo $L < 1$ independentemente do valor real x, o Critério da Razão assegura a convergência absoluta da série. Assim, podemos definir uma função real $f : \mathbb{R} \to \mathbb{R}$ por:

$$f(x) = 1 + x + \frac{x^2}{2!} + \cdots + \frac{x^n}{n!} + \cdots = \sum_{n=0}^{\infty} \frac{x^n}{n!}. \tag{3.6}$$

Procedendo formalmente, derivamos a relação (3.6) com respeito à variável x e encontramos:

$$f'(x) = \sum_{n=1}^{\infty} \frac{x^{n-1}}{(n-1)!} = f(x), \tag{3.7}$$

e, por conseguinte, a função $f(x)$ satisfaz à *equação diferencial*:

$$f'(x) - f(x) = 0,$$

para qualquer valor de x. Para deduzir que $f(x) = e^x$, basta observarmos que:

$$\frac{d}{dx}\left[\frac{f(x)}{e^x}\right] = \frac{f'(x) - f(x)}{e^x} = 0, \ \forall x,$$

e, portanto, $f(x) = Ce^x$, sendo C uma constante. Notando que $f(0) = 1$, segue que $C = 1$ e obtemos $f(x) = e^x$, para todo x. Dessa forma, encontramos a seguinte série de potências para representar a função exponencial[3]:

$$\boxed{e^x = \sum_{n=0}^{\infty} \frac{x^n}{n!}} \tag{3.8}$$

e a representação é válida seja qual for o valor real atribuído a x . Na figura 3.1 exibimos os gráficos da função e^x e das primeiras somas parciais da série (3.8) onde observamos que à medida que n aumenta o gráfico da n-ésima soma S_n aproxima-se do gráfico da função e^x.

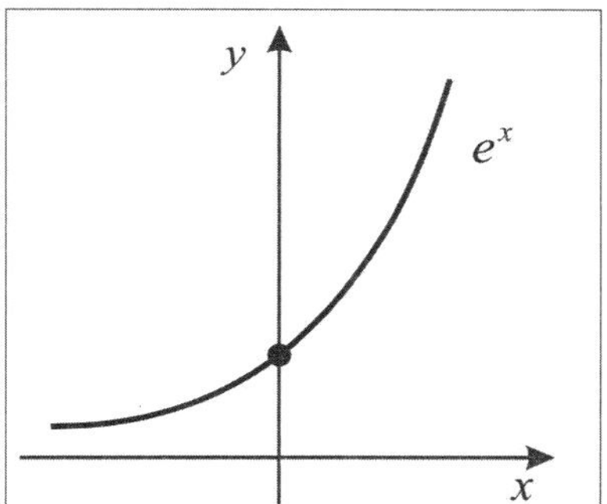

Fig. 3.1a

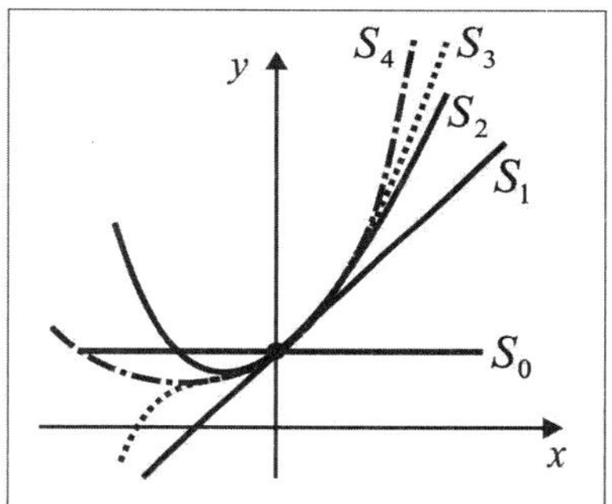

Fig. 3.1b

Exemplo 3.1.2 Se na série de e^x a variável x for substituída por t^2, obteremos:

$$e^{t^2} = \sum_{n=0}^{\infty} \frac{t^{2n}}{n!}, \tag{3.9}$$

para qualquer valor de t, e integrando (3.9) de 0 até 1, termo a termo, resultará:

$$\int_0^1 e^{t^2} dt = \sum_{n=0}^{\infty} \frac{1}{(2n+1)\,n!}. \tag{3.10}$$

[3]Por volta de 1748 Leonhard Euler usou a série (3.8), com $x = 1$, para obter o valor do número e com 23 dígitos. Em 2000, X. Gourdon e S. Kondo usaram a mesma expressão e técnicas especiais e obtiveram o valor para e com mais de 10 bilhões de casas decimais. Consulte numbers.computation.free.fr

A integral que aparece no lado esquerdo de (3.10) não pode ser calculada pelos métodos elementares do cálculo integral e essa relação permite que ela seja calculada numericamente. Aí está uma boa razão para representarmos as funções elementares do cálculo por séries de potências. Por exemplo, aproximando a série (3.10) pela soma parcial S_4, resulta:

$$\int_0^1 e^{t^2} dt \simeq 1 + \frac{1}{3} + \frac{1}{10} + \frac{1}{42} \simeq 1.4571.$$

Exemplo 3.1.3 Outra série de potências que converge, seja qual for o valor da variável x, é a série que representa a k-ésima função de Bessel $J_k(x)$ dada por (3.5). O termo geral dessa série é $a_n = \dfrac{(-1)^n}{n!\,(n+k)!}(\dfrac{x}{2})^{2n+k}$ e assim:

$$\lim_{n\to\infty} \left| \frac{a_{n+1}}{a_n} \right| = \left| \frac{x}{2} \right|^2 \lim_{n\to\infty} \frac{1}{(n+1)(n+k+1)} = 0, \quad \forall x.$$

Segue do Critério da Razão que a série converge absolutamente seja qual for o valor atribuído a x.

Exemplo 3.1.4 Vimos na seção 2.1 que a série geométrica $\sum\limits_{n=0}^{\infty} x^n$ é convergente quando $|x| < 1$, e somente nesse caso. Quando aplicamos o Critério da Razão a essa série deduzimos que para esses valores de x a convergência é absoluta e conforme estabelecemos no Capítulo 2:

$$\boxed{\frac{1}{1-x} = \sum_{n=0}^{\infty} x^n, \quad \text{para } |x| < 1.} \tag{3.11}$$

Se em (3.11) trocarmos x por $-x$ e depois x por x^2, obteremos, respectivamente:

$$\boxed{\frac{1}{1+x} = \sum_{n=0}^{\infty} (-1)^n x^n, \quad \text{para } |x| < 1.} \tag{3.12}$$

$$\boxed{\frac{1}{1+x^2} = \sum_{n=0}^{\infty} (-1)^n x^{2n}, \quad \text{para } |x| < 1.} \tag{3.13}$$

Integrando (3.13), termo a termo, de 0 até x, $-1 < x < 1$, resulta:

$$\boxed{\text{arctg } x = \sum_{n=0}^{\infty} \frac{(-1)^n x^{2n+1}}{2n+1}, \quad \text{para } |x| < 1.} \tag{3.14}$$

Usando o Critério de Leibniz para séries alternadas podemos verificar sem maiores dificuldades que a série de potências que representa $\text{arctg}\, x$ dada em (3.14) também converge quando $x = \pm 1$. O que não é óbvio, embora seja verdadeiro, é que a representação (3.14) é ainda válida em $x = \pm 1$ e considerando $x = 1$, encontramos a fórmula de Leibniz para o número π :

$$\frac{\pi}{4} = 1 - \frac{1}{3} + \frac{1}{5} - \frac{1}{7} + \cdots.$$

Exemplo 3.1.5 Usando a série (3.12), obtemos por integração termo a termo uma representação para a função $\ln(1+x)$ em série de potências de x e para representá-la como uma série de potências de $x-2$, por exemplo, são necessários alguns ajustes. Temos:

$$\frac{1}{1+x} = \frac{1}{3+(x-2)} = \frac{1}{3}\left[\frac{1}{1+(x-2)/3}\right]$$

e usando a representação (3.12), trocando x por $(x-2)/3$, resulta:

$$\frac{1}{1+x} = \frac{1}{3}\sum_{n=0}^{\infty}(-1)^n\frac{(x-2)^n}{3^n}, \tag{3.15}$$

representação válida apenas quando $\left|\dfrac{x-2}{3}\right| < 1$, isto é, $-1 < x < 5$. Integrando (3.15), termo a termo, de 2 até x, obtemos a representação:

$$\boxed{\ln(1+x) = \ln 3 + \sum_{n=0}^{\infty}\frac{(-1)^n(x-2)^{n+1}}{(n+1)\,3^{n+1}}, \quad \text{para } -1 < x < 5.} \tag{3.16}$$

Exemplo 3.1.6 Para representar a função $\ln x$ por uma série de potências de $x-1$, procedemos como no Exemplo 3.1.5 e começamos escrevendo:

$$\frac{1}{t} = \frac{1}{1+(t-1)} = \sum_{n=0}^{\infty}(-1)^n(t-1)^n, \quad \text{para } |t-1| < 1.$$

Integrando essa igualdade, termo a termo, de 1 até x, obtemos:

$$\boxed{\ln x = \sum_{n=0}^{\infty}\frac{(-1)^n(x-1)^{n+1}}{n+1}, \quad \text{para } 0 < x < 2.} \tag{3.17}$$

Existem séries de potências que convergem em um único valor de x, como é o caso da série $\sum\limits_{n=0}^{\infty} n!x^n$, que converge somente quando $x = 0$, porque neste caso:

$$\lim_{n\to\infty}\left|\frac{a_{n+1}}{a_n}\right| = \lim_{n\to\infty}|x|(n+1) = \begin{cases} 0, & \text{se } x = 0 \\ \infty, & \text{se } x \neq 0, \end{cases}$$

e existem séries para as quais o conjunto de valores de x onde elas convergem é *maior* do que aquele determinado pelo Critério da Razão. Isso ocorre quando o caso extremo $L = 1$ é analisado separadamente, fornecendo dois valores para x onde a série pode convergir absolutamente ou convergir condicionalmente. No caso da série (3.14), que representa a função arctg x, ela converge, também, nos pontos $x = \pm 1$, obtidos a partir de $L = 1$. Outro exemplo que ilustra essa situação é dado a seguir.

Exemplo 3.1.7 Apliquemos o Critério da Razão à série $\sum_{n=1}^{\infty} \frac{(x-3)^{n+1}}{n}$. Temos:

$$L = \lim_{n\to\infty} \left|\frac{a_{n+1}}{a_n}\right| = \lim_{n\to\infty} \left|\frac{(x-3)^{n+2}}{n+1} \frac{n}{(x-3)^{n+1}}\right| = |x-3| \lim_{n\to\infty} \frac{n}{n+1} = |x-3|$$

e, portanto, a série converge absolutamente quando $|x-3| < 1$, o que equivale a $2 < x < 4$, e diverge quando $|x-3| > 1$. Essa é a informação contida no Critério da Razão e a convergência da série nas extremidades desse intervalo não pode ser prevista antecipadamente. Esse é o caso extremo $L = 1$ que será analisado agora. A equação $|x-3| = 1$ tem como soluções $x_1 = 4$ e $x_2 = 2$ e, levando estes valores na série original, obtemos a série divergente $\sum_{n=1}^{\infty} \frac{1}{n}$, para $x = 4$, e a série (condicionalmente) convergente $\sum_{n=1}^{\infty} \frac{(-1)^{n+1}}{n}$, para $x = 2$. Portanto, o conjunto dos valores de x que tornam a série convergente é o intervalo semiaberto $2 \leq x < 4$.

3.1.1 Produto de Séries de Potências

Se duas séries de potências forem adicionadas ou subtraídas, elas se comportarão como polinômios no intervalo de convergência comum. Nos Exemplos 3.1.8 e 3.1.9 vamos ilustrar que as séries de potências podem ser multiplicadas ou divididas como polinômios sem, contudo, justificar as manipulações formais. O fato é que se as séries $f(x) = \sum_{n=0}^{\infty} c_n x^n$ e $g(x) = \sum_{n=0}^{\infty} d_n x^n$ convergirem no intervalo $|x| < R$ e forem multiplicadas como polinômios, a série resultante convergirá em $|x| < R$ e representará nesse intervalo a função $f(x)\, g(x)$. Com respeito à divisão, devemos admitir $d_0 \neq 0$ e a série resultante representará a função $f(x)/g(x)$ em algum intervalo contido em $|x| < R$.

Exemplo 3.1.8 No intervalo $|x| < 1$, temos:

$$\frac{e^x}{1-x} = e^x \cdot \frac{1}{1-x} = \left(1 + x + \tfrac{1}{2}x^2 + \tfrac{1}{6}x^3 + \cdots\right)\left(1 + x + x^2 + x^3 + \cdots\right)$$

e efetuando a multiplicação e agrupando os termos semelhantes, encontramos:

$$\frac{e^x}{1-x} = 1 + 2x + \tfrac{5}{2}x^2 + \tfrac{3}{2}x^3 + \cdots .$$

Exemplo 3.1.9 Para dividir duas séries de potências, procedemos como na multiplicação e escrevemos:

$$\frac{c_0 + c_1 x + c_2 x^2 + c_3 x^3 + \cdots}{d_0 + d_1 x + d_2 x^2 + d_3 x^3 + \cdots} = \sum_{n=0}^{\infty} b_n x^n,$$

onde os coeficientes b_n serão determinados a partir da relação:

$$c_0 + c_1 x + c_2 x^2 + c_3 x^3 + \cdots = \left(d_0 + d_1 x + d_2 x^2 + d_3 x^3 + \cdots\right)\left(b_0 + b_1 x + b_2 x^2 + b_3 x^3 + \cdots\right) \quad (3.18)$$

Por exemplo, com as séries de $\operatorname{arctg} x$ e $\exp x$, no intervalo $|x| < 1$, a relação (3.18) torna-se:

$$x - \tfrac{1}{3}x^3 + \tfrac{2}{5}x^5 - \tfrac{1}{7}x^7 + \cdots = \left(1 + x + \tfrac{1}{2}x^2 + \tfrac{1}{6}x^3 + \cdots\right)\left(b_0 + b_1 x + b_2 x^2 + b_3 x^3 + \cdots\right) \quad (3.19)$$

e efetuando a multiplicação do lado direito de (3.19), obtemos:

$$x - \tfrac{1}{3}x^3 + \tfrac{2}{5}x^5 - \tfrac{1}{7}x^7 + \cdots = b_0 + (b_0 + b_1)\, x + \left(\tfrac{1}{2}b_0 + b_1 + b_2\right) x^2 + \left(\tfrac{1}{3}b_0 + \tfrac{1}{2}b_1 + b_2 + b_3\right) x^3 + \cdots$$

e igualando os coeficientes, encontramos $b_0 = 0,\ b_1 = 1,\ b_2 = -1,\ b_3 = 1/6$ etc. Assim:

$$\frac{\operatorname{arctg} x}{e^x} = x - x^2 + \tfrac{1}{6}x^3 - \cdots ,$$

representação válida no intervalo $|x| < 1$.

3.2 Intervalo de Convergência

Nos exemplos apresentados na introdução, verificamos que uma série de potências $\sum_{n=0}^{\infty} c_n (x-a)^n$ pode convergir apenas quando $x = a$, pode convergir absolutamente em qualquer valor de x (Exemplo 3.1.1) ou pode ser absolutamente convergente no intervalo $|x - a| < R$ e divergente quando $|x - a| > R$, podendo ser convergente ou não nos extremos desse intervalo (Exemplo 3.1.7). Esse número real R, que é o raio do intervalo, é denominado *raio de convergência* da série e o intervalo correspondente é o *intervalo de convergência*. O intervalo de convergência de uma série de potências pode ser de qualquer um dos seguintes tipos:

$$(a-R, a+R)\,,\ [a-R, a+R),\ (a-R, a+R] \text{ ou } [a-R, a+R]\,,$$

dependendo da convergência ou não da série nos extremos do intervalo. As informações fornecidas pelo Critério da Razão estão ilustradas na figura 3.2 abaixo.

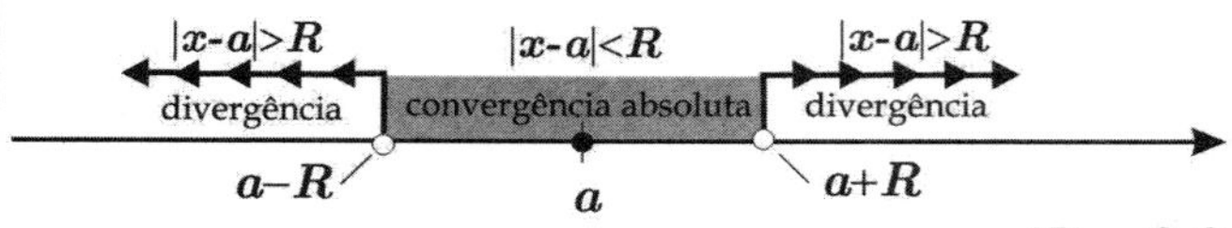

Fig. 3.2

Para séries de potências do tipo $\sum\limits_{n=0}^{\infty} c_n x^n$, onde o centro é $a = 0$, o intervalo de convergência pode ser de qualquer um dos tipos $[-R, R]$, $[-R, R)$, $(-R, R]$ ou $(-R, R)$. Na tabela abaixo ilustramos essas situações com algumas séries apresentadas na introdução, indicando as respectivas funções que elas representam no intervalo de convergência. Adiante formalizaremos os resultados para séries de potências em geral.

série	raio de convergência	intervalo de convergência
$e^x = \sum\limits_{n=0}^{\infty} \dfrac{x^n}{n!}$	$R = \infty$	$(-\infty, \infty)$
$0 = \sum\limits_{n=0}^{\infty} n! x^n$	$R = 0$	$\{0\}$
$\dfrac{1}{1-x} = \sum\limits_{n=0}^{\infty} x^n$	$R = 1$	$(-1, 1)$
$\dfrac{1}{1+x} = \sum\limits_{n=0}^{\infty} (-1)^n x^n$	$R = 1$	$(-1, 1)$
$\operatorname{arctg} x = \sum\limits_{n=0}^{\infty} \dfrac{(-1)^n x^{2n+1}}{2n+1}$	$R = 1$	$[-1, 1]$

Teorema 3.2.1 Se uma série de potências $\sum\limits_{n=0}^{\infty} c_n (x-a)^n$ convergir em algum valor $x_0 \neq a$, então ela convergirá absolutamente em qualquer ponto x do intervalo $|x-a| < |x_0 - a|$. Se ela divergir em $x = x_1$, então ela será divergente quando $|x-a| > |x_1 - a|$.

Demonstração Se a série $\sum\limits_{n=0}^{\infty} c_n (x_0 - a)^n$ é convergente, segue do Critério do n-ésimo Termo que $\lim\limits_{n\to\infty} c_n (x_0 - a)^n = 0$ e pela definição de limite, fixado $\varepsilon = 1$, existe em correspondência um índice $n_0 \in \mathbb{N}$ a partir do qual se tem $|c_n (x_0 - a)^n| < 1$. Ora,

$$|c_n (x-a)^n| = |c_n (x_0 - a)^n| \left| \frac{x-a}{x_0 - a} \right|^n \tag{3.20}$$

e, tendo em vista que $|c_n (x_0 - a)^n| < 1$, $\forall n \geq n_0$, deduzimos de (3.20) que:

$$|c_n (x - a)^n| < \left| \frac{x - a}{x_0 - a} \right|^n, \quad \forall n \geq n_0. \tag{3.21}$$

Para $|x - a| < |x_0 - a|$ a série geométrica $\sum\limits_{n=0}^{\infty} \left| \frac{x - a}{x_0 - a} \right|^n$ é convergente e, combinando (3.19) com o Critério da Comparação, concluímos que $\sum\limits_{n=0}^{\infty} c_n (x - a)^n$ converge absolutamente. Para provarmos a segunda parte do teorema, admitiremos que a série $\sum\limits_{n=0}^{\infty} c_n (x_1 - a)^n$ é divergente e raciocinaremos por absurdo. Se a série $\sum\limits_{n=0}^{\infty} c_n (x_2 - a)^n$ fosse convergente em algum ponto x_2 tal que $|x_2 - a| > |x_1 - a|$, então, pelo que ficou estabelecido na primeira parte da demonstração, esta série seria convergente em todo valor de x, com $|x - a| < |x_2 - a|$ e em particular seria convergente quando $x = x_1$, contrariando a hipótese. ■

Para as séries de potências do tipo $\sum\limits_{n=0}^{\infty} c_n x^n$ o Teorema 3.2.1 assume a versão a seguir.

Teorema 3.2.2 Se uma série de potências $\sum\limits_{n=0}^{\infty} c_n x^n$ convergir em $x_0 \neq 0$, então ela convergirá absolutamente em qualquer valor de x do intervalo $|x| < |x_0|$. Se ela divergir no ponto x_1, ela também divergirá quando $|x| > |x_1|$. ■

Teorema 3.2.3 Com relação à série de potências $\sum\limits_{n=0}^{\infty} c_n (x - a)^n$, apenas uma das situações abaixo ocorre:

(a) ou a série converge apenas quando $x = a$;

(b) ou a série converge absolutamente para qualquer valor que se atribua a x;

(c) ou existe um número real $R > 0$, denominado *raio de convergência*, tal que a série converge absolutamente quando $|x - a| < R$ e diverge quando $|x - a| > R$.

Demonstração É óbvio que a série converge quando $x = a$. Se ela convergir em algum outro valor de x, por exemplo em x_1, então pelo Teorema 3.2.1 ela convergirá absolutamente seja qual for o valor atribuído à variável x no intervalo $|x - a| < |x_1 - a|$. Se ela for divergente em $x = x_2$, ela também será divergente em qualquer valor de x tal que $|x - a| > |x_2 - a|$ (se não existe um tal x_2, então a condição (b) é claramente satisfeita) e, portanto, o conjunto A constituído dos números $|x - a|$, sendo x um valor onde a série converge absolutamente, é limitado superiormente[4] por $|x_2 - a|$ e o número R procurado na condição (c) é precisamente o supremo do conjunto A. ∎

Com relação ao raio de convergência R estabelecido no Teorema 3.2.3(c), nos casos em que ocorrer a condição (a) diremos que o raio de convergência é $R = 0$ e quando a série for convergente em qualquer valor de x diremos que o raio de convergência da série é $R = \infty$. Assim, toda série de potências tem um raio de convergência que pode ser zero, um número real positivo ou ∞. Uma maneira prática de calcular o raio de convergência de uma série de potências é estabelecida no teorema apresentado a seguir.

Teorema 3.2.4 Se $l = \lim\limits_{n\to\infty} \left|\dfrac{c_{n+1}}{c_n}\right|$ e R é o raio de convergência da série $\sum\limits_{n=0}^{\infty} c_n (x-a)^{\alpha n+\beta}$, $\alpha > 0$, então:

(a) $l = 0 \Rightarrow R = \infty$ (b) $l = \infty \Rightarrow R = 0$ e (c) $l \neq 0 \Rightarrow R = (1/l)^{1/\alpha}$.

Demonstração Representando por a_n o termo geral da série, então $a_n = c_n (x-a)^{\alpha n+\beta}$ e:

$$L = \lim_{n\to\infty} \left|\frac{a_{n+1}}{a_n}\right| = \lim \left|\frac{c_{n+1}(x-a)^{\alpha n+\alpha+\beta}}{c_n (x-a)^{\alpha n+\beta}}\right| = |x-a|^\alpha \lim \left|\frac{c_{n+1}}{c_n}\right| = |x-a|^\alpha \cdot l \tag{3.22}$$

e, como consequência de (3.22) e do Critério da Razão, temos que: se $l = 0$, então $L = 0$ e a série converge absolutamente em qualquer valor de x e, neste caso, $R = \infty$; se $l = \infty$, então a única possibilidade de se ter $L < 1$ é quando $x = a$ e, neste caso, $R = 0$; finalmente, se $0 < l < \infty$, então a série converge absolutamente se $|x-a| < (1/l)^{1/\alpha}$ e diverge se $|x-a| > (1/l)^{1/\alpha}$, de onde deduzimos que, neste caso, $R = (1/l)^{1/\alpha}$. ∎

Exemplo 3.2.5 Na série $\sum\limits_{n=0}^{\infty} \dfrac{n!\,(x-5)^n}{10^n}$ vemos que $a = 5$ e $c_n = \dfrac{n!}{10^n}$, de modo que:

$$l = \lim_{n\to\infty} \left|\frac{c_{n+1}}{c_n}\right| = \lim_{n\to\infty} \frac{(n+1)!}{10^{n+1}} \cdot \frac{10^n}{n!} = \lim_{n\to\infty} \frac{n+1}{10} = \infty.$$

Assim, $R = 0$ e a série converge apenas quando $x = 5$. Procedendo de maneira inteiramente análoga com a série $\sum\limits_{n=0}^{\infty} \dfrac{(-1)^n 3^n (x-4)^n}{n!}$, obtemos:

$$l = \lim_{n\to\infty} \frac{3^{n+1}}{(n+1)!} \cdot \frac{n!}{3^n} = 0,$$

[4]Um conjunto A é limitado superiormente quando existir uma constante C tal que $x \leq C$, $\forall x \in A$. A menor dessas constantes é o *supremo* do conjunto A.

o que indica ser $R = \infty$ e a série converge absolutamente para qualquer valor atribuído a x. O intervalo de convergência, neste caso, é $(-\infty, \infty)$.

Exemplo 3.2.6 Para a série $\sum_{n=0}^{\infty} \dfrac{(-1)^n x^n}{(2n-1)\, 3^{2n-1}}$, temos:

$$l = \lim_{n\to\infty} \left| \frac{c_{n+1}}{c_n} \right| = \lim_{n\to\infty} \frac{(2n-1)\, 3^{2n-1}}{(2n+1)\, 3^{2n+1}} = \frac{1}{9} \lim_{n\to\infty} \frac{2n-1}{2n+1} = \frac{1}{9}$$

e, portanto, $R = 9$. Assim, a série converge absolutamente se $|x| < 9$ e diverge se $|x| > 9$. Para $x = 9$ obtemos a série $\sum_{n=0}^{\infty} \dfrac{(-1)^n 3}{2n-1}$, condicionalmente convergente e se $x = -9$ a série é $\sum_{n=0}^{\infty} \dfrac{3}{2n-1}$, divergente. Em resumo, a série converge no intervalo $(-9, 9]$, sendo a convergência absoluta em $(-9, 9)$ e condicional em $x = 9$.

Exemplo 3.2.7 Consideremos a série $\sum_{n=0}^{\infty} \dfrac{4^n x^{2n}}{n^2}$, onde temos $a = 0$, $\alpha = 2$ e $c_n = \dfrac{4^n}{n^2}$, de modo que:

$$l = \lim_{n\to\infty} \left| \frac{c_{n+1}}{c_n} \right| = \lim_{n\to\infty} \frac{4^{n+1}}{(n+1)^2} \cdot \frac{n^2}{4^n} = 4 \lim_{n\to\infty} \frac{n^2}{(n+1)^2} = 4.$$

Assim, $R = (1/l)^{1/2} = 1/2$ e a série converge absolutamente quando $|x| < 1/2$ e diverge quando $|x| > 1/2$. Nos pontos extremos $x = \pm 1/2$ obtemos a p-série convergente $\sum 1/n^2$. Logo, a série converge absolutamente no intervalo $[-1/2, 1/2]$.

3.3 Derivação e Integração

Como observamos anteriormente, uma série de potências $\sum_{n=0}^{\infty} c_n (x-a)^n$ define uma função real cujo domínio é o intervalo de convergência da série. A *série derivada* $\sum_{n=1}^{\infty} n c_n (x-a)^{n-1}$, que é obtida por derivação termo a termo, tem o mesmo raio de convergência da série original, o que é facilmente comprovado, notando-se que:

$$\lim_{n\to\infty} \left| \frac{(n+1)\, c_{n+1}}{n c_n} \right| = \lim_{n\to\infty} \left| \frac{c_{n+1}}{c_n} \right|,$$

quando o último limite existir. O mesmo é válido para a *série integral* $\sum_{n=0}^{\infty} \dfrac{c_n (x-a)^{n+1}}{n+1}$ e, neste caso:

$$\lim_{n\to\infty}\left|\frac{c_{n+1}}{n+2}\cdot\frac{n+1}{c_n}\right| = \lim_{n\to\infty}\left|\frac{c_{n+1}}{c_n}\right|,$$

onde, mais uma vez, admitimos a existência do último limite.

Para verificarmos que a derivação termo a termo é possível para série de potências, nos inspiramos nas funções polinomiais, para as quais o resultado é óbvio. Suponhamos que $f(x) = \sum_{n=0}^{\infty} c_n x^n$ tenha raio de convergência $R > 0$ e fixemos um ponto x_0 no intervalo de convergência. A derivada de cada polinômio (soma parcial) $S_k(x) = \sum_{n=0}^{k} c_n x^n$ é calculada termo a termo e a sequência de derivadas $S_k'(x)$ converge para série derivada $S'(x) = \sum_{n=1}^{\infty} nc_n x^{n-1}$, isto é, $\lim S_k'(x) = S'(x)$, em cada x no intervalo de convergência. Da definição de limite a cada $\varepsilon > 0$ dado, existe um número natural k_0, que será aumentado se for necessário, tal que:

$$\left|S_k'(x) - S'(x)\right| < \varepsilon/2, \quad \forall k \geq k_0, \tag{3.23}$$

para todo x suficientemente próximo de x_0. Para mostrar que $f'(x_0) = S'(x_0)$, começamos recordando a relação $x^n - x_0^n = (x - x_0)\left(x^{n-1} + x^{n-2}x_0 + \cdots + x_0^{n-1}\right)$, deixada como tarefa no Exercício 1.6G, e usamos a desigualdade triangular para obtermos

$$\begin{aligned}\left|\frac{\Delta f}{\Delta x} - S'(x_0)\right| &\leq \left|\sum_{n=0}^{\infty}\frac{c_n(x^n - x_0^n)}{x - x_0} - \sum_{n=0}^{k}\frac{c_n(x^n - x_0^n)}{x - x_0}\right| + \\ &+ \left|\sum_{n=0}^{k}\frac{c_n(x^n - x_0^n)}{x - x_0} - S_k'(x_0)\right| + \left|S_k'(x_0) - S'(x_0)\right|.\end{aligned} \tag{3.24}$$

Agora, fixemos um número ξ no intervalo de convergência tal que $|x_0| \leq \xi < R$, de modo que:

$$\left|\frac{x^n - x_0^n}{x - x_0}\right| \leq |x|^{n-1} + |x|^{n-2}|x_0| + \cdots + |x_0|^{n-1} \leq n\xi^{n-1},$$

para x suficientemente próximo de x_0, e assim:

$$\left|\sum_{n=0}^{\infty}\frac{c_n(x^n - x_0^n)}{x - x_0} - \sum_{n=0}^{k}\frac{c_n(x^n - x_0^n)}{x - x_0}\right| \leq \sum_{n=k+1}^{\infty}|c_n|\left|\frac{x^n - x_0^n}{x - x_0}\right| \leq \sum_{n=k+1}^{\infty} n|c_n|\xi^{n-1}.$$

Como a série $\sum_{n=1}^{\infty} n|c_n|\xi^{n-1}$ converge, sua cauda $\sum_{n=k+1}^{\infty} n|c_n|\xi^{n-1}$ tem limite zero e torna-se menor do que $\varepsilon/2$, desde que consideremos k suficientemente grande e, portanto:

$$\left|\sum_{n=0}^{\infty}\frac{c_n(x^n - x_0^n)}{x - x_0} - \sum_{n=0}^{k}\frac{c_n(x^n - x_0^n)}{x - x_0}\right| < \varepsilon/2, \tag{3.25}$$

para todo $k \geq k_0$ e x suficientemente próximo de x_0. Finalmente, da definição de derivada resulta

$$\lim_{x \to x_0} \frac{x^n - x_0^n}{x - x_0} = n x_0^{n-1}$$

e, consequentemente:

$$\lim_{x \to x_0} \sum_{n=0}^{k} \frac{c_n \left(x^n - x_0^n\right)}{x - x_0} = \sum_{n=0}^{k} n c_n x_0^{n-1} = S_k' \left(x_0\right). \tag{3.26}$$

Em (3.24) consideramos $k \geq k_0$ e fazemos $x \to x_0$ para chegarmos a:

$$\lim_{x \to x_0} \left| \frac{\Delta f}{\Delta x} - S' \left(x_0\right) \right| \leq \varepsilon/2 + \varepsilon/2 = \varepsilon \tag{3.27}$$

e sendo $\varepsilon > 0$ arbitrário, segue de (3.27) que $f'\left(x_0\right) = \sum\limits_{n=1}^{\infty} n c_n \left(x_0 - a\right)^{n-1}$, como queríamos. Com isso formalizamos o seguinte resultado com relação a derivação de série de potências:

Teorema 3.3.1 (Derivação Termo a Termo) Se a série $\sum\limits_{n=0}^{\infty} c_n \left(x - a\right)^n$ tem raio de convergência $R > 0$, então a série $\sum\limits_{n=1}^{\infty} n c_n \left(x - a\right)^{n-1}$, obtida por derivação termo a termo, tem raio de convergência R, a função $f\left(x\right) = \sum\limits_{n=0}^{\infty} c_n \left(x - a\right)^n$ é derivável no intervalo $(a - R, a + R)$ e neste intervalo $f'\left(x\right) = \sum\limits_{n=1}^{\infty} n c_n \left(x - a\right)^{n-1}$. ■

Teorema 3.3.2 (Integração Termo a Termo) Se uma série de potências $f\left(x\right) = \sum\limits_{n=0}^{\infty} c_n \left(x - a\right)^n$ tem raio de convergência $R > 0$, então para $a - R < \xi < \eta < a + R$, a série

$$\int_{\xi}^{\eta} f\left(x\right) dx = \sum_{n=0}^{\infty} c_n \int_{\xi}^{\eta} \left(x - a\right)^n dx,$$

obtida por integração termo a termo, também tem raio de convergência R. Em particular,

$$\boxed{\int_{a}^{x} f\left(t\right) dt = \sum_{n=0}^{\infty} \frac{c_n \left(x - a\right)^{n+1}}{n + 1}, \quad |x - a| < R} \tag{3.28}$$

Demonstração Considerando a função $g\left(x\right) = \sum\limits_{n=0}^{\infty} \frac{c_n}{n + 1} \left(x - a\right)^{n+1}$, segue do Teorema 3.3.1 que $g'\left(x\right) = f\left(x\right), \forall x \in (a - R, a + R)$, e, portanto:

$$\int_{a}^{x} f\left(t\right) dt = g\left(x\right) = \sum_{n=0}^{\infty} \frac{c_n}{n + 1} \left(x - a\right)^{n+1}. \quad ■$$

Esses teoremas sobre derivação e integração de séries de potências justificam plenamente aquelas operações feitas na introdução, quando obtivemos o desenvolvimento de algumas funções em séries de potências. Naquela ocasião efetuamos, formalmente, a derivação e a integração termo a termo.

Exemplo 3.3.3 Como veremos adiante, a função $\operatorname{sen} x$ é representada no intervalo $(-\infty, \infty)$ pela série:

$$\boxed{\operatorname{sen} x = x - \frac{x^3}{3!} + \frac{x^5}{5!} - \cdots + \frac{(-1)^n x^{2n+1}}{(2n+1)!} + \cdots, \quad -\infty < x < \infty} \tag{3.29}$$

e por derivação termo a termo obtemos a seguinte representação em série de potências para a função $\cos x$:

$$\boxed{\cos x = 1 - \frac{x^2}{2!} + \frac{x^4}{4!} - \frac{x^6}{6!} + \cdots + \frac{(-1)^n x^{2n}}{(2n)!} + \cdots, \quad -\infty < x < \infty} \tag{3.30}$$

Em símbolos essas séries se escrevem sob a forma:

$$\boxed{\operatorname{sen} x = \sum_{n=0}^{\infty} \frac{(-1)^n x^{2n+1}}{(2n+1)!}, \quad -\infty < x < \infty} \qquad \boxed{\cos x = \sum_{n=0}^{\infty} \frac{(-1)^n x^{2n}}{(2n)!}, \quad -\infty < x < \infty}$$

Combinando as séries (3.29) e (3.30) e usando alguns artifícios simples encontramos séries que representam as funções $\operatorname{sen}^2 x$, $\cos^2 x$ e $x^2 \operatorname{sen} x$. Por exemplo, a série de $\operatorname{sen}^2 x$ é obtida usando a relação $\operatorname{sen}^2 x = \frac{1}{2}(1 - \cos 2x)$ juntamente com a série (3.30) com $2x$ no lugar do x. Vejamos este procedimento passo a passo:

$$\begin{aligned} \cos x &= \sum_{n=0}^{\infty} \frac{(-1)^n x^{2n}}{(2n)!} \Rightarrow \cos 2x = \sum_{n=0}^{\infty} \frac{(-1)^n (2x)^{2n}}{(2n)!} = \sum_{n=0}^{\infty} \frac{(-1)^n 4^n x^{2n}}{(2n)!} \Rightarrow \\ \Rightarrow & \quad \cos 2x = 1 + \sum_{n=1}^{\infty} \frac{(-1)^n 4^n x^{2n}}{(2n)!} \Rightarrow \sin^2 x = \frac{1}{2}(1 - \cos 2x) = \sum_{n=1}^{\infty} \frac{(-1)^n 4^n x^{2n}}{2 \times (2n)!}. \end{aligned}$$

Exemplo 3.3.4 Usando o procedimento do Exemplo 3.1.9 e as séries (3.29) e (3.30), vamos encontrar uma série de potências para a função $f(x) = \operatorname{tg} x$, no intervalo $-\pi/2 < x < \pi/2$. Temos:

$$\operatorname{tg} x = \frac{\operatorname{sen} x}{\cos x} = b_0 + b_1 x + b_2 x^2 + b_3 x^3 + b_4 x^4 + \cdots$$

e substituindo as séries de $\operatorname{sen} x$ e $\cos x$, chegamos a identidade:

$$x - \tfrac{1}{3!}x^3 + \tfrac{1}{5!}x^5 - \tfrac{1}{7!}x^7 + \cdots = \left(1 - \tfrac{1}{2!}x^2 + \tfrac{1}{4!}x^4 - \tfrac{1}{6!}x^6 + \cdots\right)\left(b_0 + b_1 x + b_2 x^2 + \cdots\right). \tag{3.31}$$

Efetuando o produto do lado direito de (3.31) e agrupando os termos semelhantes, obtemos:

$$x - \tfrac{1}{3!}x^3 + \tfrac{1}{5!}x^5 - \tfrac{1}{7!}x^7 + \cdots = b_0 + b_1 x + \left(-\tfrac{1}{2}b_0 + b_2\right)x^2 + \left(-\tfrac{1}{2}b_1 + b_3\right)x^3 + \left(\tfrac{1}{4!}b_0 + \tfrac{1}{2}b_2 + b_4\right)x^4 + \cdots$$

e igualando os coeficientes encontramos $b_0 = 0,\ b_1 = 1,\ b_2 = 0,\ b_3 = 1/3,\ b_4 = 0,\ b_5 = 2/15$, etc. Assim:

$$\boxed{\operatorname{tg} x = x + \tfrac{1}{3}x^3 + \tfrac{2}{15}x^5 + \cdots, \quad -\pi/2 < x < \pi/2.} \tag{3.32}$$

Exemplo 3.3.5 *Estimando* $\dfrac{\operatorname{sen} x}{x},\ x \neq 0.$

A partir da série (3.29) que representa $\operatorname{sen} x$, encontramos $\dfrac{\operatorname{sen} x}{x} = \sum\limits_{n=0}^{\infty} \dfrac{(-1)^n x^{2n}}{(2n+1)!},\ x \neq 0$, e usando as estimativas (2.23) para séries alternadas, obtemos $S_1 \leq \dfrac{\operatorname{sen} x}{x} \leq S_0$, isto é:

$$1 - \frac{x^2}{6} \leq \frac{\operatorname{sen} x}{x} \leq 1,\ x \neq 0. \tag{3.33}$$

De (3.33) mais o Critério do Confronto 1.3.13, chegamos ao seguinte *limite fundamental*:

$$\boxed{\lim_{x \to 0} \frac{\operatorname{sen} x}{x} = 1}$$

Exemplo 3.3.6 As operações de derivação e integração termo a termo podem ser utilizadas para identificar a função elementar a partir de sua série de potências. Por exemplo, identifiquemos a função definida pela série $\sum\limits_{n=0}^{\infty} \dfrac{x^n}{n+1}$ no intervalo $(0,1)$. Para x nesse intervalo, temos:

$$\sum_{n=0}^{\infty} \frac{x^n}{n+1} = \frac{1}{x} \sum_{n=0}^{\infty} \frac{x^{n+1}}{n+1} = \frac{1}{x} \sum_{n=0}^{\infty} \int_0^x t^n dt = \frac{1}{x} \int_0^x (\sum_{n=0}^{\infty} t^n) dt = \frac{1}{x} \int_0^x \frac{dt}{1-t} = \frac{-\ln(1-x)}{x},$$

e, portanto, $f(x) = -x^{-1} \ln(1-x)$ é a função representada pela série $\sum_{n=0}^{\infty} \dfrac{x^n}{n+1}$ no intervalo $0 < x < 1$. Para identificar a função definida pela série $\sum_{n=0}^{\infty} (-1)^n (n+1) x^n$ procedemos de forma similar, agora usando derivação termo a termo. De fato, no intervalo $-1 < x < 1$, temos:

$$\sum_{n=0}^{\infty} (-1)^n (n+1) x^n = \sum_{n=1}^{\infty} (-1)^{n-1} n x^{n-1} = -\frac{d}{dx} \sum_{n=0}^{\infty} (-1)^n x^n = -\frac{d}{dx} \left(\frac{1}{1+x} \right) = \frac{1}{(1+x)^2}.$$

3.4 Exercícios Complementares

3.4A Falso ou Verdadeiro? Justifique.

(a) se $\sum\limits_{n=0}^{\infty} |c_n|$ é convergente, então $\sum\limits_{n=0}^{\infty} c_n x^n$ é absolutamente convergente no intervalo $[-1,1]$;

(b) se uma série de potências é absolutamente convergente em um dos extremos de seu intervalo de convergência, então ela também converge absolutamente no outro extremo;

(c) se uma série de potências converge em um extremo de seu intervalo de convergência e diverge no outro, então a convergência naquele extremo é condicional;

(d) se R é o raio de convergência de $\sum\limits_{n=0}^{\infty} c_n x^n$, então $\sqrt{R}$ é o raio de convergência de $\sum\limits_{n=0}^{\infty} c_n x^{2n}$;

(e) se $\lim\limits_{n\to\infty} \sqrt[n]{|c_n|} = L > 0$, então a série $\sum\limits_{n=0}^{\infty} c_n (x-a)^n$ tem raio de convergência $1/L$;

(f) se $\sum\limits_{n=0}^{\infty} c_n (x-a)^n$ tem raio de convergência $R > 0$, então R também é o raio de convergência das séries $\sum\limits_{n=1}^{\infty} nc_n (x-a)^{n-1}$ e $\sum\limits_{n=0}^{\infty} \dfrac{c_n}{n+1} (x-a)^{n+1}$;

(g) uma série de potências $\sum\limits_{n=0}^{\infty} c_n x^n$ pode convergir apenas em dois valores de x.

(h) se $R > 0$ é o raio de convergência da série $\sum\limits_{n=0}^{\infty} c_n (x-a)^n$, então R é também o raio de convergência da série $\sum\limits_{n=0}^{\infty} c_n (x-a)^{n+p}$.

(i) se $\lim\limits_{n\to\infty} \sqrt[n]{|c_n|} = L > 0$, então as séries $\sum\limits_{n=0}^{\infty} c_n (x-a)^{2n}$ e $\sum\limits_{n=0}^{\infty} c_n (x-a)^{2n+1}$ têm raio de convergência $1/\sqrt{L}$;

(j) se $\sum\limits_{n=0}^{\infty} c_n x^n$ tem raio de convergência 2 e $\sum\limits_{n=0}^{\infty} d_n x^n$ tem raio de convergência 3, então o raio de convergência de $\sum\limits_{n=0}^{\infty} (c_n + d_n) x^n$ é $R = 2$.

(k) se a série $\sum c_n x^n$ converge em $x = 2$, então ela converge em $x = 3$;

(i) se a série $\sum c_n x^n$ diverge em $x = 2$, então ela diverge em $x = 3$;

3.4B Em cada caso determine o intervalo de convergência da série de potências:

(a) $\sum\limits_{n=1}^{\infty} n^n (x-3)^n$ (b) $\sum\limits_{n=0}^{\infty} \dfrac{x^{2n+1}}{(-4)^n}$ (c) $\sum\limits_{n=1}^{\infty} \dfrac{1\cdot 3\cdot 5\cdot \ldots \cdot (2n-1)}{2\cdot 4\cdot 6\cdot \ldots \cdot (2n)} x^{2n+1}$

(d) $\sum\limits_{n=0}^{\infty} (-1)^{n+1} x^n$ (e) $\sum\limits_{n=0}^{\infty} \dfrac{n(x-1)^{2n}}{3^{2n-1}}$ (f) $\sum\limits_{n=1}^{\infty} \dfrac{1\cdot 3\cdot 5\cdot \ldots \cdot (2n-1)}{2\cdot 4\cdot 6\cdot \ldots \cdot (2n)} x^n$

(g) $\sum\limits_{n=2}^{\infty} \dfrac{(-1)^n x^n}{n(\ln n)}$ (h) $\sum\limits_{n=1}^{\infty} \dfrac{(x+5)^{n-1}}{n^2}$ (i) $\sum\limits_{n=1}^{\infty} \dfrac{(-1)^{n+1} x^{2n-1}}{(2n-1)!}$

(j) $\sum\limits_{n=0}^{\infty} n! x^n$ (k) $\sum\limits_{n=0}^{\infty} \dfrac{2^n}{(2n)!} x^{2n}$ (l) $\sum\limits_{n=0}^{\infty} \dfrac{\sqrt{n} x^n}{1\cdot 3\cdot 5\cdot \ldots \cdot (2n+1)}$

(m) $\sum\limits_{n=1}^{\infty} \dfrac{(3-x)^{n-1}}{\sqrt{n}}$ (n) $\sum\limits_{n=1}^{\infty} \dfrac{(1-x)^n}{(n+1)3^n}$ (o) $\sum\limits_{n=1}^{\infty} \dfrac{(-1)^{n+1}(x-3)^{4n}}{n^{1/n}}$

(p) $\sum\limits_{n=1}^{\infty} x^n \operatorname{arctg} n$ (q) $\sum\limits_{n=1}^{\infty} \dfrac{(-1)^n 2^n x^n}{(n+1)^3}$ (r) $\sum\limits_{n=1}^{\infty} \dfrac{(5^n + 5^{-n})(x+1)^{3n-2}}{n^2}$.

3.4C Começando com a fórmula $\dfrac{1}{1-x} = \sum\limits_{n=0}^{\infty} x^n$, válida para $|x| < 1$, represente cada função por uma série de potências de x. Em cada caso determine o raio e o intervalo de convergência.

(a) $\dfrac{1}{(1-x)^3}$ (b) $\dfrac{x}{(1+x^2)^2}$ (c) $\dfrac{1}{1-x^4}$ (d) $\dfrac{1}{2+x}$

(e) $\dfrac{1}{1-4x}$ (f) $\dfrac{x}{1-x^2}$ (g) $\ln(1-x)$ (h) $\dfrac{x^3}{(1-x^4)^2}$

(i) $\dfrac{1+x^2}{(1-x^2)^2}$ (j) $\dfrac{x^2-3}{x-2}$ (k) $\dfrac{x}{2-3x}$ (l) $\dfrac{1}{6-x-x^2}$.

3.4D Represente a função $f(x) = e^{\sqrt{x}}$, $x > 0$, por uma série de potências (fracionárias) de x.

3.4E Use a série de e^x dada em (3.8) e calcule o valor da soma $\sum\limits_{n=0}^{\infty} \dfrac{(-1)^n}{n!2^n}$.

3.4F Use uma expansão em série de potências de x para $\dfrac{1}{(1-x)^2}$ e mostre que $\sum\limits_{n=1}^{\infty} \dfrac{n}{2^n} = 2$.

3.4G Encontre uma série de potências para representar a função $\dfrac{e^x-1}{x}$ e, por derivação termo a termo, prove que $\sum\limits_{n=1}^{\infty} \dfrac{n}{(n+1)!} = 1$.

3.4H Encontre uma expansão em série de potências de x para x^2e^{-x} e, derivando o resultado, prove que $\sum\limits_{n=2}^{\infty} \dfrac{(-1)^n (n+2)\, 2^{n+1}}{n!} = 8$.

3.4I Derive duas vêzes, termo a termo, uma série de potências que representa a função $\exp(-x^2)$ e mostre que $\sum\limits_{n=1}^{\infty} \dfrac{(-1)^{n+1}(2n+1)}{n!2^n} = 1$.

3.4J Dado um número inteiro positivo k, considere a k-ésima função de Bessel de 1ª espécie $J_k(x)$, definida por:

$$J_k(x) = \sum_{n=0}^{\infty} \frac{(-1)^n}{n!\,(n+k)!} \left(\frac{x}{2}\right)^{2n+k}.$$

(a) Ao aproximar $J_0(x)$, $0 \le x \le 1$, pelo polinômio $1 - \dfrac{x^2}{4} + \dfrac{x^4}{64} - \dfrac{x^6}{2304}$, mostre que o erro cometido é inferior a 10^{-5}.

(b) Mostre que $J_0' = -J_1$ e $\int_0^x t^3 J_2(t)\, dt = x^3 J_3(x)$.

(c) Esboce os gráficos das somas parciais $S_3(x)$ de $J_0(x)$ e de $J_1(x)$, no intervalo $0 \le x \le 2$.

3.4K Mostre que $\ln x = \ln 2 + \sum\limits_{n=1}^{\infty} \dfrac{(-1)^{n+1}(x-2)^n}{n2^n}$, $0 < x < 4$.

3.4L Usando a representação $\ln(1-t) = -\sum\limits_{n=0}^{\infty} \dfrac{t^{n+1}}{n+1}$, $|t| < 1$, calcule $\ln(1.2)$ com 3 casas decimais e compare o valor com o resultado obtido em uma calculadora.

3.4M Integrando termo a termo de 0 até x a série de potências de $\ln(1-t)$ do Exercício 3.4L, mostre que $\sum\limits_{n=2}^{\infty} \dfrac{x^n}{n(n-1)} = x + (1-x)\ln(1-x)$. Para que valores de x esta representação é válida?

3.4N Integrando de $x = 0$ até $x = 1$ uma série de potências que representa a função xe^x, mostre que $\sum\limits_{n=1}^{\infty} \dfrac{1}{n!(n+2)} = \dfrac{1}{2}$.

3.4O Desenvolva as funções $f(x) = \dfrac{1}{1-3x}$ e $g(x) = \dfrac{1}{3-2x}$ em séries de potências de x, determine os respectivos intervalos de convergência e em seguida obtenha séries para representar as funções $f'(x)$ e $\int_0^x g(t)\,dt$.

3.4P Com auxílio da série de potências de arctg x, mostre que:

$$\frac{\pi}{6} = \frac{1}{\sqrt{3}} \sum_{n=0}^{\infty} \frac{(-1)^n}{3^n(2n+1)}$$

e aproxime $\dfrac{\pi}{4}$ usando os cinco primeiros termos da série de arctg x, estimando o valor do erro.

3.4Q Se a probabilidade P_n de um fóton receptor absorver exatamente n fótons é dada por $P_n = \dfrac{e^{-\lambda}\lambda^n}{n!}$, $\lambda > 0$, mostre que $\sum\limits_{n=0}^{\infty} P_n = 1$.

3.4R Represente as integrais $\displaystyle\int_0^x \frac{\ln(1-t)}{t}dt$ e $\displaystyle\int_0^x \frac{e^t - 1}{t}dt$ por séries de potências de x, indicando o intervalo de convergência de cada uma delas. Em cada caso o integrando em $t = 0$ é definido pelo limite quando $t \to 0$.

3.4S Use uma série de potências adequada e aproxime cada integral com 4 casas decimais:

(a) $\displaystyle\int_0^{1/3} \frac{dx}{1+x^6}$ (b) $\displaystyle\int_0^{1/2} \text{arctg}\left(x^2\right)dx$ (c) $\displaystyle\int_0^{0.5} e^{-x^3}dx$ (d) $\displaystyle\int_0^1 \frac{\text{sen}\, x}{x}dx$.

3.4T Seja $f(x) = 2 + 3x + 4x^2 + \cdots = \sum_{n=2}^{\infty} nx^{n-2}$, definida para $|x| < 1$. Integrando duas vezes, sucessivamente, esta série de 0 até x, identifique a função f como sendo $\dfrac{2-x}{(1-x)^2}$.

3.4U Identifique a função definida pela série $\sum_{n=0}^{\infty} (n+1) x^n$. Idem para $\sum_{n=0}^{\infty} \dfrac{(n+2) x^n}{2^{n+1}}$.

3.4V (falha na derivação termo a termo) Mostre que a série $\sum_{n=1}^{\infty} \dfrac{\operatorname{sen}(nx)}{n^2}$ converge absolutamente em qualquer x e, ainda assim, a série de derivadas diverge quando $x = 2\pi$. Por que isso não contradiz o Teorema 3.3.1 sobre a derivação termo a termo?

3.5 Séries de Taylor e de Maclaurin

As funções e^x e $(1-x)^{-1}$ foram representadas em séries de potências sem maiores dificuldades; no primeiro caso, usamos derivação termo a termo e, no segundo, uma série geométrica. Existem funções que, embora infinitamente deriváveis em um ponto a, não podem ser representadas nas proximidades de a por uma série de potências de $x-a$, como é o caso da função $f(x)$ do Exercício 3.6K. As funções que podem ser representadas por séries de potências de $x-a$ são aquelas infinitamente deriváveis em algum intervalo aberto contendo a e que neste intervalo estão arbitrariamente próximas do seu *Polinômio de Taylor*.

Definição 3.5.1 Se $f(x)$ é uma função derivável até a ordem n em um intervalo contendo a no seu interior, o *Polinômio de Taylor* de ordem n gerado por f em $x = a$ é, por definição, o polinômio $P_n(x;a)$ dado por:

$$P_n(x;a) = f(a) + \frac{f'(a)}{1!}(x-a) + \frac{f''(a)}{2!}(x-a)^2 + \cdots + \frac{f^{(n)}(a)}{n!}(x-a)^n. \quad (3.34)$$

Se considerarmos em (3.34) $a = 0$ obteremos o *Polinômio de Maclaurin* de f :

$$P_n(x) = f(0) + \frac{f'(0)}{1!}x + \frac{f''(0)}{2!}x^2 + \cdots + \frac{f^{(n)}(0)}{n!}x^n. \quad (3.35)$$

No caso da função $f(x) = e^x$, o Polinômio de Maclaurin é:

$$P_n(x) = 1 + \frac{x}{1!} + \frac{x^2}{2!} + \cdots + \frac{x^n}{n!}, \quad (3.36)$$

o qual coincide com a n-ésima soma parcial S_n da série (3.8) que representa a função e^x. Para esta função, usando o fato que $\lim\limits_{n\to\infty} \dfrac{r^n}{n!} = 0$, $\forall r$, deduzimos que se $0 < \xi < x$, então

$$\lim_{n\to\infty} \frac{f^{(n+1)}(\xi)}{(n+1)!}(x-a)^{n+1} = \lim_{n\to\infty} \frac{e^{\xi}(x-a)^{n+1}}{(n+1)!} = 0. \tag{3.37}$$

O resultado principal desta seção, conhecido como *Fórmula de Taylor com Resto*, estabelece uma condição necessária e suficiente para que uma função infinitamente derivável possa ser aproximada pelo seu Polinômio de Taylor.

Teorema 3.5.2 (Fórmula de Taylor com Resto) Seja $f(x)$ uma função derivável até a ordem $n+1$ em um intervalo I contendo a no seu interior. Dado qualquer x nesse intervalo, existe um número ξ entre a e x tal que:

$$\boxed{f(x) = P_n(x;a) + \frac{f^{(n+1)}(\xi)}{(n+1)!}(x-a)^{n+1}} \tag{3.38}$$

Além disso, se f é infnitamente derivável a sequência $\{P_n(x;a)\}$ converge para $f(x)$ se, e só se:

$$\boxed{\lim_{n\to\infty} \frac{f^{(n+1)}(\xi)}{(n+1)!}(x-a)^{n+1} = 0} \tag{3.39}$$

O termo $R_n(x,a) = \dfrac{f^{(n+1)}(\xi)}{(n+1)!}(x-a)^{n+1}$ que aparece em (3.38) é denominado o *resto da aproximação* da função f pelo seu Polinômio de Taylor.

Demonstração Suponhamos $x > a$ e consideremos a função $G : [a,x] \to \mathbb{R}$ definida por:

$$G(t) = f(x) - \left[\sum_{k=0}^{n} \frac{f^{(k)}(t)}{k!}(x-t)^k + R_n(x)\frac{(x-t)^{n+1}}{(x-a)^{n+1}}\right] \tag{3.40}$$

onde $R_n(x) = f(x) - P_n(x;a)$. A função $G(t)$ assim definida é contínua no intervalo fechado $[a,x]$, derivável no intervalo aberto (a,x) e, além disso:

(a) $G(a) = f(x) - P_n(x;a) - R_n(x) = 0$ e (b) $G(x) = 0$.

Pelo Teorema de Rolle existe um número ξ entre a e x tal que $G'(\xi) = 0$ e como

$$G'(t) = \frac{f^{(n+1)}(t)}{n!}(x-t)^n - (n+1)R_n(x)\frac{(x-t)^n}{(x-a)^{n+1}},$$

então $G'(\xi) = 0$ implica $R_n(x) = \dfrac{f^{(n+1)}(\xi)}{(n+1)!}(x-a)^{n+1}$ e assim obtemos (3.38). É claro que a relação (3.39) é equivalente a convergência da sequência $\{P_n(x;a)\}$ para $f(x)$. ■

Se denotarmos por $\{S_n(x)\}$ a sequência de somas parciais da série $\sum_{n=0}^{\infty} \frac{f^{(n)}(a)}{n!}(x-a)^n$ e se existirem constantes M e r tais que $\left|f^{(n+1)}(\xi)\right| \leq Mr^{n+1}$, para todo n e todo ξ entre a e x, então $|R_n(x,a)| \leq \dfrac{Mr^{n+1}|x-a|^{n+1}}{(n+1)!}$ e como consequência do Critério do Confronto 1.3.13 e do Exemplo 1.3.18, deduzimos que $\lim R_n(x,a) = 0$. Assim, de (3.39) segue que:

$$\lim_{n\to\infty} S_n(x) = \lim_{n\to\infty} P_n(x;a) = \lim_{n\to\infty} [f(x) - R_n(x)] = f(x) - \lim_{n\to\infty} R_n(x) = f(x)$$

e, portanto, a série converge para $f(x)$ em cada x do intervalo de convergência. Assim,

$$\boxed{f(x) = \sum_{n=0}^{\infty} \frac{f^{(n)}(a)}{n!}(x-a)^n} \tag{3.41}$$

e em homenagem ao matemático inglês Brook Taylor (1685-1731), a série (3.41) denomina-se *Série de Taylor* de f em torno de $x = a$. No caso em que $a = 0$, a série de Taylor correspondente recebe o nome de *Série de Maclaurin* de f, em homenagem ao matemático escocês Colin Maclaurin (1698-1746) que a popularizou em suas publicações.

Exemplo 3.5.3 Se $f(x) = e^x$, temos que $f^{(n)}(0) = 1$, para todo n e, portanto, a série de Maclaurin de e^x é aquela obtida em (3.8). Ressaltamos que $\lim \dfrac{f^{(n+1)}(\xi)\,x^{n+1}}{(n+1)!} = 0$, $\forall x$.

3.5.1 Aproximação Polinomial

Ao aproximar uma função $f(x)$ pelo polinômio de Taylor $P_n(x;a)$, gerado por ela, devemos ter em mente dois aspectos: (i) se a aproximação atende às expectativas e (ii) que grau deve ter o polinômio $P_n(x;a)$ para obtermos a precisão desejada. O grau do polinômio determina o número de termos que devem ser considerados na aproximação e o erro é estimado usando a relação

$$|R_n(x)| = |f(x) - P_n(x;a)|.$$

Se a série for alternada a estimativa de Leibniz para séries alternadas pode ser utilizada para medir o tamanho do erro. Em qualquer caso podemos usar a Fórmula de Taylor (3.38) para obtermos:

$$|R_n(x)| \leq \frac{M|x-a|^{n+1}}{(n+1)!}, \quad \text{onde } \left|f^{(n+1)}(t)\right| \leq M, \text{ para } t \text{ entre } a \text{ e } x.$$

Exemplo 3.5.4 Vamos encontrar os valores positivos de x de modo que ao aproximar $\ln(1+x)$ por x o erro não ultrapasse 1% do valor de x. Por integração da série (3.12), obtemos a série alternada

$$\ln(1+x) = x - \frac{1}{2}x^2 + \frac{1}{3}x^3 - \cdots + \frac{(-1)^n}{n+1}x^{n+1} + \cdots$$

válida para $|x| < 1$. A estimativa de Leibniz nos dá $|R_1| \leq b_2 = x^2/2$ e para que o erro não ultrapasse 1% do valor de x devemos considerar $x^2/2 \leq x/100$ e, assim, obtemos $0 < x \leq 0.02$. Essa estimativa é obtida da Fórmula de Taylor (3.38) observando que se $0 < \xi < x < 1$, então:

$$|R_1| = \left|\frac{1}{(1+\xi)^2}\frac{x^2}{2!}\right| \leq \frac{x^2}{2!} = \left|\frac{x}{2}\right||x| \leq (0.01)|x| \Rightarrow \left|\frac{x}{2}\right| \leq 0.01 \Rightarrow |x| \leq 0.02.$$

Exemplo 3.5.5 (aproximação quadrática para e^x) Ao considerarmos a aproximação quadrática

$$e^x \simeq 1 + x + \tfrac{1}{2}x^2, \quad \text{no intervalo } |x| < 0.1$$

cometemos um erro que pode ser estimado pela Fórmula de Taylor ou pelo Critério de Leibniz, no caso em que $x < 0$. De fato, o resto de segunda ordem da aproximação é:

$$|R_2(x)| = \frac{|f'''(\xi)|\,|x|^3}{3!} \leq \frac{e^{0.1}(0.1)^3}{6} \simeq (1.76) \times 10^{-4}, \quad |x| < 0.1.$$

Se $0.1 < x < 0$, obtemos da estimativa de Leibniz $|R_2(x)| \leq b_3 \leq \frac{1}{6}(0.1)^3 \simeq (1.6) \times 10^{-4}$.

Exemplo 3.5.6 Se $f(x) = \operatorname{sen} x$, então $f(0) = 0$, $f'(0) = 1$, $f''(0) = 0$, $f'''(0) = -1$ e, de forma geral, $f^{(2n)}(\xi) = \pm \operatorname{sen}\xi$ e $f^{(2n-1)}(\xi) = \pm\cos\xi$. Assim, $|R_n(x)| = \left|\frac{f^{(n+1)}(\xi)}{(n+1)!}x^{n+1}\right| \leq \frac{|x|^{n+1}}{(n+1)!}$, de onde resulta que $|R_n(x)|$ tende para zero quando $n \to \infty$, comprovando que a Série de Maclaurin de $\operatorname{sen} x$ é aquela dada em (3.29).

Exemplo 3.5.7 (O Teste da Segunda Derivada) Suponhamos que a função f e suas derivadas f' e f'' sejam contínuas em um intervalo I, contendo o ponto a no seu interior, e consideremos a aproximação quadrática de f

$$f(x) = f(a) + \frac{f'(a)}{1!}(x-a) + \frac{f''(\xi)}{2!}(x-a)^2, \tag{3.42}$$

onde ξ está entre a e x, conforme estabelece o Fórmula de Taylor 3.5.2. De (3.42) segue o Teste da Segunda Derivada para extremos locais:

(a) se $f'(a) = 0$ e $f'' < 0$ no intervalo I, então $f(x) \leq f(a)$, para todo x no intervalo I e, portanto, a função f tem um máximo local no ponto $x = a$;

(b) se $f'(a) = 0$ e $f'' > 0$ no intervalo I, então $f(x) \geq f(a)$, para todo x no intervalo I e, portanto, a função f tem um mínimo local no ponto $x = a$.

Observação 3.5.8 (o polinômio de Taylor é a melhor aproximação) Se $f(x)$ é uma função derivável até a ordem n, em certo intervalo I centrado no ponto a, dentre os polinômios de grau $\leq n$ o polinômio de Taylor $P_n(x;a)$ de f nos dá a melhor aproximação para f. De fato, se um polinômio $p(x) = b_0 + b_1(x-a) + b_2(x-a)^2 + \cdots + b_n(x-a)^n$ é tal que

$$p(a) = f(a) \quad \text{e} \quad \lim_{x \to a} \frac{f(x) - p(x)}{(x-a)^n} = 0,$$

então

$$\lim_{x \to a} \frac{f(x) - p(x)}{(x-a)^k} = \lim_{x \to a} \left[\frac{f(x) - p(x)}{(x-a)^n} (x-a)^{n-k} \right] = 0, \quad k = 0, 1, 2, 3, \ldots, n,$$

e admitindo que $p^{(j)}(a) = f^{(j)}(a)$, para $j = 0, 1, 2, \ldots, k-1$, obtemos, via Regra de L'Hôpital, que

$$\lim_{x \to a} \frac{p^{(k-1)}(x) - f^{(k-1)}(x)}{x-a} = k! \lim_{x \to a} \frac{p(x) - f(x)}{(x-a)^k} = 0$$

e, consequentemente,

$$\begin{aligned} k! b_k &= p^{(k)}(a) = \lim_{x \to a} \frac{p^{(k-1)}(x) - p^{(k-1)}(a)}{x-a} \\ &= \lim_{x \to a} \left[\frac{p^{(k-1)}(x) - f^{(k-1)}(x)}{x-a} + \frac{f^{(k-1)}(x) - f^{(k-1)}(a)}{x-a} \right] = f^{(k)}(a). \end{aligned}$$

Logo, $b_k = f^{(k)}(a)/k!$, $k = 0, 1, 2, \ldots, n$, e $p(x)$ é o polinômio de Taylor de f em $x = a$.

Observação 3.5.9 Uma função $f(x)$ é dita *analítica* em $x = a$ quando ela puder ser re-presentada por sua Série de Taylor em algum intervalo aberto contendo a. De acordo com o Teorema 3.5.2, uma função de classe C^∞ em uma vizinhança de a é aí analítica se, e somente se, o resto de sua aproximação de Taylor tende para zero, com $n \to \infty$. Assim, a soma e o produto de funções analíticas são analíticas, como também são analíticas, além dos polinômios, as demais funções elementares do cálculo: e^x, $\ln x$, $\operatorname{sen} x$, $\cos x$ etc. em seus respectivos domínios. Um fato crucial, porém não tão óbvio, é que se uma função $f(x)$ é analítica em um intervalo I, onde ela nunca se anula, então a função $1/f$ é também analítica em I. Com isso queremos enfatizar que as funções racionais são analíticas em todo intervalo onde o denominador é diferente de zero.

Observação 3.5.10 Se duas séries de potências $\sum_{n=0}^{\infty} c_n (x-a)^n$ e $\sum_{n=0}^{\infty} d_n (x-a)^n$ têm raios de convergências positivos e têm a mesma soma no intervalo comum, então $c_n = d_n$, $\forall n$. De fato, se $f(x)$ é a função representada pelas séries no intervalo comum, então $c_n = \dfrac{f^{(n)}(a)}{n!} = d_n$. Conseqüentemente, se uma série de potências $\sum_{n=0}^{\infty} c_n (x-a)^n$ convergir no intervalo $|x-a| < R$ para uma função $f(x)$, então essa é a série de Taylor de f no intervalo de convergência.

3.6 Exercícios Complementares

3.6A Represente as seguintes funções em séries de potências de x:

(a) $f(x) = e^{-x^2}$ (b) $f(x) = x \operatorname{sen} x$ (c) $f(x) = 3^{x+1}$ (d) $f(x) = \ln(1+x^2)$

(e) $f(x) = x^2 \operatorname{sen} x$ (f) $f(x) = \cos^2 x$ (g) $f(x) = e^{4-x}$ (h) $f(x) = \operatorname{sen}^2 x$

(i) $f(x) = \operatorname{senh} x$ (j) $f(x) = \operatorname{sen} 4x$ (k) $f(x) = \cosh x$ (l) $f(x) = \cos 3x$

3.6B Em estatística a função $E(x) = \dfrac{2}{\sqrt{\pi}} \displaystyle\int_0^x e^{-t^2} dt$ recebe o nome de *Função Erro*. Encontre a Série de Maclaurin da função $E(x)$.

3.6C Determine as constantes a_0, a_1, a_2, a_3 e a_4, de modo que:

$$3x^4 - 17x^3 + 35x^2 - 32x + 17 = a_4 (x-1)^4 + a_3 (x-1)^3 + a_2 (x-1)^2 + a_1 (x-1) + a_0.$$

3.6D Em cada caso encontre a expansão de Taylor da função f em torno do ponto indicado.

(a) $f(x) = \sqrt{x}\,;\ a = 9$ (b) $f(x) = \operatorname{tg} x\,;\ a = 0$ (c) $f(x) = \cos x\,;\ a = \pi/3$

(d) $f(x) = e^x\,;\ a = 4$ (e) $f(x) = \sqrt[3]{x}\,;\ a = 1$ (f) $f(x) = \operatorname{sen} x\,;\ a = \pi/6$

(g) $f(x) = \dfrac{1}{x^2};\ a = 1$ (h) $f(x) = \dfrac{1}{3x};\ a = 2$ (i) $f(x) = \dfrac{1}{2x+1};\ a = 3$.

3.6E Qual a Série de Maclaurin do polinômio $P(x) = a_0 + a_1 x + a_2 x^2 + \cdots + a_n x^n$?

3.6F Encontre uma série de potências de x para representar a função $f(x) = \dfrac{1 - \cos x}{x}$ e, usando o resultado, conclua que $\displaystyle\lim_{x \to 0} \frac{1 - \cos x}{x} = 0$.

3.6G Determine uma série de potências de $x+1$ para a função $f(x) = e^{2x}$ e uma série de potências de $x-1$ para $g(x) = \ln x$.

3.6H Uma função $f : \mathbb{R} \to \mathbb{R}$, infinitamente derivável, é tal que $f'(x) = 2xf(x)$, $f(x) > 0$, $\forall\, x$, e $f(0) = 1$. Represente a função $f(x)$ por uma série de potências de x. Idem para uma função $g(x)$ com as propriedades: $g(0) = 0$, $g'(0) = 1$ e $g''(x) = -g(x)$, $\forall x \in \mathbb{R}$.

3.6I Preencha a seguinte tabela com os valores das derivadas indicadas, considerando as seguintes funções $f(x) = x \operatorname{sen} x$, $g(x) = \cos\left(x^2\right)$, $h(x) = \ln\left(1+x^2\right)$ e $p(x) = \int_0^x e^{-t^2} dt$:

$f^{(15)}(0)$	$f^{(28)}(0)$	$g^{(16)}(0)$	$h^{(20)}(0)$	$p^{(17)}(0)$

3.6J Encontre o valor aproximado de $e^{-0.04}$, com erro menor do que 5×10^{-4}.

3.6K Considere a função $f : \mathbb{R} \to \mathbb{R}$ definida por: $f(x) = \exp\left(-1/x^2\right)$, se $x \neq 0$, e $f(0) = 0$. Usando indução pode-se mostrar, embora não seja tão simples, que $f^{(n)}(0) = 0$, $\forall n = 0, 1, 2, 3, \ldots$. A função f pode ser representada por uma Série de Maclaurin em uma vizinhança de $x = 0$? É a função f analítica em $x = 0$?

3.6L Suponha que uma função par tenha representação em série de potências $\sum\limits_{n=0}^{\infty} c_n x^n$. Mostre que os coeficientes $c_{2n-1} = 0$, $\forall n = 1, 2, 3, \ldots$. E se a função fosse ímpar?

3.6M Para que valores de x podemos substituir $\operatorname{sen} x$ por x, sem que o erro supere 5×10^{-4}?

3.6N Substituindo $\cos x$ por $1 - x^2/2$, $|x| < 0.1$, qual a estimativa do erro?

3.7 Série Binomial

A expansão binomial

$$(x+y)^k = x^k + kx^{k-1}y + \frac{k(k-1)}{2!}x^{k-2}y^2 + \cdots + y^k, \quad k = 1, 2, 3, \ldots, \tag{3.43}$$

simbolicamente representada por:

$$(x+y)^k = \sum_{j=0}^{k} \binom{k}{j} x^j y^{k-j}$$

e conhecida por *binômio de Newton*, foi generalizada por volta de 1665 por Newton, no caso em que o expoente k é um número fracionário positivo ou negativo, onde ele obteve uma expansão em série infinita para $(x+y)^k$. Motivados pela fórmula binomial de Newton (3.43) procuramos uma expansão em série de potências para a função $f(x) = (1+x)^\alpha$, sendo α um número real qualquer, a qual será a série de Maclaurin de f. Para a *série binomial*:

$$1 + \alpha x + \frac{\alpha(\alpha-1)x^2}{2!} + \cdots + \frac{\alpha(\alpha-1)\cdots(\alpha-n+1)x^n}{n!} + \cdots, \tag{3.44}$$

cujo n-ésimo termo é $a_n = \dfrac{\alpha(\alpha-1)\cdots(\alpha-n+1)x^n}{n!}$, temos que:

$$\lim_{n\to\infty}\left|\frac{a_{n+1}}{a_n}\right| = \lim_{n\to\infty}|x|\left|\frac{\alpha-n}{n+1}\right| = |x|$$

e, portanto, a série binomial converge absolutamente quando $|x| < 1$ e diverge quando $|x| > 1$. Se $g(x)$ é a função representada pela série (3.44) no intervalo $-1 < x < 1$, podemos escrever simbolicamente

$$g(x) = 1 + \sum_{n=1}^{\infty}\frac{\alpha(\alpha-1)\cdots(\alpha-n+1)x^n}{n!}$$

e por derivação termo a termo deduzimos que:

$$g'(x) = \alpha + \alpha(\alpha-1)x + \cdots + \frac{\alpha n(\alpha-1)\cdots(\alpha-n+1)x^{n-1}}{n!} + \cdots.$$

Assim, $g'(x) + xg'(x) = \alpha g(x)$ ou, de forma equivalente:

$$(1+x)g'(x) - \alpha g(x) = 0. \tag{3.45}$$

Procedendo como no Exemplo 3.1.1, para mostrarmos que $g(x) = (1+x)^\alpha$ derivamos o quociente $\dfrac{g(x)}{(1+x)^\alpha}$ em relação à variável x e obtemos após as simplificações:

$$\frac{d}{dx}\left[\frac{g(x)}{(1+x)^\alpha}\right] = \frac{(1+x)g'(x) - \alpha g(x)}{(1+x)^{\alpha+1}}.$$

Usando a relação (3.45) concluímos que esta derivada é zero em $-1 < x < 1$ e, portanto:

$$\frac{g(x)}{(1+x)^\alpha} = C.$$

Como $g(0) = 1$, encontramos $C = 1$ e, assim, $g(x) = (1+x)^\alpha$. Com isto, obtemos a representação:

$$(1+x)^\alpha = 1 + \alpha x + \frac{\alpha(\alpha-1)x^2}{2!} + \cdots + \frac{\alpha(\alpha-1)\cdots(\alpha-n+1)x^n}{n!} + \cdots, \quad |x| < 1.$$

Exemplo 3.7.1 Uma maneira de obtermos um valor aproximado de $\sqrt{1+x}$, para um dado valor de x no intervalo $(-1,1)$, é usando a série binomial. Neste caso temos $\alpha = 1/2$, de modo que

$$\sqrt{1+x} = 1 + \tfrac{1}{2}x - \tfrac{1}{8}x^2 + \tfrac{1}{16}x^3 - \cdots$$

e, dependendo da situação, podemos considerar apenas os dois ou os três primeiros termos da série para a aproximação. Considerando $x = 0.2$ e aproximando a série por seus três primeiros termos, encontramos:

$$\sqrt{1.2} \simeq 1 + \tfrac{1}{2}(0.2) - \tfrac{1}{8}(0.2)^2 \simeq 1.095.$$

3.8 Exercícios Complementares

3.8A Usando a série binomial para $f(x) = \dfrac{1}{\sqrt{1-x^2}}$, mostre que:

$$\operatorname{arcsen} x = x + \sum_{n=1}^{\infty} \frac{1 \cdot 3 \cdot 5 \cdot \ldots \cdot (2n-1)\, x^{2n+1}}{n!\,(2n+1)\, 2^n}, \qquad |x| < 1.$$

3.8B Usando a série binomial para $\sqrt[3]{1+x}$, calcule o valor de $\sqrt[3]{25}$ com 3 casas decimais e compare o valor com o resultado obtido em uma calculadora.

3.8C Calcule $\displaystyle\int_0^1 \sqrt{1-x^3}\,dx$ com 4 casas decimais.

3.8D Se $|x| < 0.01$, qual o erro cometido ao substituir $\sqrt{1+x}$ por $1 + x/2$?

4. Séries de Fourier

4.1 Motivação

As séries de potências apresentadas no capítulo anterior são exemplos de séries em que seus termos dependem não apenas do índice n, que é uma variável discreta, mas também de uma variável contínua real x. Outros tipos de séries cujos termos dependem das variáveis n e x e que também são utilizadas na resolução de equações diferenciais, são as *séries trigonométricas*:

$$\frac{a_0}{2} + \sum_{n=1}^{\infty} (a_n \cos nx + b_n \operatorname{sen} nx)\,, \tag{4.1}$$

onde a_0, a_n e b_n não dependem de x (o fator $\frac{1}{2}$ no coeficiente a_0 é utilizado para uniformizar as expressões para a_n, $n = 0, 1, 2, \ldots$). Essas séries são denominadas *Séries de Fourier*, em homenagem ao físico francês Jean-Baptiste Fourier (1768-1830), que em suas investigações sobre alguns fenômenos físicos percebeu a necessidade de expressar uma função f por uma série do tipo (4.1).

As séries de Fourier aparecem no estudo dos modelos físicos que descrevem pequenas oscilações de uma corda elástica e de uma membrana, como também no fenômeno de condução do calor em uma barra. Alguns resultados básicos sobre as séries de Fourier são necessários quando se estudam os modelos que descrevem tais fenômenos.

O que temos em mente é estabelecer alguns resultados sobre séries de Fourier que facilitem a compreensão do método de *separação de variáveis*, que abordaremos no Capítulo 9 onde analizaremos um fenômeno ondulatório e mostramos o surgimento natural das Séries de Fourier. Tendo em vista o caráter elementar deste texto, alguns resultados serão admitidos sem demonstração e o leitor interessado em informações complementares sobre séries de Fourier e sobre o método de separação de variáveis pode consultar [7], [11], [18] ou [24].

Como em qualquer série de funções, duas questões sobre as séries de Fourier surgem naturalmente: para que valores de x a série (4.1) converge? Qual a relação entre os coeficientes a_0, a_n e b_n da serie (4.1) e a função f que ela representa?

Para calcular os coeficientes da série (4.1), suponhamos que ela representa uma função integrável $f : [-\pi, \pi] \to \mathbb{R}$ e que a integração termo a termo seja possível para esse tipo de série. Se

$s_m(x)$ representa $\cos(mx)$ ou $\operatorname{sen}(mx)$ e n e k são números naturais, no cálculo dos coeficientes a_0, a_n e b_n usaremos a seguinte tabela de integrais trigonométricas:

$$\begin{aligned}
&\int_{-\pi}^{\pi} s_n(x)\,dx = 0, \quad \forall\ n.\\
&\int_{-\pi}^{\pi} [s_k(x)]^2\,dx = \pi, \quad \forall\ k.\\
&\int_{-\pi}^{\pi} s_n(x)\cdot s_k(x)\,dx = 0, \quad \text{se } n \neq k.\\
&\int_{-\pi}^{\pi} \cos(nx)\operatorname{sen}(kx)\,dx = 0, \quad \forall\ n,\ k.
\end{aligned} \tag{4.2}$$

■ Calculando a_0

Integrando formalmente a relação

$$f(x) = \frac{a_0}{2} + \sum_{n=1}^{\infty}(a_n \cos nx + b_n \operatorname{sen} nx) \tag{4.3}$$

e usando a tabela acima, obtemos:

$$\int_{-\pi}^{\pi} f(x)\,dx = \pi a_0 + \sum_{n=1}^{\infty}\left(a_n \int_{-\pi}^{\pi}\cos nx dx + b_n \int_{-\pi}^{\pi}\operatorname{sen} nx dx\right) = \pi a_0,$$

de onde segue que:

$$\boxed{a_0 = \frac{1}{\pi}\int_{-\pi}^{\pi} f(x)\,dx.} \tag{4.4}$$

■ Calculando a_n, $n = 1, 2, 3, \cdots$

Multiplicando (4.3) por $\cos kx$ e integrando formalmente, termo a termo, obtemos:

$$\int_{-\pi}^{\pi} f(x)\cos kx dx = \frac{a_0}{2}\int_{-\pi}^{\pi}\cos kx dx + \sum_{n=1}^{\infty}\left(a_n \int_{-\pi}^{\pi}\cos nx \cos kx dx + b_n \int_{-\pi}^{\pi}\operatorname{sen} nx \cos kx dx\right).$$

Ainda da tabela acima, segue que a soma do lado direito da última igualdade possui apenas uma parcela não nula, cujo valor é πa_k, e corresponde ao termo $\int_{-\pi}^{\pi}\cos nx \cos kx dx$, quando $n = k$. Assim:

$$\boxed{a_n = \frac{1}{\pi}\int_{-\pi}^{\pi} f(x)\cos nx dx.} \tag{4.5}$$

■ Calculando b_n, $n = 1, 2, 3, \cdots$

Se repetirmos o argumento precedente, com $\operatorname{sen} kx$ no lugar de $\cos kx$, encontraremos:

$$\boxed{b_n = \frac{1}{\pi}\int_{-\pi}^{\pi} f(x) \operatorname{sen} nx dx.} \tag{4.6}$$

Os números a_0, a_n e b_n são denominados *Coeficientes de Fourier* de f e a série do lado direito de (4.3), com esses coeficientes, recebe o nome de *Série de Fourier* de f.

Nos exemplos apresentados a seguir, assim como na resolução dos exercícios propostos, a seguinte tabela de primitivas deverá ser usada:

a) $\displaystyle\int \cos nx dx = \frac{\operatorname{sen} nx}{n}$ b) $\displaystyle\int x \operatorname{sen} nx dx = \frac{\operatorname{sen} nx}{n^2} - \frac{x\cos nx}{n}$

c) $\displaystyle\int \operatorname{sen} nx dx = -\frac{\cos nx}{n}$ d) $\displaystyle\int x^2 \cos nx dx = \frac{x^2 \operatorname{sen} nx}{n} - \frac{2}{n}\int x \operatorname{sen} nx dx$

e) $\displaystyle\int x \cos nx dx = \frac{\cos nx}{n^2} + \frac{x \operatorname{sen} nx}{n}$ f) $\displaystyle\int x^2 \operatorname{sen} nx dx = -\frac{x^2 \cos nx}{n} + \frac{2}{n}\int x \cos nx dx$

como também valores específicos das funções seno e cosseno:

a) $\operatorname{sen} n\pi = 0$ b) $\operatorname{sen}(n\pi - \pi/2) = (-1)^{n-1}$ c) $\operatorname{sen}(n\pi/2) = 0$, se n é par

d) $\cos n\pi = (-1)^n$ e) $\cos n\pi/2 = (-1)^k$, se $n = 2k$ f) $\cos(n\pi/2) = 0$, se n é ímpar.

No cálculo dos coeficientes de Fourier, algumas propriedades das funções pares e ímpares também ajudarão. Recordemos que uma função $f : [-\pi, \pi] \to \mathbb{R}$ é *par* quando $f(x) = f(-x)$, para todo x, e isso significa que seu gráfico é simétrico com respeito ao eixo y, como sugere a figura 4.1a. Os exemplos mais simples de funções pares são $|x|$, x^2 e $\cos x$, além das funções constantes. Uma função g é *ímpar* quando seu gráfico for simétrico com respeito à origem, isto é, se $g(x) = -g(-x)$, para todo x (veja a figura 4.1b). Cada uma das funções x, x^3 e $\operatorname{sen} x$ é ímpar. As seguintes propriedades envolvendo funções pares e ímpares são facilmente comprovadas:

a) se f é par e g é par, então $f + g$ e fg são pares;

b) se f é par e g é ímpar, então fg é ímpar;

c) se f é ímpar e g é ímpar, então $f + g$ é ímpar e fg é par.

Com base nessas propriedades deduzimos que $x \operatorname{sen} x$ e $|x| \cos x$ são funções pares e $x \cos x$ e $x^2 \operatorname{sen} x$ são funções ímpares. Também é fácil deduzir a partir da figura 4.1 que se f é uma função par, então $\displaystyle\int_{-\pi}^{\pi} f(x) dx = 2\int_{0}^{\pi} f(x) dx$ e quando f for uma função ímpar, teremos $\displaystyle\int_{-\pi}^{\pi} f(x) dx = 0$.

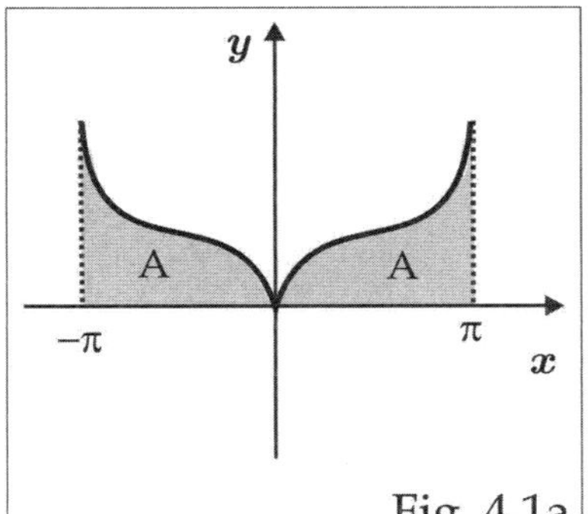

Fig. 4.1a

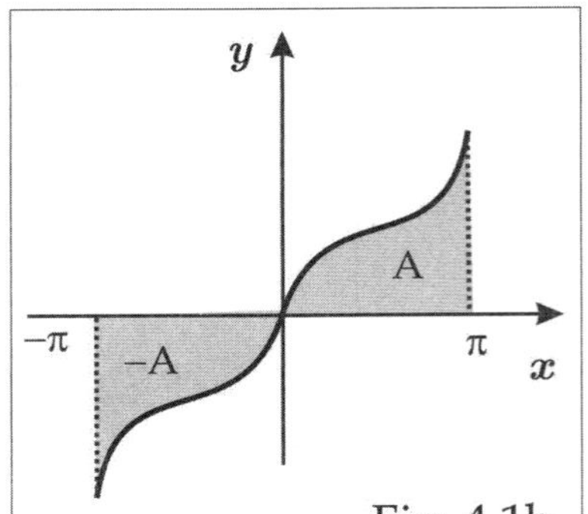

Fig. 4.1b

Exemplo 4.1.1 A função $f(x)$ definida por

$$f(x) = \begin{cases} -k, \text{ se } -\pi \le x \le 0 \\ k, \text{ se } 0 < x \le \pi, \end{cases}$$

pode representar *forças externas* aplicadas a sistemas mecânicos ou *forças eletromotrizes*, e para esta função, temos que $a_0 = 0$ e para $n \ge 1$:

$$a_n = \frac{1}{\pi}\int_{-\pi}^{\pi} f(x)\cos nx dx = \frac{1}{\pi}\int_{-\pi}^{0} (-k)\cos nx dx + \frac{1}{\pi}\int_{0}^{\pi} k\cos nx dx = 0.$$

Esse valor já era esperado, porque a função $f(x)\cos nx$ sendo ímpar então $\int_{-\pi}^{\pi} f(x)\cos nx dx = 0$. Para calcular os coeficientes b_n, notamos que, sendo $f(x)\operatorname{sen} nx$ uma função par, temos:

$$b_n = \frac{1}{\pi}\int_{-\pi}^{\pi} f(x)\operatorname{sen} nx dx = \frac{2}{\pi}\int_{0}^{\pi} f(x)\operatorname{sen} nx dx = \frac{2}{\pi}\int_{0}^{\pi} k\operatorname{sen} nx = \frac{2k}{n\pi}(1-\cos n\pi)$$

e como $\cos n\pi = (-1)^n$, então $b_{2n} = 0$ e $b_{2n-1} = \dfrac{4k}{(2n-1)\pi}$ e a série de Fourier correspondente é:

$$\frac{4k}{\pi}(\operatorname{sen} x + \tfrac{1}{3}\operatorname{sen} 3x + \tfrac{1}{5}\operatorname{sen} 5x + \cdots) = \frac{4k}{\pi}\sum_{n=1}^{\infty}\frac{\operatorname{sen}(2n-1)x}{2n-1}.$$

As três primeiras somas parciais dessa série são:

$$S_1(x) = \frac{4k}{\pi}\operatorname{sen} x,$$
$$S_2(x) = \frac{4k}{\pi}(\operatorname{sen} x + \tfrac{1}{3}\operatorname{sen} 3x),$$
$$S_3(x) = \frac{4k}{\pi}(\operatorname{sen} x + \tfrac{1}{3}\operatorname{sen} 3x + \tfrac{1}{5}\operatorname{sen} 5x)$$

e na figura 4.2a representamos graficamente a soma parcial S_3, para o caso $k = 1$, e observamos que a porção do gráfico correspondente aos valores de x entre $-\pi$ e π se assemelha ao gráfico da função f, mostrado na figura. 4.2b.

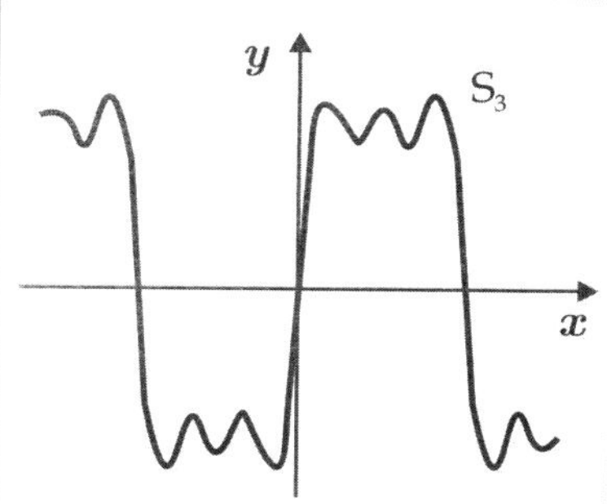

Fig. 4.2a

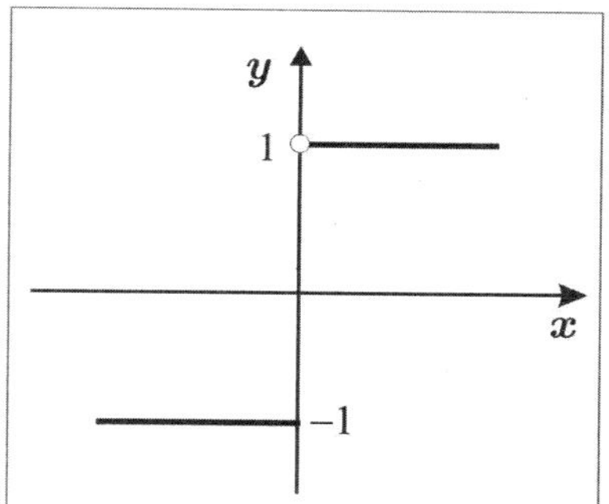

Fig. 4.2b

Observação 4.1.2 Do Exemplo 4.1.1 tiramos duas conclusões importantes: (i) se a função $f : [-\pi, \pi] \to \mathbb{R}$ é ímpar, então seus coeficientes de Fourier a_n são todos nulos e, por conseguinte, sua série de Fourier é uma série de senos; (ii) se a função f for par, então os coeficientes b_n são todos nulos e a série de Fourier se reduz a uma série de cossenos.

Exemplo 4.1.3 Consideremos a função f definida no intervalo $[-\pi, \pi]$ por $f(x) = |x|$. Nesse caso, temos:

$$a_0 = \frac{1}{\pi}\int_{-\pi}^{\pi} |x|\, dx = \frac{1}{2\pi}\int_{-\pi}^{0} -x dx + \frac{1}{2\pi}\int_{0}^{\pi} x dx = \pi$$

e sendo f uma função par, então $b_n = 0$, $\forall n$, e

$$a_n = \frac{1}{\pi}\int_{-\pi}^{\pi} |x| \cos nx dx = \frac{2}{\pi}\int_{0}^{\pi} x \cos nx dx.$$

Da tabela de primitivas, obtemos $a_n = \dfrac{2(\cos n\pi - 1)}{\pi n^2}$, isto é, $a_{2n} = 0$ e $a_{2n-1} = -\dfrac{4}{\pi (2n-1)^2}$.

Portanto, a série de Fourier da função $f(x) = |x|$, $-\pi \le x \le \pi$, é a série de cossenos:

$$\frac{\pi}{2} - \frac{4}{\pi}(\cos x + \frac{1}{3^2}\cos 3x + \frac{1}{5^2}\cos 5x + \cdots) = \frac{\pi}{2} - \frac{4}{\pi}\sum_{n=1}^{\infty} \frac{\cos(2n-1)x}{(2n-1)^2}.$$

Na figura 4.3a a seguir, mostramos o gráfico da soma parcial $S_3(x)$, que se assemelha, em $[-\pi, \pi]$, ao gráfico da função $f(x)$, mostrado na figura 4.3b.

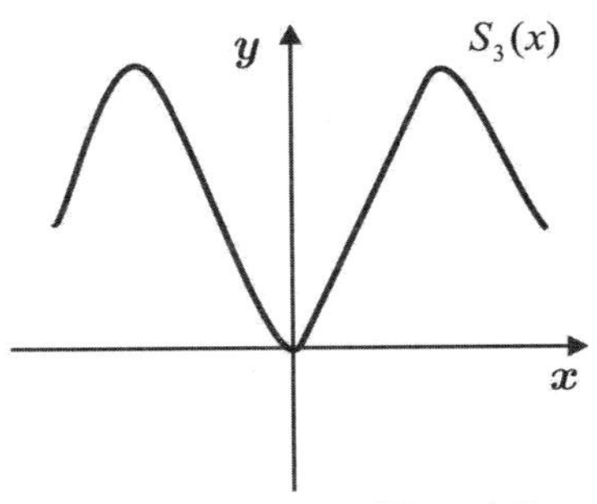

Fig. 4.3a

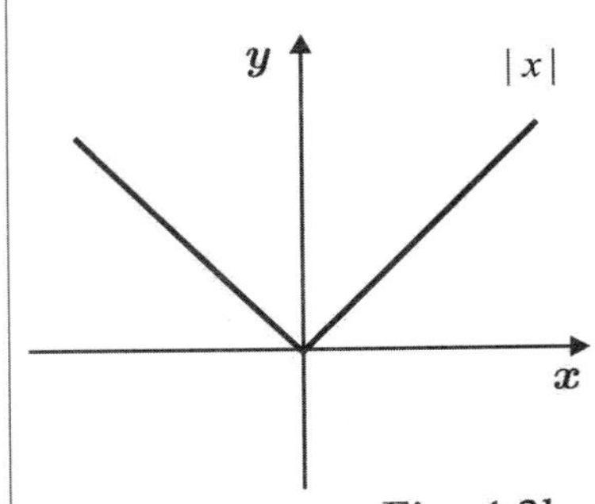

Fig. 4.3b

Exemplo 4.1.4 Consideremos a função $f(x) = x^2$, para $-\pi \leq x \leq \pi$. Novamente trata-se de uma função par e os coeficientes b_n serão todos nulos. Um cálculo direto nos dá $a_0 = 2\pi^2/3$ e usando mais uma vez a tabela de primitivas, encontramos:

$$a_n = \frac{1}{\pi}\int_{-\pi}^{\pi} x^2 \cos nx dx = \frac{4(-1)^n}{n^2}, \quad n = 1, 2, 3, \ldots$$

e a série de Fourier de f é a série de cossenos:

$$\frac{\pi^2}{3} - 4(\cos x - \frac{1}{4}\cos 2x + \frac{1}{9}\cos 3x - \frac{1}{16}\cos 4x + \cdots) = \frac{\pi^2}{3} - 4\sum_{n=1}^{\infty}\frac{(-1)^{n-1}\cos nx}{n^2}.$$

Essa série, como veremos adiante, converge para $f(x)$ em cada ponto x e fazendo $x = \pi$ obtemos:

$$\pi^2 = f(\pi) = \frac{\pi^2}{3} + 4(1 + \frac{1}{4} + \frac{1}{9} + \frac{1}{16} + \cdots)$$

e, por conseguinte, teremos:

$$\sum_{n=1}^{\infty}\frac{1}{n^2} = \frac{\pi^2}{6}.$$

Isso mostra que as somas de algumas séries numéricas podem ser determinadas a partir de séries de Fourier, calculadas em pontos específicos.

4.1.1 Derivação e Integração

Se uma função f é representada por uma série de potências com raio de convergência $R > 0$, vimos no Capítulo 3 que a função f é infinitamente derivável no intervalo de convergência, as derivadas de f são representadas pelas séries obtidas por derivação termo a termo da série de potências de f e as séries derivadas ainda têm raio de convergência R. Além disso, se $F'(x) = f(x)$, então a função F é representada por uma série de potências obtida por integração termo a termo da série de potências de f. Intuitivamente, a operação derivação é um processo que pode tornar a função *menos suave* e isso fica evidente quando deriva-se a função $f(x) = x|x|$ e obtém-se $f'(x) = 2|x|$ que perde a *suavidade* na origem. O fato é que a operação derivação termo a termo pode violar a convergência nas séries de Fourier. Isto ocorre com a série do Exemplo 4.1.4 que é absolutamente convergente em qualquer x do intervalo $[0, \pi]$ e, contudo, a série obtida derivando termo a termo duas vêzes é a série divergente $4\sum_{n=1}^{\infty}(-1)^{n-1}\cos nx$. Outro exemplo onde a convergência é violada pela derivação termo a termo ocorre com a função $f(x) = x$, $-\pi < x < \pi$, cuja série de Fourier

$$2\sum_{n=1}^{\infty}\frac{(-1)^{n-1}\operatorname{sen} nx}{n},$$

converge para $f(x)$ em cada x do intervalo $(-\pi, \pi)$, como estabelece o Teorema 4.2.3. Embora $f'(x) = 1$, a derivação termo a termo produz a série divergente $2\sum_{n=1}^{\infty}(-1)^{n-1}\cos nx$.

Para estabelecer uma regra de integração termo a termo, suponhamos que a função f seja *parcialmente derivável*, isto é, que ela seja derivável em $[-\pi, \pi]$, exceto, possivelmente, em uma quantidade finita de pontos de $[-\pi, \pi]$, onde as derivadas laterais são finitas, e que o primeiro coeficiente de Fourier de f é $a_0 = 0$. Nestas condições a série de Fourier da primitiva $F(x) = \int_{-\pi}^{x} f(t)\,dt$ é obtida por integração termo a termo da série de Fourier de f, com uma ressalva: o coeficiente A_0 é dado por

$$A_0 = -\frac{1}{\pi}\int_{-\pi}^{\pi} xf(x)\,dx.$$

Para comprovar nossa afirmação, usaremos como princípio básico a fórmula de integração por partes

$$\int_{-\pi}^{\pi} u dv = uv|_{-\pi}^{\pi} - \int_{-\pi}^{\pi} v du$$

com $u = \int_{-\pi}^{x} f(t)\,dt$ e $du = f(x)\,dx$. Sejam a_n e b_n os coeficientes de Fourier de f calculados pelas fórmulas (4.5) e (4.6), respectivamente, e consideremos a série de Fourier de $F(x)$:

$$F(x) = \frac{A_0}{2} + \sum_{n=1}^{\infty}(A_n \cos nx + B_n \operatorname{sen} nx). \tag{4.7}$$

■ Calculando A_0

Da fórmula (4.4), temos:

$$A_0 = \frac{1}{\pi}\int_{-\pi}^{\pi} F(x)\,dx = \frac{1}{\pi}\int_{-\pi}^{\pi}\int_{-\pi}^{x} f(t)\,dtdx$$

e integrando por partes, obtemos:

$$A_0 = \frac{1}{\pi}\left[x\int_{-\pi}^{x} f(t)\right]_{-\pi}^{\pi} - \frac{1}{\pi}\int_{-\pi}^{\pi} xf(x)\,dx = \pi a_0 - \frac{1}{\pi}\int_{-\pi}^{\pi} xf(x)\,dx.$$

e considerando que $a_0 = 0$, encontramos:

$$A_0 = -\frac{1}{\pi}\int_{-\pi}^{\pi} xf(x)\,dx.$$

■ **Calculando A_n, $n = 1, 2, 3, \cdots$**

Usando a fórmula (4.5) e integrando por partes, resulta:

$$\begin{aligned} A_n &= \frac{1}{\pi}\int_{-\pi}^{\pi} F(x)\cos nx dx = \frac{1}{\pi}\int_{-\pi}^{\pi}\int_{-\pi}^{x} f(t)\cos nx dt dx = \\ &= \frac{1}{\pi}\left[\frac{\operatorname{sen} nx}{n}\int_{-\pi}^{x} f(t)\,dt\right]_{-\pi}^{\pi} - \frac{1}{\pi}\int_{-\pi}^{\pi} f(x)\,\frac{\operatorname{sen} nx}{n}dx = -\frac{b_n}{n}. \end{aligned}$$

■ **Calculando B_n, $n = 1, 2, 3, \cdots$**

Usando a fórmula (4.6), lembrando que $\int_{-\pi}^{\pi} f(t)\,dt = \pi a_0 = 0$, integramos por partes e obtemos:

$$B_n = -\frac{1}{\pi}\left[\frac{\cos nx}{n}\int_{-\pi}^{x} f(t)\,dt\right]_{-\pi}^{\pi} + \frac{1}{\pi}\int_{-\pi}^{\pi} f(x)\,\frac{\cos nx}{n}dx = \frac{a_n}{n},$$

Levando os coeficientes A_0, A_n e B_n à série de Fourier (4.7), resulta:

$$F(x) = \frac{A_0}{2} + \sum_{n=1}^{\infty}\left(-\frac{b_n}{n}\cos nx + \frac{a_n}{n}\operatorname{sen} nx\right) \tag{4.8}$$

e considerando em (4.8) $x = \pi$, obtemos:

$$0 = F(\pi) = \frac{A_0}{2} + \sum_{n=1}^{\infty}\left(-\frac{b_n}{n}\cos n\pi\right),$$

de onde segue que $\frac{A_0}{2} = \sum_{n=1}^{\infty}\frac{(-1)^n b_n}{n}$. Por outro lado, integrando termo a termo de $-\pi$ até x a série de Fourier de $f(x)$, chegamos a:

$$\begin{aligned} \sum_{n=1}^{\infty}\left(\int_{-\pi}^{x} a_n\cos nx dx + \int_{-\pi}^{x} b_n \operatorname{sen} nx dx\right) &= \sum_{n=1}^{\infty}\left(\frac{a_n \operatorname{sen} nx}{n} - \frac{b_n\cos nx}{n} + \frac{(-1)^n b_n}{n}\right) \\ &= \sum_{n=1}^{\infty}\left(\frac{a_n \operatorname{sen} nx}{n} - \frac{b_n\cos nx}{n}\right) + \sum_{n=1}^{\infty}\frac{(-1)^n b_n}{n} = F(x). \end{aligned}$$

Nos Exemplos 4.1.5, 4.1.6 e 4.1.7. vamos ilustrar o processo de integração termo a termo.

Exemplo 4.1.5 Com a série de Fourier

$$2\sum_{n=1}^{\infty}\frac{(-1)^{n-1}\operatorname{sen} nx}{n}, \quad -\pi < x < \pi,$$

de $f(x) = x$, obtemos a série de Fourier de $F(x) = x^2$ no intervalo $[-\pi, \pi]$. De fato, temos que $F(x) = \pi^2 + \int_{-\pi}^{x} 2f(t)\,dt$ e $A_0 = -\frac{1}{\pi}\int_{-\pi}^{\pi} 2xf(x)\,dx = -4\pi^2/3$ e por integração, obtemos:

$$x^2 = \frac{\pi^2}{3} + 4\sum_{n=1}^{\infty}\frac{(-1)^n\cos nx}{n^2}, \quad -\pi \le x \le \pi. \tag{4.9}$$

Exemplo 4.1.6 Se $f(x) = -x^2 + \pi^2/3$, então $A_0 = -\frac{1}{\pi}\int_{-\pi}^{\pi} xf(x)\,dx = 0$ e de (4.9), resulta:

$$\tfrac{1}{3}\left(\pi^2 x - x^3\right) = \int_{-\pi}^{x} f(t)\,dt = 4\sum_{n=1}^{\infty}\int_{-\pi}^{x}\frac{(-1)^{n-1}\cos nt}{n^2}dt = 4\sum_{n=1}^{\infty}\frac{(-1)^{n-1}\operatorname{sen} nx}{n^3}, \quad -\pi \le x \le \pi.$$

Exemplo 4.1.7 (calculando a soma da série $\sum_{n=1}^{\infty}\frac{1}{n^6}$) Siga as etapas 1 e 2 para mostrar que a p-série $\sum_{n=1}^{\infty}\frac{1}{n^6}$ tem soma igual a $\pi^6/945$. Comece com a série do exemplo precedente:

$$\tfrac{1}{3}\left(\pi^2 t - t^3\right) = 4\sum_{n=1}^{\infty}\frac{(-1)^{n-1}\operatorname{sen} nt}{n^3}, \quad -\pi \le t \le \pi. \tag{4.10}$$

Etapa 1: Multiplique (4.10) por t e integre o resultado de 0 até x para obter:

$$\tfrac{1}{180}\left(5\pi^2 x^3 - 3x^5\right) = \sum_{n=1}^{\infty}\frac{(-1)^{n-1}}{n^3}\left(\frac{\operatorname{sen} nx}{n^2} - \frac{x\cos nx}{n}\right). \tag{4.11}$$

Etapa 2: Multiplique (4.11) por x e integre de $x = 0$ até $x = \pi$ para chegar ao resultado.

4.2 Convergência das Séries de Fourier

A classe de funções que podem ser representadas por uma série de Fourier é bastante ampla. As condições suficientes, que abrangem a quase totalidade das funções que aparecem nas aplicações às ciências exatas e às engenharias, serão descritas no Teorema 4.2.3.

Definição 4.2.1 Uma função $f : [a, b] \to \mathbb{R}$ é denominada *parcialmente contínua* ou *contínua por partes* em $[a, b]$ quando for contínua, exceto, possivelmente, em uma quantidade finita de pontos de $[a, b]$, onde ela tem limites laterais finitos.

Os limites laterais à direita e à esquerda da função f no ponto c do intervalo $[a, b]$ serão denotados, respectivamente, por $f(c^+)$ e $f(c^-)$ e, é claro, em um ponto c onde a função f é contínua, esses limites laterais existem e são iguais a $f(c)$. O gráfico de uma função parcialmente contínua no intervalo $[a, b]$ tem o aspecto mostrado na figura 4.4.

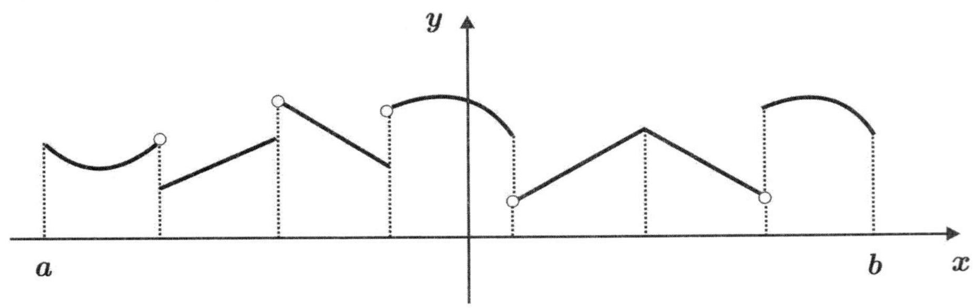

Fig. 4.4

Exemplo 4.2.2 A função $f(x) = \dfrac{|x|}{x}$, se $x \neq 0$, e $f(0) = -1$ é parcialmente contínua em $[-1, 1]$. Ela deixa de ser contínua apenas no ponto $x = 0$, onde possui limites laterais finitos dados por $f(0^+) = 1$ e $f(0^-) = -1$. Seu gráfico está ilustrado na figura 4.2(b).

Uma função real $f : \mathbb{R} \to \mathbb{R}$ é dita *T-periódica* quando $f(x + T) = f(x)$, para qualquer valor de x. É claro que se f é T-periódica, então $f(x \pm nT) = f(x)$ para qualquer número natural n e para qualquer valor de x. O menor número positivo T que atende à relação $f(x + T) = f(x)$, para todo x, é denominado *período fundamental* da função f. As funções periódicas mais conhecidas são as funções trigonométricas $\operatorname{sen} x$ e $\cos x$ que possuem período fundamental $T = 2\pi$ e cujos gráficos se repetem a cada intervalo de comprimento 2π. De forma geral, dada uma função $f : (a - L, a + L) \to \mathbb{R}$, entendemos por extensão $2L$-periódica de f uma função 2L-periódica $\widetilde{f} : \mathbb{R} \to \mathbb{R}$ que coincide com f no intervalo $(a - L, a + L)$. O gráfico da extensão 2L-periódica $\widetilde{f}$ é obtido pela repetição do gráfico de f em qualquer intervalo de comprimento $2L$.

O Teorema dado a seguir, o qual será admitido sem demonstração, constitui-se no resultado fundamental da teoria das séries de Fourier.

Teorema 4.2.3 Seja $f : \mathbb{R} \to \mathbb{R}$ uma função 2π- periódica e contínua por partes no intervalo $[-\pi, \pi]$. Se f possui derivadas laterais em cada ponto desse intervalo, então a série de Fourier de f é convergente e no ponto x tem soma $\mathcal{F}(x)$ igual à média dos limites laterais de f em x, isto é:

$$\mathcal{F}(x) = \tfrac{1}{2}\left[f(x^+) + f(x^-)\right]. \qquad (4.12)$$

Se f for contínua no ponto x, então a soma da série é precisamente $f(x)$. ■

Observação 4.2.4 Quando a função $f : [-\pi, \pi] \to \mathbb{R}$ for *normalizada*, isto é, for redefinida em cada descontinuidade x_d pela média dos limites laterais de f em x_d, a série de Fourier de f converge para $f(x)$ em cada x do intervalo $[-\pi, \pi]$. Por exemplo, a função f definida em $[-\pi, \pi]$ por

$$f(x) = \begin{cases} 0, \text{ se } -\pi \leq x \leq 0 \\ 1, \text{ se } 0 < x < \pi/2 \\ 0, \text{ se } \pi/2 < x \leq \pi \end{cases}$$

é descontínua nos pontos $x = 0$ e $x = \pi/2$ e para normalizá-la basta definir $f(0) = f(\pi/2) = 1/2$, como sugere a figura 4.5.

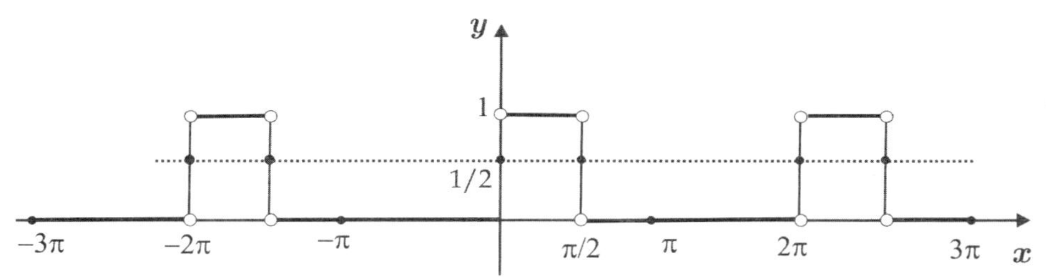

Fig. 4.5

Os coeficientes de Fourier de f são

$$\begin{aligned} a_0 &= \frac{1}{\pi}\int_0^{\pi/2} dx = \frac{1}{2} \\ a_n &= \frac{1}{\pi}\int_0^{\pi/2} \cos nx dx = \frac{\operatorname{sen}(n\pi/2)}{n\pi}, \qquad n = 1, 2, 3, \ldots \\ b_n &= \frac{1}{\pi}\int_0^{\pi/2} \operatorname{sen} nx dx = \frac{1 - \cos(n\pi/2)}{n\pi}, \qquad n = 1, 2, 3, \ldots \end{aligned}$$

e a série de Fourier da extensão 2π-periódica $\widetilde{f}$ é, portanto:

$$\frac{1}{4} + \frac{1}{\pi}\left(\cos x + \operatorname{sen} x + \operatorname{sen} 2x - \tfrac{1}{3}\cos 3x + \tfrac{1}{3}\operatorname{sen} 3x + \tfrac{1}{5}\cos 5x + \tfrac{1}{5}\operatorname{sen} 5x + \cdots\right)$$

que converge para $1/2$ em cada descontinuidade $0,\ \pi/2,\ 2\pi,\ 5\pi/2,\ \ldots$.

Exemplo 4.2.5 Consideremos a função do Exemplo 4.1.1. A série de Fourier correspondente converge para $f(x)$, em qualquer ponto $x \neq 0$, e no ponto $x = 0$ a série converge para a média $\frac{1}{2}[f(0^+) + f(0^-)] = \frac{1}{2}[k - k] = 0$. Em particular, fazendo $x = \pi/2$, encontramos:

$$k = f\left(\frac{\pi}{2}\right) = \frac{4k}{\pi}\left[1 - \frac{1}{3} + \frac{1}{5} - \frac{1}{7} + \cdots\right]$$

e daí segue que:

$$\frac{\pi}{4} = 1 - \frac{1}{3} + \frac{1}{5} - \frac{1}{7} + \cdots = \sum_{n=1}^{\infty} \frac{(-1)^{n-1}}{2n-1}.$$

4.2.1 Funções $2L$-periódicas

Consideremos, agora, uma função $f : \mathbb{R} \to \mathbb{R}$ parcialmente contínua e periódica com período fundamental $2L$. Para expandir f em série de Fourier vamos usar uma mudança de variável de modo que o cálculo dos coeficientes da série seja idêntico ao do caso em que a função é 2π-periódica. De fato, considerando $t = xL/\pi$, então o intervalo $-L < t < L$ é transformado, de maneira biunívoca, no intervalo $-\pi < x < \pi$, e a função $g(x) = f(xL/\pi)$ é parcialmente contínua e, além disso:

$$g(x + 2\pi) = f((x + 2\pi)L/\pi) = f(xL/\pi + 2L) = f(xL/\pi) = g(x), \quad \forall x,$$

de onde segue que g é 2π-periódica. Na Seção 4.1 vimos que a série de Fourier da função g é:

$$\frac{a_0}{2} + \sum_{n=1}^{\infty} (a_n \cos nx + b_n \operatorname{sen} nx),$$

onde os coeficientes são dados por:

$$\begin{aligned} a_n &= \frac{1}{\pi}\int_{-\pi}^{\pi} g(x) \cos nx dx = \frac{1}{\pi}\int_{-\pi}^{\pi} f(xL/\pi) \cos nx dx, \quad n = 0, 1, 2, 3, \ldots \\ b_n &= \frac{1}{\pi}\int_{-\pi}^{\pi} g(x) \operatorname{sen} nx dx = \frac{1}{\pi}\int_{-\pi}^{\pi} f(xL/\pi) \operatorname{sen} nx dx, \quad n = 1, 2, 3, \ldots, \end{aligned} \tag{4.13}$$

e efetuando a substituição $t = xL/\pi$, encontramos:

$$\begin{aligned} a_n &= \frac{1}{L}\int_{-L}^{L} f(t) \cos(n\pi t/L) dt, \quad n = 0, 1, 2, 3, \ldots \\ b_n &= \frac{1}{L}\int_{-L}^{L} f(t) \operatorname{sen}(n\pi t/L) dt, \quad n = 1, 2, 3, \ldots. \end{aligned} \tag{4.14}$$

Assim, a série de Fourier de $f(t)$ se escreve sob a forma:

$$\frac{a_0}{2} + \sum_{n=1}^{\infty} \left[a_n \cos(\frac{n\pi t}{L}) + b_n \operatorname{sen}(\frac{n\pi t}{L})\right],$$

onde os coeficientes a_0, a_n e b_n são calculados pelas relações (4.13) ou (4.14).

Exemplo 4.2.6 Neste exemplo vamos ilustrar o método para representar em série de Fourier uma função definida em um intervalo de comprimento diferente de 2π. Consideremos, então, a função $f(t) = 1 + 2t$ no intervalo $-1 < t < 1$, com período fundamental $2L = 2$. A mudança de variável a ser considerada é $t = x/\pi$ e usando as relações (4.13) ou (4.14), com $L = 1$, obtemos:

$$\begin{aligned} a_0 &= \frac{1}{\pi}\int_{-\pi}^{\pi} f(x/\pi)\,dx = \frac{1}{\pi}\int_{-\pi}^{\pi}(1+2x/\pi)\,dx = 2 \\ a_n &= \frac{1}{\pi}\int_{-\pi}^{\pi} f(x/\pi)\cos(nx)\,dx = \frac{1}{\pi}\int_{-\pi}^{\pi}(1+2x/\pi)\cos nx dx = 0, \quad n = 1,2,3,\ldots \\ b_n &= \frac{1}{\pi}\int_{-\pi}^{\pi} f(x/\pi)\operatorname{sen}(nx)\,dx = \frac{1}{\pi}\int_{-\pi}^{\pi}(1+2x/\pi)\operatorname{sen} nx dx = \frac{4(-1)^{n+1}}{n\pi}, \quad n = 1,2,3,\ldots \end{aligned}$$

e a série de Fourier de f é:

$$f(x) = 1 + \frac{4}{\pi}\sum_{n=1}^{\infty}\frac{(-1)^{n+1}\operatorname{sen}(n\pi x)}{n}, \quad -1 < x < 1.$$

Exemplo 4.2.7 Seja $f : (-2, 2) \to \mathbb{R}$ a função definida por $f(t) = 0$, se $-2 < t < 0$ e $f(t) = t$, para $0 \le t < 2$. Nesse caso, consideramos a extensão 4-periódica $\widetilde{f}$ de f e usamos as fórmulas (4.13), com $L = 2$, para chegarmos a:

$$\begin{aligned} a_0 &= \frac{1}{\pi}\int_{-\pi}^{\pi} f(2x/\pi)\,dx = \frac{1}{\pi}\int_{0}^{\pi}(2x/\pi)\,dx = 1 \\ a_n &= \frac{1}{\pi}\int_{-\pi}^{\pi} f(2x/\pi)\cos(nx)\,dx = \frac{1}{\pi}\int_{0}^{\pi}(2x/\pi)\cos nx dx = \frac{2[(-1)^n - 1]}{\pi^2 n^2}, \quad n = 1,2,3,\ldots \\ b_n &= \frac{1}{\pi}\int_{-\pi}^{\pi} f(2x/\pi)\operatorname{sen}(nx)\,dx = \frac{1}{\pi}\int_{0}^{\pi}(2x/\pi)\operatorname{sen} nx dx = \frac{2(-1)^{n+1}}{n\pi}, \quad n = 1,2,3,\ldots \end{aligned}$$

e a série de Fourier de f é:

$$f(x) = \frac{1}{2} - \frac{4}{\pi^2}\sum_{n=1}^{\infty}\frac{\cos(2n-1)\pi x/2}{(2n-1)^2} + \frac{2}{\pi}\sum_{n=1}^{\infty}\frac{(-1)^{n+1}\operatorname{sen} n\pi x/2}{n}, \quad -2 < t < 2.$$

A figura 4.6 mostra o gráfico da extensão $\widetilde{f}$ no intervalo $-6 < t < 6$.

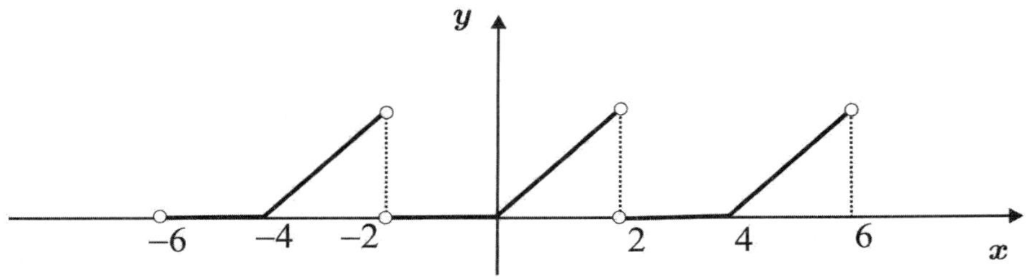

Fig. 4.6

4.3 Extensões Periódicas

Ao investigar a condução de calor em um arame de comprimento L estendido sobre o eixo x, a temperatura $u(x,t)$ em um ponto x do arame, no instante t, é determinada conhecendo-se a temperatura inicial $u(x,0) = f(x)$ ao longo do arame. Um dos métodos utilizados consiste em expandir a temperatura inicial $f(x)$ em série de senos

$$f(x) = \sum_{n=1}^{\infty} b_n \operatorname{sen}(n\pi x/L),$$

no intervalo $0 < x < L$. Para determinar a expansão de Fourier de f prolongamos f ao intervalo $-L < x < 0$ de modo que a extensão resultante seja uma função par ou ímpar, o que tornará mais simples o cálculo para se chegar à série de Fourier de f. No Exemplo 4.3.1 ilustramos a construção das extensões par f_P e ímpar f_I, ao intervalo simétrico $-\pi < x < \pi$, de uma dada função f definida no intervalo $0 < x < \pi$.

Os termos trigonométricos $\cos nx$ e $\operatorname{sen} nx$ que aparecem na série de Fourier (4.1) são 2π-periódicos e a própria série produz uma função 2π-periódica. Quando uma função $f : \mathbb{R} \to \mathbb{R}$ é 2π-periódica podemos usar qualquer intervalo básico $c \le x \le c + 2\pi$, de comprimento 2π, para calcular os coeficientes de Fourier de f. Para tal intervalo, usamos os argumentos estabelecidos anteriormente e encontramos:

$$a_n = \frac{1}{\pi}\int_c^{c+2\pi} f(x)\cos nx dx, \quad n = 0, 1, 2, 3, \ldots$$

$$b_n = \frac{1}{\pi}\int_c^{c+2\pi} f(x)\operatorname{sen} nx dx, \quad n = 1, 2, 3, \ldots.$$

Se a função $f(x)$ é definida no intervalo $c \leq x \leq c + 2\pi$, a série de Fourier pode ser usada para representá-la nesse intervalo; fora desse intervalo a série representará, caso seja convergente, a *extensão* 2π*-periódica* de f.

A escolha do intervalo simétrico $[-\pi, \pi]$ tem suas vantagens técnicas quando desejamos utilizar algumas propriedades de simetria. Por exemplo, quando f é uma função par, então a função $f(x)\cos nx$ é par e a função $f(x)\operatorname{sen} nx$ é ímpar e, neste caso, os coeficientes de Fourier de f serão dados por:

$$\begin{aligned} b_n &= 0, \quad n = 1, 2, 3, \cdots \\ a_n &= \frac{2}{\pi}\int_0^{\pi} f(x)\cos nx dx, \quad n = 0, 1, 2, 3, \ldots. \end{aligned} \tag{4.15}$$

Observamos que nas relações (4.15) usamos apenas os valores da função f no intervalo $[0, \pi]$ para determinar seus coeficientes de Fourier. Dessa forma, a função f pode ser representada nesse intervalo por uma série de Fourier de cossenos e essa série representa globalmente a *extensão par* 2π-periódica de f. A figura 4.7 mostra a extensão par 2π-periódica de uma dada função f definida no intervalo $[0, \pi]$. Essa extensão será representada por $\widetilde{f}_P$.

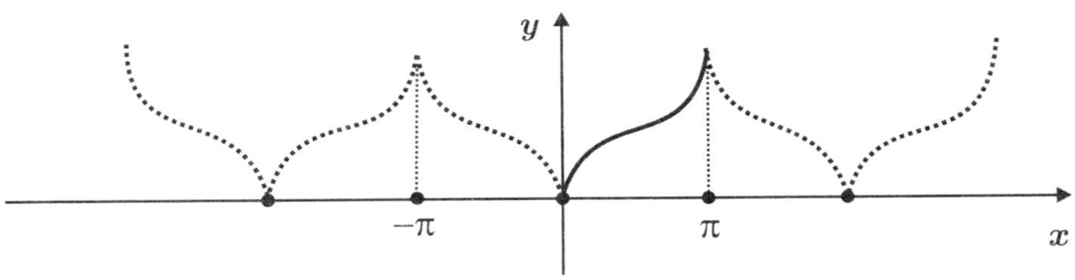

Fig. 4.7

Quando f for uma função ímpar, então $f(x)\cos nx$ será uma função ímpar e $f(x)\operatorname{sen} nx$ uma função par e, neste caso, os coeficientes de Fourier de f, que também são determinados conhecendo-se apenas os valores de f no intervalo $[0, \pi]$, são dados por:

$$a_n = 0, \quad n = 0, 1, 2, 3, \ldots \quad \text{e} \quad b_n = \frac{2}{\pi}\int_0^{\pi} f(x)\operatorname{sen} nx dx, \quad n = 1, 2, 3, \cdots. \tag{4.16}$$

A série de Fourier correspondente representa a *extensão ímpar* 2π-periódica $\widetilde{f}_I$ de f. A figura 4.8 mostra a extensão ímpar 2π-periódica de uma dada função f definida no intervalo $[0, \pi]$.

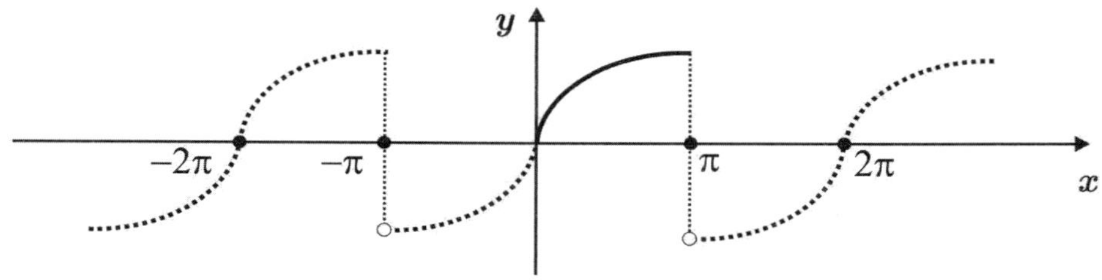

Fig. 4.8

Nos Exemplos 4.3.2 e 4.3.3 dados a seguir ilustramos como usar as extensões periódicas de uma função para expressá-la como séries de senos ou cossenos.

Exemplo 4.3.1 (Construindo as Extensões Periódicas $\tilde{f}_P$ e $\tilde{f}_I$) Seja $f : (0, \pi) \to \mathbb{R}$ uma função contínua que desejamos estendê-la ao intervalo $[-\pi, \pi]$, para em seguida considerar as extensões 2π-periódicas $\widetilde{f_P}$ e $\widetilde{f_I}$ definidas de $\mathbb{R}$ em $\mathbb{R}$. Inicialmente definimos as extensões f_P e f_I ao intervalo simétrico $[-\pi, \pi]$ do modo seguinte:

$$f_P(x) = \begin{vmatrix} f(x), \text{ se } 0 < x < \pi \\ f(-x), \text{ se } -\pi < x < 0 \end{vmatrix} \quad \text{e} \quad f_I(x) = \begin{vmatrix} f(x), \text{ se } 0 < x < \pi \\ -f(-x), \text{ se } -\pi < x < 0, \end{vmatrix}$$

normalizando-as nas possíveis descontinuidades. Essas funções são parcialmente contínuas no intervalo $[-\pi, \pi]$ e nesse intervalo valem as relações: $f_P(x) = f_P(-x)$ e $f_I(x) = -f_I(-x)$, isto é, f_P é par e f_I é ímpar. As extensões 2π-periódicas $\widetilde{f_P}$ e $\widetilde{f_I}$ são definidas de maneira natural: se $x < -\pi$ ou $x > \pi$, existe um número inteiro k tal que $-\pi < x + 2k\pi < \pi$ e definimos

$$\widetilde{f_P}(x) = f_P(x + 2k\pi) \quad \text{e} \quad \widetilde{f_I}(x) = f_I(x + 2k\pi).$$

Exemplo 4.3.2 Consideremos a função $f(x) = \pi - x$, no intervalo $-\pi < x < \pi$. Calculando os coeficientes de Fourier de f pelas relações (4.14), com $L = 2\pi$, encontramos:

$$a_0 = 2\pi, \quad a_n = 0 \quad \text{e} \quad b_n = \frac{2(-1)^n}{n}, \qquad n = 1, 2, 3, \cdots.$$

e usando o Teorema 4.2.3 podemos escrever:

$$\pi - x = \pi + 2\sum_{n=1}^{\infty} \frac{(-1)^n \operatorname{sen} nx}{n}, \quad -\pi < x < \pi. \tag{4.17}$$

A série (4.17) representa a extensão 2π-periódica $\widetilde{f}$ de f e em cada x ela converge para a média dos limites laterais de $\widetilde{f}$ em x, como estabelece o Teorema 4.2.3. A figura 4.9 mostra o gráfico da extensão $\widetilde{f}$.

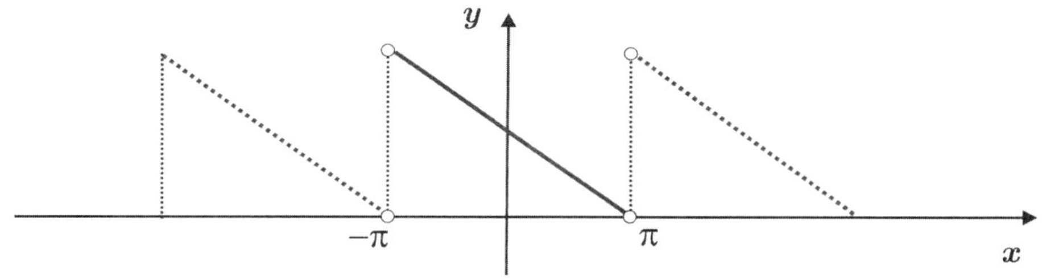

Fig. 4.9

Exemplo 4.3.3 Consideremos, agora, a função $f(x) = \pi - x$, no intervalo $0 < x < \pi$. A figura 4.10 ilustra a extensão par 2π-periódica $\widetilde{f}_P$ de f.

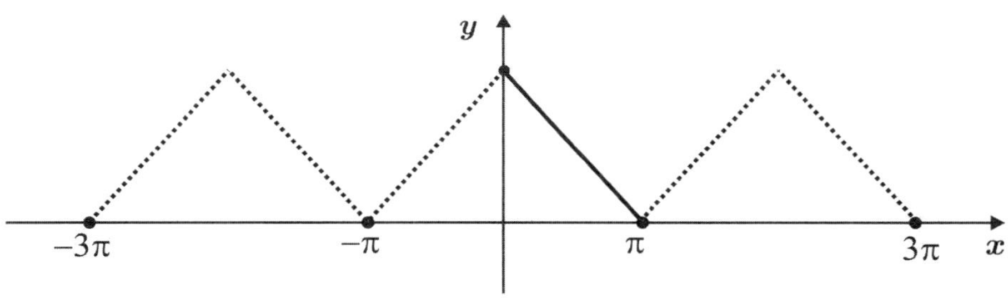

Fig. 4.10

Os coeficientes de Fourier de $\widetilde{f}_P$ determinados em (4.15) são, neste caso:

$$a_0 = \pi, \quad a_n = \begin{cases} 4/\pi n^2, \text{ se } n \text{ é ímpar} \\ 0, \text{ se } n \text{ é par} \end{cases} \quad \text{e} \quad b_n = 0, \quad n = 1, 2, 3, \cdots$$

e a serie de Fourier de $\widetilde{f}_P$ é a série de cossenos com esses coeficientes. Assim, podemos escrever:

$$\pi - x = \frac{\pi}{2} + \frac{4}{\pi} \sum_{n=1}^{\infty} \frac{\cos(2n-1)x}{(2n-1)^2}, \quad 0 < x < \pi. \tag{4.18}$$

Na figura 4.11 exibimos o gráfico da extensão ímpar 2π-periódica $\widetilde{f}_I$, cujos coeficientes de Fourier (4.16) são

$$a_n = 0, \quad n = 0, 1, 2, 3, \cdots \quad \text{e} \quad b_n = \frac{2}{n}, \quad n = 1, 2, 3, \cdots.$$

Dessa forma, obtemos a seguinte representação em série de senos para a função f :

$$\pi - x = 2\sum_{n=1}^{\infty} \frac{\operatorname{sen} nx}{n}, \quad 0 < x < \pi. \tag{4.19}$$

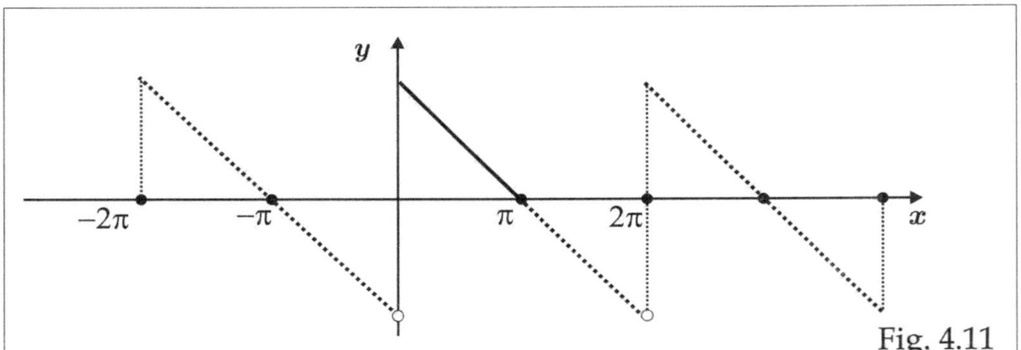

Fig. 4.11

Se na série (4.19) considerarmos $x = \pi/2$, encontraremos

$$\frac{\pi}{4} = \sum_{n=1}^{\infty} \frac{\operatorname{sen}(n\pi/2)}{n} = 1 - \frac{1}{3} + \frac{1}{5} - \frac{1}{7} + \cdots .$$

Exemplo 4.3.4 Seja $f : (0, \pi) \to R$, definida por

$$f(x) = \begin{cases} -x + \pi/2, & \text{se } 0 < x < \pi/2 \\ 0, & \text{se } \pi/2 \leq x < \pi. \end{cases}$$

Vamos expandir f em uma série de cossenos e, em seguida, usar o resultado para calcular a soma da série $\sum\limits_{n=1}^{\infty} \dfrac{1}{(2n-1)^2}$. Na Figura 4.12 exibimos graficamente a extensão par 2π-periódica $\tilde{f}_P$ de f.

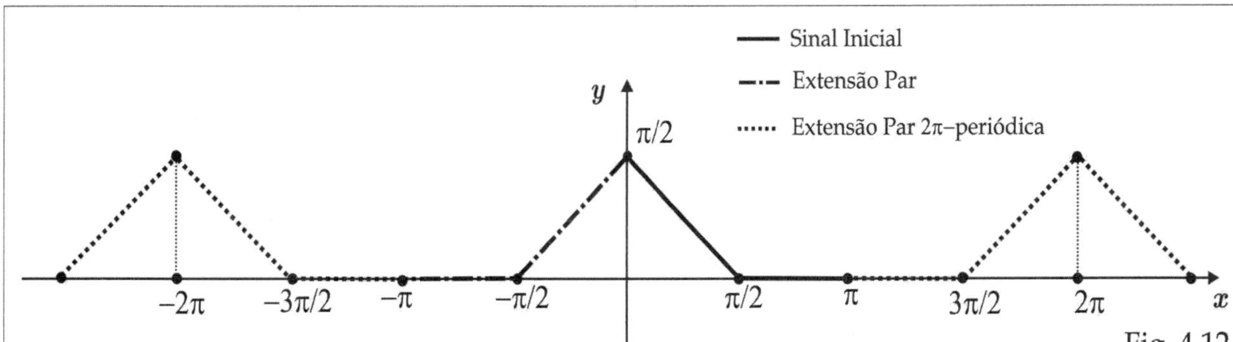

Fig. 4.12

Em se tratando da extensão par, os coeficientes b_n, $n = 1, 2, 3, \ldots$, são todos nulos e resta-nos calcular os coeficientes a_n, $n = 0, 1, 2, 3, \ldots$. Temos

$$a_0 = \frac{2}{\pi} \int_0^{\pi/2} (-x + \pi/2)\, dx = \frac{2}{\pi} \left(-\frac{\pi^2}{8} + \frac{\pi^2}{4} \right) = \pi/4$$

e para $n = 1, 2, 3, \ldots$, encontramos

$$\begin{aligned} a_n &= \frac{2}{\pi} \int_0^{\pi/2} (-x + \pi/2) \cos(nx)\, dx = \frac{2}{\pi} \left[- \frac{x \operatorname{sen}(nx)}{n} \Big|_0^{\pi/2} - \frac{\cos(nx)}{n^2} \Big|_0^{\pi/2} + \frac{\pi}{2} \frac{\operatorname{sen}(nx)}{n} \Big|_0^{\pi/2} \right] \\ &= \frac{2}{\pi n^2} \left[1 - \cos(n\pi/2) \right]. \end{aligned}$$

Considerando que

$$\cos(n\pi/2) = \left| \begin{array}{ll} -1, & \text{se } n = 4k - 2 \\ 0, & \text{se } n \text{ é ímpar} \\ 1, & \text{se } n = 4k, \end{array} \right.$$

obtemos a seguinte representação para $\tilde{f}_P$:

$$\frac{\pi}{8} + \frac{2}{\pi} \sum_{n=1}^{\infty} \frac{\cos(2n-1)x}{(2n-1)^2} + \frac{4}{\pi} \sum_{k=1}^{\infty} \frac{\cos(4k-2)x}{(4k-2)^2}.$$

Finalmente, se considerarmos $x = 0$, que é um ponto de continuidade de $\tilde{f}_P$, teremos:

$$\begin{aligned} \frac{\pi}{2} &= \tilde{f}_P(0) = \frac{\pi}{8} + \frac{2}{\pi} \sum_{n=1}^{\infty} \frac{1}{(2n-1)^2} + \frac{4}{\pi} \sum_{k=1}^{\infty} \frac{1}{(4k-2)^2} \\ &= \frac{\pi}{8} + \frac{2}{\pi} \sum_{n=1}^{\infty} \frac{1}{(2n-1)^2} + \frac{1}{\pi} \sum_{k=1}^{\infty} \frac{1}{(2k-1)^2} = \frac{\pi}{8} + \frac{3}{\pi} \sum_{n=1}^{\infty} \frac{1}{(2n-1)^2} \end{aligned}$$

e daí resulta que

$$\sum_{n=1}^{\infty} \frac{1}{(2n-1)^2} = \pi^2/8. \tag{4.20}$$

Vamos usar (4.20) e a série de Fourier da extensão ímpar 2π-periódica $\widetilde{f_I}$ de f para calcular a soma da série alternada $\displaystyle\sum_{n=1}^{\infty} \frac{(-1)^{n-1}}{2n-1}$. O gráfico da extensão $\widetilde{f_I}$ no intervalo $[-2\pi, 2\pi]$ está ilustrado na Figura 4.13 e, como sabemos, a série de Fourier da extensão ímpar $\widetilde{f_I}$ é uma série de senos e no ponto $x = \pi/2$ converge para $\widetilde{f_I}(\pi/2) = 0$.

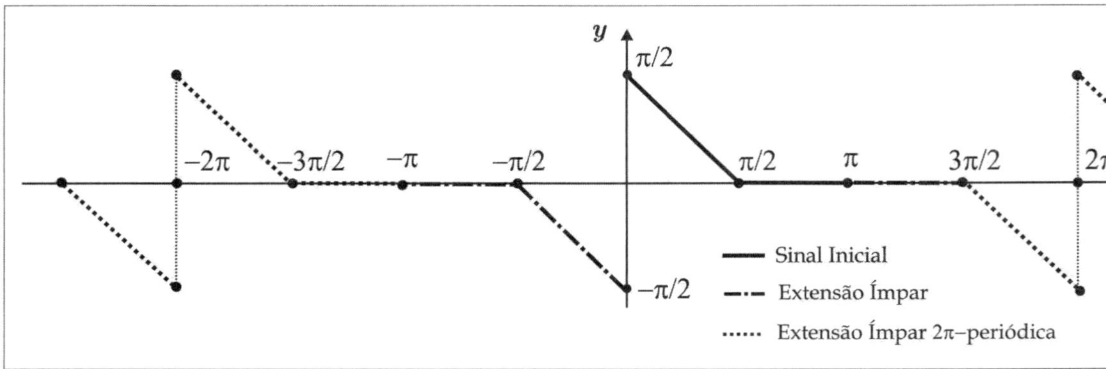

Fig. 4.13

No cálculo dos coeficientes b_n, usamos as relações $\operatorname{sen}(2k-1)\pi/2 = (-1)^{k-1}$ e $\operatorname{sen}(k\pi) = 0$, seja qual for o inteiro k. Temos

$$\begin{aligned} b_n &= \frac{2}{\pi}\int_0^{\pi/2}(-x+\pi/2)\operatorname{sen}(nx)\,dx = \frac{2}{\pi}\left[-\int_0^{\pi/2}x\operatorname{sen}(nx)\,dx + \frac{\pi}{2}\int_0^{\pi/2}\operatorname{sen}(nx)\,dx\right] \\ &= \frac{2}{\pi}\left[-\left.\frac{\operatorname{sen}(nx)}{n^2}\right|_0^{\pi/2} + \left.\frac{x\cos(nx)}{n}\right|_0^{\pi/2} - \left.\frac{\pi\cos(nx)}{2n}\right|_0^{\pi/2} + \frac{\pi}{2n}\right] \\ &= \frac{2}{\pi}\left[-\frac{\operatorname{sen}(n\pi/2)}{n^2} + \frac{\pi\cos(n\pi/2)}{2n} - \frac{\pi\cos(n\pi/2)}{2n} + \frac{\pi}{2n}\right] = \frac{1}{n} - \frac{2\operatorname{sen}(n\pi/2)}{\pi n^2}. \end{aligned}$$

Consequentemente, a série de Fourier de $\widetilde{f}_I$ é

$$\sum_{k=1}^{\infty}\frac{\operatorname{sen}(2kx)}{2k} + \sum_{k=1}^{\infty}\left[\frac{1}{2k-1} - \frac{2(-1)^{k-1}}{\pi(2k-1)^2}\right]\operatorname{sen}(2k-1)\,x. \tag{4.21}$$

Considerando em (4.21) $x = \pi/2$, encontramos

$$0 = \sum_{n=1}^{\infty}\frac{(-1)^{n-1}}{2n-1} - \frac{2}{\pi}\sum_{n=1}^{\infty}\frac{1}{(2n-1)^2} \Rightarrow \sum_{n=1}^{\infty}\frac{(-1)^{n-1}}{2n-1} = \frac{2}{\pi}\sum_{n=1}^{\infty}\frac{1}{(2n-1)^2} = \frac{\pi}{4}.$$

4.4 Exercícios Complementares

4.4A Mostre que os termos trigonométricos $\operatorname{sen}(n\pi x/T)$ e $\cos(n\pi x/T)$ são $2T$-periódicos.

4.4B Encontre o período fundamental das seguintes funções:

(a) $\cos(2x)$ (b) $\cos(2\pi x)$ (c) $\operatorname{sen}(nx)$ (d) $\operatorname{sen}(2\pi x/k)$ (e) $\operatorname{sen}(2\pi nx/k)$.

4.4C Faça um gráfico para representar cada uma das funções abaixo:

(a) $\operatorname{sen} x + \cos x$ (b) $\operatorname{sen}(2\pi x)$ (c) $\operatorname{sen}(2x)$ (d) $2\cos(4\pi x)$.

4.4D Supondo que $f : \mathbb{R} \to \mathbb{R}$ seja uma função periódica com período fundamental T, determine o período fundamental das funções $g(x) = f(ax)$ e $h(x) = f(x/b)$, $a, b \neq 0$.

4.4E A função $f(x) = \begin{cases} -x^2/4\pi - x/2 + \pi/2, & -\pi \leq x \leq 0 \\ -x^2/4\pi + x/2 + \pi/2, & 0 \leq x \leq \pi. \end{cases}$ é suposta 2π-periódica. Encontre sua série de Fourier.

4.4F Cada função f dada abaixo é suposta 2π-periódica. Esboce seu gráfico no intervalo $[-2\pi, 2\pi]$, calcule seus limites laterais nos pontos $x = 0$ e $x = \pm\pi$ e, por fim, encontre sua série de Fourier:

(a) $f(x) = x,\ -\pi < x < \pi$

(b) $f(x) = x^2 - 1,\ -\pi < x < \pi$

(c) $f(x) = x^3,\ -\pi < x < \pi$

(d) $f(x) = x^2,\ -\pi < x < \pi$

(e) $f(x) = x,\ 0 \leq x \leq 2\pi$

(f) $f(x) = |\cos x|,\ 0 \leq x \leq 2\pi$

(g) $f(x) = \begin{cases} -x^2, & -\pi < x < 0 \\ x^2, & 0 < x < \pi \end{cases}$

(h) $f(x) = \begin{cases} x, & 0 < x < \pi \\ \pi - x, & \pi < x < 2\pi \end{cases}$

(i) $f(x) = \begin{cases} x + \pi/2, & -\pi \leq x \leq 0 \\ -x + \pi/2, & 0 < x \leq \pi \end{cases}$

(j) $f(x) = \begin{cases} 0, & -\pi < x < 0 \\ x, & 0 < x < \pi \end{cases}$

(k) $f(x) = \begin{cases} 1, & -\pi/2 < x < \pi/2 \\ -1, & \pi/2 < x < 3\pi/2 \end{cases}$

(l) $f(x) = \begin{cases} x, & -\pi/2 < x < \pi/2 \\ 0, & \pi/2 < x < 3\pi/2. \end{cases}$

4.4G Calculando soma de séries numéricas com auxílio das séries de Fourier.

(a) Na série 4.4F(b), considere $x = \pi$ e obtenha $\dfrac{\pi^2}{6} = \sum\limits_{n=1}^{\infty} \dfrac{1}{n^2}$.

(b) Na série 4.4F(b), considere $x = 0$ e obtenha $\dfrac{\pi^2}{12} = \sum\limits_{n=1}^{\infty} \dfrac{(-1)^{n-1}}{n^2}$;

(c) Multiplique a série 4.4F(d) por x^2, integre o resultado de $-\pi$ até π e obtenha $\dfrac{\pi^4}{90} = \sum\limits_{n=1}^{\infty} \dfrac{1}{n^4}$.

(d) Na série 4.4F(f), considere $x = \pi$ e obtenha $\dfrac{\pi}{4} = \dfrac{1}{2} + \sum\limits_{n=1}^{\infty} \dfrac{(-1)^{n+1}}{4n^2 - 1}$.

(e) Na série 4.4F(h), considere $x = \pi$ e obtenha $\dfrac{\pi^2}{4} = \sum\limits_{n=1}^{\infty} \dfrac{(-1)^{n-1}}{(2n-1)^2}$.

(e) Na série 4.4F(h), considere $x = 0$ e obtenha $\dfrac{\pi^2}{8} = \sum\limits_{n=1}^{\infty} \dfrac{1}{(2n-1)^2}$.

(f) Na série 4.4F(k), considere $x = \pi/4$ e obtenha $\dfrac{\pi}{\sqrt{8}} = 1+1/3-1/5-1/7+1/9+1/11-\cdots$.

4.4H Se $f : [-T, T] \to \mathbb{R}$ é uma função par, mostre que a função $f(x)\cos nx$ é uma função par e $f(x)\operatorname{sen} nx$ é uma função ímpar. Nesse caso, valem as fórmulas:

$$\int_{-T}^{T} f(x)\cos nx dx = 2\int_{0}^{T} f(x)\cos nx dx \quad \text{e} \quad \int_{-T}^{T} f(x)\operatorname{sen} nx dx = 0.$$

Deduza resultados análogos admitindo que f seja uma função ímpar.

4.4I Seja $f : (0, 2) \to \mathbb{R}$ definida por $f(x) = 1 - x$, se $0 < x < 1$ e $f(x) = x - 1$, se $1 \le x < 2$. Esboce no intervalo $(-4, 6)$ os gráficos das extensões par e ímpar 4-periódica de f e encontre uma série de senos e outra de cossenos para f.

4.4J Desenvolva a função $f(x) = \operatorname{sen} x$, $0 < x < \pi$, em série de Fourier de cossenos.

4.4K Considere a função $f(x) = x$, definida para $0 < x < 2$. Encontre: (a) a extensão ímpar 4-periódica de f e a correspondente série de Fourier de senos da extensão; (b) a extensão par 4-periódica de f e a correspondente série de Fourier de cossenos.

4.4L Considere $f(x) = 2 - x$, $0 < x < 2$, e determine uma função $g(x)$ cuja série de senos convirja para $f(x)$ em todos os valores de x. A função g é única?

4.4M Seja $f : \mathbb{R} \to \mathbb{R}$ uma função contínua $2L$-periódica. Dado um número real a, mostre que:

$$\int_{a-L}^{a+L} f(x)\, dx = \int_{-L}^{L} f(x)\, dx.$$

4.5 Erro Quadrático

Quando uma função $f : \mathbb{R} \to \mathbb{R}$ 2π-periódica e contínua por partes em $[-\pi, \pi]$ é representada por uma série de Fourier, então $f(x)$ pode ser aproximada por um polinômio trigonométrico

$$S_N = \frac{a_0}{2} + \sum_{n=1}^{N} (a_n \cos nx + b_n \operatorname{sen} nx)$$

que é a N-ésima soma parcial de sua série de Fourier. Encontraremos um polinômio trigonométrico

$$P_N(x) = \frac{A_0}{2} + \sum_{n=1}^{N} (A_n \cos nx + B_n \operatorname{sen} nx)$$

que melhor aproxima $f(x)$, no sentido de minimizar o *erro quadrático*

$$E(P_N; f) = \int_{-\pi}^{\pi} |f(x) - P_N(x)|^2 \, dx. \tag{4.22}$$

A grandeza natural para medir o ajustamento da aproximação seria o máximo de $|f(x) - P_N(x)|$, não sendo adequado aqui porque este valor, mesmo para *boas* aproximações, pode ser grande próximo de uma descontinuidade de f. Essa é a razão para a escolha do erro quadrático (4.22). Esse erro pode ser escrito na forma:

$$E(P_N; f) = \int_{-\pi}^{\pi} f(x)^2 \, dx - 2\int_{-\pi}^{\pi} f(x) P_N(x) \, dx + \int_{-\pi}^{\pi} P_N(x)^2 \, dx \tag{4.23}$$

e substitundo em (4.23) as relações

$$\int_{-\pi}^{\pi} P_N(x)^2 \, dx = \pi \left[\frac{A_0^2}{2} + \sum_{n=1}^{N} \left(A_n^2 + B_n^2\right) \right] \quad \text{e}$$

$$\int_{-\pi}^{\pi} f(x) P_N(x) \, dx = \pi \left[\frac{a_0 A_0}{2} + \sum_{n=1}^{N} (a_n A_n + b_n B_n) \right],$$

que podem ser facilmente deduzidas a partir da tabela de integrais (4.2), obtemos:

$$E(P_N; f) = \int_{-\pi}^{\pi} f(x)^2 \, dx - 2\pi \left[\frac{a_0 A_0}{2} + \sum_{n=1}^{N} (a_n A_n + b_n B_n) \right] + \pi \left[\frac{A_0^2}{2} + \sum_{n=1}^{N} \left(A_n^2 + B_n^2\right) \right].$$

Para a aproximação S_N temos:

$$E(S_N; f) = \int_{-\pi}^{\pi} f(x)^2 \, dx - \pi \left[\frac{a_0^2}{2} + \sum_{n=1}^{N} \left(a_n^2 + b_n^2\right) \right], \tag{4.24}$$

de onde resulta que:

$$E(P_N; f) - E(S_N; f) = \frac{\pi}{2} (A_0 - a_0)^2 + \pi \sum_{n=1}^{N} \left[(A_n - a_n)^2 + (B_n - b_n)^2 \right]. \tag{4.25}$$

A relação (4.25) mostra que $E(P_N; f) \geq E(S_N; f)$ e ocorrerá a igualdade se, e somente se, $a_0 = A_0$, $a_j = A_j$, e $b_j = B_j$, $\forall j = 1, 2, \ldots, N$. Com isso, concluímos que o erro quadrático será mínimo em $S_N(x)$, sendo esta a melhor aproximação de f por um polinômio trigonométrico.

Para finalizar vamos obter dois resultados amplamente utilizados na teoria de Séries de Fourier e que levam o nome de *Desigualdade de Bessel* e *Identidade de Parseval*.

Como $E(S_N; f) \geq 0$, para todo n, segue de (4.24) que:

$$\frac{a_0^2}{2} + \sum_{n=1}^{N} \left(a_n^2 + b_n^2\right) \leq \frac{1}{\pi} \int_{-\pi}^{\pi} f(x)^2 \, dx, \tag{4.26}$$

e tomando o limite em (4.26), com $N \to \infty$, deduzimos que a série de termos positivos $\sum\limits_{n=1}^{\infty} \left(a_n^2 + b_n^2\right)$ é convergente e, além disso:

$$\frac{a_0^2}{2} + \sum_{n=1}^{\infty} \left(a_n^2 + b_n^2\right) \leq \frac{1}{\pi} \int_{-\pi}^{\pi} f(x)^2 \, dx, \tag{4.27}$$

que é a desigualdade de Bessel. Por outro lado, o Teste da Comparação e a convergência da série $\sum\limits_{n=1}^{\infty} \left(a_n^2 + b_n^2\right)$ implicam na convergência das séries $\sum\limits_{n=1}^{\infty} a_n^2$ e $\sum\limits_{n=1}^{\infty} b_n^2$ e, por conseguinte:

$$\lim_{n\to\infty} a_n = 0 \quad \text{e} \quad \lim_{n\to\infty} b_n = 0.$$

Assim, obtemos os seguintes limites fundamentais na teoria das séries de Fourier:

$$\lim_{n\to\infty} \int_{-\pi}^{\pi} f(x) \cos nx dx = 0 \quad \text{e} \quad \lim_{n\to\infty} \int_{-\pi}^{\pi} f(x) \operatorname{sen} nx dx = 0.$$

Para deduzir a identidade de Parseval vamos admitir, sem demonstração, dois resultados sobre séries trigonométricas que embora não triviais, são facilmente absorvidos.

(a) Com auxílio da tabela (4.2), demonstra-se por indução que:

$$\int_{-\pi}^{\pi} \left[\sum_{n=1}^{N} (a_n \cos nx + b_n \operatorname{sen} nx)\right]^2 dx = \pi \sum_{n=1}^{N} \left(a_n^2 + b_n^2\right), \quad \forall N = 1, 2, 3, \ldots. \tag{4.28}$$

(b) Alguns critérios de convergência para sequências de funções e que não foram abordados neste texto podem ser usados para demonstrar que:

$$\lim_{N\to\infty} \int_{-\pi}^{\pi} S_N(x)^2 \, dx = \int_{-\pi}^{\pi} \lim_{N\to\infty} S_N(x)^2 \, dx = \int_{-\pi}^{\pi} f(x)^2 \, dx. \tag{4.29}$$

Da definição de S_N, temos:

$$S_N(x)^2 = \frac{a_0^2}{4} + a_0 \sum_{n=1}^{N} (a_n \cos nx + b_n \operatorname{sen} nx) + \left[\sum_{n=1}^{N} (a_n \cos nx + b_n \operatorname{sen} nx)\right]^2$$

e usando (4.28) e mais uma vez a tabela (4.2), obtemos por integração de $-\pi$ até π a seguinte relação:

$$\int_{-\pi}^{\pi} S_N(x)^2 \, dx = \frac{\pi a_0^2}{2} + \pi \sum_{n=1}^{N} \left(a_n^2 + b_n^2\right).$$

Tomando o limite na última igualdade, com $N \to \infty$, e usando (4.29) chegamos à identidade de Parseval:

$$\frac{1}{\pi}\int_{-\pi}^{\pi} f(x)^2\, dx = \frac{a_0^2}{2} + \sum_{n=1}^{\infty}\left(a_n^2 + b_n^2\right). \tag{4.30}$$

Para funções $2L$-periódicas, a identidade de Parseval assume a forma:

$$\frac{1}{L}\int_{-L}^{L} f(x)^2\, dx = \frac{a_0^2}{2} + \sum_{n=1}^{\infty}\left(a_n^2 + b_n^2\right),$$

onde os coeficientes a_n e b_n são dados por (4.14).

4.6 Exercícios Complementares

4.6A Para a função do Exercício 4.3E(d), escreva a identidade de Parseval correspondente e usando o resultado deduza que:

$$\sum_{n=1}^{\infty}\frac{1}{n^4} = \frac{\pi^4}{90}.$$

4.6B Considere a função 2π-periódica $f : \mathbb{R} \to \mathbb{R}$ tal que:

$$f(x) = \begin{cases} 1, \text{ se } 0 \le x \le \pi \\ -1, \text{ se } -\pi \le x < 0, \end{cases}$$

cujos coeficientes de Fourier foram calculados no Exemplo 4.1.1.

(a) determine $P_N(x)$ de modo que o erro quadrático seja mínimo;

(b) determine o menor inteiro N para o qual $E(P_N; f) \le 0.26$;

(c) usando a identidade de Parseval (4.15), deduza que:

$$\sum_{n=1}^{\infty}\frac{1}{(2n-1)^2} = \frac{\pi^2}{8}.$$

5. EDO de Primeira Ordem

5.1 Motivação

Equação diferencial ordinária (abrevia-se EDO) é uma equação que envolve uma função desconhecida e suas derivadas ordinárias. É notável o interesse desse ramo da matemática em praticamente todas as áreas do conhecimento humano, notadamente em Física, Economia e Engenharia, uma vez que leis e outros fundamentos teóricos dessas áreas podem ser formulados matematicamente por meio de uma equação diferencial ordinária. De forma genérica, uma EDO de 1ª ordem é uma relação do tipo

$$F\left(x, y, y'\right) = 0 \tag{5.1}$$

onde x é a variável independente e $y = y(x)$ é uma função derivável que desejamos encontrar, de modo que $F(x, y(x), y'(x)) = 0$. Por exemplo, a equação $y' - y = 0$ é do tipo (5.1) com $F(x, u, v) = v - u$ e para cada constante C a função $y = Ce^x$ satisfaz (5.1) em qualquer x real.

É fundamental não apenas resolver a EDO mas, sobretudo, formular matematicamente o fenômeno que dá origem à equação diferencial. Como motivação, vamos considerar alguns exemplos-modelos para ilustrar as etapas que vão da situação física à formulação matemática e à sua solução.

5.1.1 Crescimento Populacional

Neste modelo descreveremos o problema de crescimento ou decrescimento populacional. Inicialmente denotaremos por $N(t)$ número de pessoas da população (ou a quantidade de substância) em processo de crescimento ou decrescimento, onde a variável independente t está representando o tempo. Partindo da premissa que a quantidade de indivíduos na população (ou de substância) cresce (ou decresce) a uma taxa proporcional ao tamanho da população (ou à quantidade de substância) presente, formulamos o seguinte modelo matemático para esta situação:

$$\frac{dN}{dt} = kN \quad \text{ou} \quad N' = kN, \tag{5.2}$$

sendo k uma constante positiva, se houver crescimento, e negativa caso contrário. Para resolver a equação (5.2) integramos formalmente ambos os lados da EDO com respeito à variável t e obtemos:

$$N(t) = N_0 \exp(kt),$$

onde $N_0 = N(0)$ representa a quantidade de substância (ou o número de habitantes) no início do processo. A quantidade N_0 é denominada *dado inicial* e ao par constituído pela EDO (5.2) e a condição inicial $N(0) = N_0$ damos o nome de *problema de valor inicial* e abreviamos PVI.

5.1.2 Problema de Mistura

Em um tanque com capacidade fixa, há uma quantidade inicial de V_0 litros de salmoura contendo Q_0 quilos de sal. Despejamos no tanque outra solução de salmoura, com Q_1 quilos de sal por litro (Q_1 é a concentração de sal na mistura despejada no tanque) à razão de v litros por minuto. A mistura é mantida uniforme por meio de um agitador, enquanto ela escoa à razão de w litros por minuto. Denotemos por $Q(t)$ a quantidade de sal presente na mistura, no instante t, e por $V(t)$ a quantidade de salmoura no mesmo instante. A razão $\dfrac{Q(t)}{V(t)}$ representa a concentração de sal na mistura no instante t e a formulação matemática para esta situação é:

$$\frac{dQ}{dt} = Q_1 v - \frac{Q(t)}{V(t)} w, \quad Q(0) = Q_0. \tag{5.3}$$

Notando que $V(t) = V_0 + (v - w)t$, obtemos de (5.3) o seguinte modelo matemático para esse problema de misturas:

$$\frac{dQ}{dt} + \frac{wQ}{V_0 + (v - w)t} = Q_1 v, \quad Q(0) = Q_0. \tag{5.4}$$

5.1.3 Queda dos Corpos

Consideremos um corpo de massa m em queda vertical, influenciada pela ação da gravidade g e pela resistência do ar. De acordo com a 2ª Lei de Newton, temos que:

$$\overrightarrow{F} = m\frac{d\vec{v}}{dt},$$

onde $\vec{v}$ representa a velocidade e $\overrightarrow{F}$ a resultante das forças que atuam no corpo. As forças que atuam no corpo são de duas naturezas: o peso $F_1 = mg$ e a resistência do ar $\overrightarrow{F}_2 = -k\overrightarrow{v}$, $k > 0$.

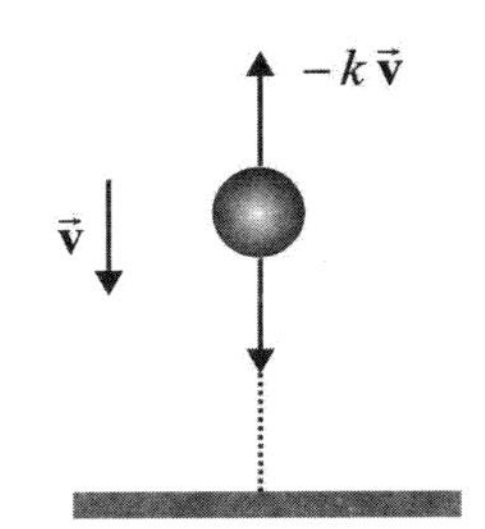

Fig. 5.1

Então,

$$mg - kv = m\frac{dv}{dt}$$

e denotando por $\dot{v}$ a derivada de v com relação ao tempo t, temos:

$$\dot{v} + \frac{k}{m}v = g \tag{5.5}$$

que é a equação do movimento. Em todo texto, a derivada de uma função com relação à variável t será indicada por um *ponto* sobre a função, como fizemos na equação (5.5).

5.1.4 Decaimento Radiotivo

A taxa de decaimento relativo de uma quantidade $m(t)$ de massa remanescente, após um tempo t, de uma substância radioativa é dada por:

$$-\frac{1}{m}\frac{dm}{dt}$$

e suponhamos que essa taxa tenha sido determinada em laboratório e seu valor seja constante. A radiação espontânea faz com que a massa $m(t)$ diminua com o tempo e se m_0 é a quantidade inicial da substância, então a EDO

$$\frac{dm}{dt} = -km, \quad k > 0$$

mostra que uma substância radioativa decai, exponencialmente, a uma taxa proporcional à quantidade remanescente e no instante t a quantidade de substância é

$$m(t) = m_0 \exp(-kt).$$

5.1.5 Juro Composto Continuamente

Suponhamos que R$ 100 sejam investidos com juros de 2%, computados anualmente. A seguinte tabela mostra o crescimento do investimento ano após ano.

inicial	após 1 ano	após 2 anos	....	após t anos
100	$100 \times (1.02) = 102$	$100 \times (1.02)^2 = 104.04$	....	$100 \times (1.02)^t$

Em geral, investindo uma quantidade A_0 a uma taxa anual de $k\%$, após t anos o investimento será

$$A_0\left(1 + \frac{k}{100}\right)^t$$

e se os juros são compostos, por exemplo, n vezes ao ano, então em cada período de composição a taxa de juros é $k/100n$ e existem nt períodos de composição em t anos. Neste caso, o valor investido será:

$$A_0\left(1+\frac{k}{100n}\right)^{nt} \tag{5.6}$$

e a tabela a seguir mostra a evolução do investimento de R\$ 100, após 3 anos, com juros de 2% e com várias opções de composição.

incial	100
composição anual	$100\times\left(1+\frac{2}{100}\right)^3=106.12$
composição semestral	$100\times\left(1+\frac{2}{2\times100}\right)^{2\times3}=106.15$
composição trimestral	$100\times\left(1+\frac{2}{4\times100}\right)^{4\times3}=106.17$

Se em (5.6) fizermos $n\to\infty$, então os juros estão sendo computados continuamente e o investimento após t anos será:

$$A(t)=\lim_{n\to\infty}A_0\left(1+\frac{k}{100n}\right)^{nt}=A_0\left[\lim_{n\to\infty}\left(1+\frac{1}{n}\right)^n\right]^{kt/100}=A_0\exp\left(kt/100\right).$$

Derivando a última relação com respeito a t, obtemos:

$$\frac{dA}{dt}=\left(k/100\right)A,$$

de onde concluímos que, com a composição contínua de juros, o valor do investimento cresce a uma taxa $\frac{dA}{dt}$ proporcional ao valor investido. Os mesmos R\$ 100 investidos a uma taxa de 2%, computados continuamente, produz, ao final de três anos, o montante $A(3)=100e^{(0.02)\times3}\simeq 106.18$.

5.1.6 Variação de Temperatura

A Lei do Resfriamento de Newton estabelece que: *a taxa de variação de temperatura de um corpo é proporcional à diferença de temperatura entre o corpo e o meio ambiente.*

Denotando por T a temperatura do corpo e por τ a temperatura do meio ambiente, a lei de Newton é formulada matematicamente pela seguinte equação diferencial:

$$\frac{dT}{dt}=-k\left(T-\tau\right),\quad \text{ou}\quad T'+kT=k\tau,\quad k>0. \tag{5.7}$$

No caso em que $T > \tau$, segue de (5.7) que $\dfrac{dT}{dt} < 0$ e, portanto, ocorre um processo de resfriamento.

5.1.7 Circuitos Elétricos

A figura 5.2 mostra um circuito elétrico simples em que uma força eletromotriz (por exemplo, uma pilha ou um gerador) produz uma voltagem $E(t)$ volts (V) e uma corrente $I(t)$ ampères (A) em um instante t. O circuito possui um resistor com uma resistência de R ohms (Ω) e um indutor de L henries (H). A lei de Ohm estabelece que a queda de voltagem devido ao resistor é RI e devido ao indutor é $L\dfrac{dI}{dt}$. A EDO:

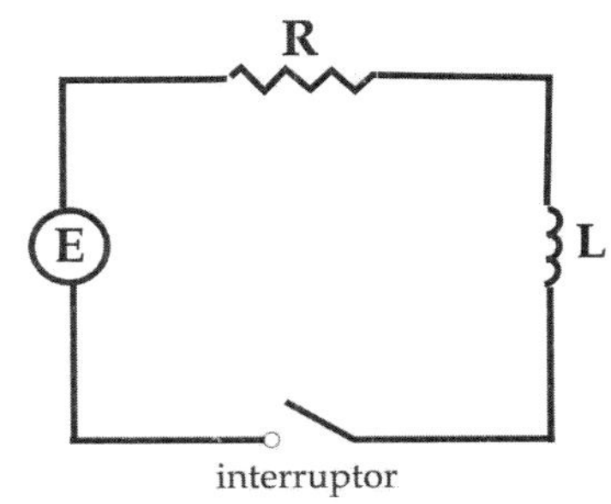

Fig. 5.2

$$L\frac{dI}{dt} + RI = E(t) \tag{5.8}$$

traduz a Lei de Kircchoff: *a soma das quedas de voltagem é igual à voltagem fornecida* $E(t)$.

Exemplo 5.1.1 Suponhamos que uma pilha forneça uma voltagem constante de 12 V no circuito da figura 5.2, em que a resistência é $R = 4\Omega$ e a indutância é $L = 2H$. No instante $t = 0$, o interruptor é ligado e a corrente nesse instante é $I(0) = 0$. A EDO (5.8) nesse caso é:

$$\frac{dI}{dt} + 2I = 6$$

e para resolvê-la multiplicamos ambos os lados da equação por e^{2t} e obtemos:

$$\frac{d}{dt}\left[I(t)\,e^{2t}\right] = 6e^{2t}.$$

O fator e^{2t} tem a finalidade de transformar a EDO em uma derivada total. Integrando a EDO de 0 a t e usando a condição inicial $I(0) = 0$, chegamos a $I(t) = 3 - 3e^{-2t}$. Após 2 segundos a corrente é $I(2) = 3 - e^{-4} \simeq 2.98$ ampères e o valor-limite da corrente é $\lim\limits_{t\to\infty} I(t) = 3$ ampères.

Cada modelo apresentado anteriormente foi descrito matematicamente por uma EDO que se enquadra no seguinte modelo geral:

$$\boxed{y' + a(x)y = b(x)} \tag{5.9}$$

onde a variável t é substituida por x, para dar um caráter mais geral a equação, as funções $a(x)$ e $b(x)$ são supostas contínuas e $y = y(x)$ é uma função desconhecida que desejamos encontrar.

Essa EDO é classificada como *linear* de *primeira ordem*; ela é linear porque é do primeiro grau nas variáveis y e y' e de primeira ordem porque esta é a ordem da derivada que figura na equação. Antes de resolver a EDO (5.9), vamos considerar um exemplo particular para motivar o método. Consideremos, então, a EDO

$$y' + \frac{1}{x}y = 2, \quad x > 0, \tag{5.10}$$

e multipliquemos ambos os lados de (5.10) por x para chegarmos a equação diferencial equivalente

$$xy' + y = 2x. \tag{5.11}$$

Escrevendo a EDO (5.11) sob a forma compacta $(xy)' = 2x$, uma simples integração nos dá $y = x + C/x$, sendo C uma constante. Esse mesmo artifício foi usado no Exemplo 5.1.1, quando multiplicamos a EDO por e^{2t}, transformando-a em uma derivada total.

No caso geral da EDO (5.9) procedemos de maneira similar e primeiro multiplicamos ambos os lados da equação por uma função adequada $I(x)$, denominada *fator integrante*, transformando-a em uma derivada total, e em seguida integramos formalmente o resultado. Assim, ao multiplicar a EDO pelo fator $I(x)$ obtemos a equação:

$$y'I(x) + a(x)\,yI(x) = b(x)\,I(x)$$

e o fator integrante $I(x)$ é determinado de modo que

$$\begin{aligned} y'I(x) + a(x)\,yI(x) &= \frac{d}{dx}[yI(x)] \Leftrightarrow \\ y'I(x) + a(x)\,yI(x) &= y'I(x) + yI'(x) \Leftrightarrow \\ a(x)\,I(x) &= I'(x). \end{aligned}$$

A última igualdade nos permite escolher $I(x) = \exp\left(\int a(x)\,dx\right)$ e a EDO se reduz a:

$$\frac{d}{dx}\left[y \exp(\textstyle\int a(x)\,dx)\right] = b(x)\exp\left(\textstyle\int a(x)\,dx\right)$$

e integrando esta última igualdade com respeito à variável x, encontramos:

$$\boxed{y = \exp\left(-\textstyle\int a(x)\,dx\right)\left[C + \displaystyle\int b(x)\exp\left(\textstyle\int a(x)\,dx\right)dx\right]} \tag{5.12}$$

onde C é uma constante arbitrária que será determinada quando for imposta à EDO uma *condição lateral*. A expressão (5.12) engloba todas as soluções da EDO (5.9) e, por essa razão, ela recebe o nome de *solução geral* da EDO (5.9).

Exemplo 5.1.2 A EDO linear

$$y' + 2xy = 1$$

já está na forma padrão (5.9), com $a(x) = 2x$ e $b(x) \equiv 1$. O fator integrante é $I(x) = \exp\left(\int a(x)\,dx\right) = \exp\left(x^2\right)$ e a EDO é equivalente a:

$$\frac{d}{dx}\left(ye^{x^2}\right) = e^{x^2}$$

e por integração encontramos a solução geral

$$y(x) = \exp\left(-x^2\right)\left[C + \int \exp\left(x^2\right)dx\right]. \tag{5.13}$$

A integral que aparece no lado direito de (5.13) não pode ser calculada pelos métodos elementares do cálculo integral e usando a série de potências encontrada no Exemplo 3.1.2, chegamos a:

$$y(x) = \exp\left(-x^2\right)\left[C + \sum_{n=0}^{\infty} \frac{x^{2n+1}}{n!\,(2n+1)}\right].$$

Exemplo 5.1.3 Usando a fórmula (5.12), vamos encontrar a solução geral da EDO:

$$(\operatorname{sen} x)\, y' + (\cos x)\, y = \cos 2x, \quad 0 < x < \pi.$$

Para colocar a EDO na forma padrão (5.9), dividimos os dois lados da equação por $\operatorname{sen} x$ e obtemos:

$$y' + (\operatorname{cotg} x)\, y = \frac{\cos 2x}{\operatorname{sen} x},$$

onde identificamos $a(x) = \operatorname{cotg} x$ e $b(x) = \dfrac{\cos 2x}{\operatorname{sen} x}$. Assim, a solução geral da EDO é:

$$y(x) = \exp(-\textstyle\int \operatorname{cotg} x dx)\left[C + \displaystyle\int \frac{\cos 2x}{\operatorname{sen} x} \exp(\textstyle\int \operatorname{cotg} x)dx\right]$$

e usando $\ln(\operatorname{sen} x)$ como uma primitiva de $\operatorname{cotg} x$, obtemos:

$$y(x) = \exp(-\ln \operatorname{sen} x)\left[C + \int \frac{\cos 2x}{\operatorname{sen} x} \exp(\ln \operatorname{sen} x)dx\right]$$

ou seja:

$$y(x) = \frac{1}{\operatorname{sen} x}(C + \tfrac{1}{2} \operatorname{sen} 2x). \tag{5.14}$$

Com essa solução geral podemos encontrar, por exemplo, a solução que atende à condição $y(\pi/2) = 2$, bastando para isso calcular o valor da constante C. Neste caso, fazemos em (5.14) $x = \pi/2$ e $y = 2$, encontramos $C = 2$ e a solução procurada será:

$$y(x) = \frac{1}{\operatorname{sen} x}(2 + \tfrac{1}{2} \operatorname{sen} 2x).$$

5.1.8 Trajetórias Ortogonais

Consideremos no plano xy uma família de curvas a um parâmetro descrita pela equação:

$$F(x, y, \lambda) = 0, \tag{5.15}$$

onde a função F é suposta diferenciável[5] em alguma região do espaço euclidiano $\mathbb{R}^3$. Para cada valor do parâmetro λ, a equação (5.15) descreve uma curva no plano xy e por diferenciação implícita com relação à variável x, obtemos a seguinte relação:

$$F_x + F_y \frac{dy}{dx} = 0. \tag{5.16}$$

Supondo $F_y \neq 0$, resolvemos a equação (5.16) para obter:

$$\frac{dy}{dx} = -\frac{F_x}{F_y},$$

que representa a declividade das curvas descritas por (5.15). Cada curva do plano xy que intercepta ortogonalmente todas as curvas da família (5.15) recebe o nome de *trajetória ortogonal* da família (5.15) e a declividade de cada trajetória ortogonal é, portanto:

$$\frac{dy}{dx} = \frac{F_y}{F_x},$$

isto é, as trajetórias ortogonais são as curvas integrais da EDO

$$F_x dy - F_y dx = 0. \tag{5.17}$$

Um exemplo típico de trajetórias ortogonais ocorre em um campo eletroestático em que as linhas de força do campo são ortogonais às linhas de potencial constante.

Exemplo 5.1.4 Consideremos a família de circunferências descritas pela equação:

$$x^2 + y^2 = \lambda, \quad \lambda > 0.$$

[5] A derivada parcial da função F com relação a uma variável ξ será indicada por $\dfrac{\partial F}{\partial \xi}$ ou F_ξ. Se as derivadas parciais F_x, F_y e F_λ forem contínuas, então F será diferenciável.

Temos $F(x,y,\lambda) = x^2 + y^2 - \lambda = 0$ e a EDO (5.17) neste caso é:

$$xdy - ydx = 0 \quad \text{ou} \quad \frac{dy}{y} = \frac{dx}{x}$$

e uma simples integração nos dá $y = \mu x$, que descreve uma família de retas passando pela origem. Essa família de retas, mostrada na figura 5.3, representa as trajetórias ortogonais à família de circunferências dada.

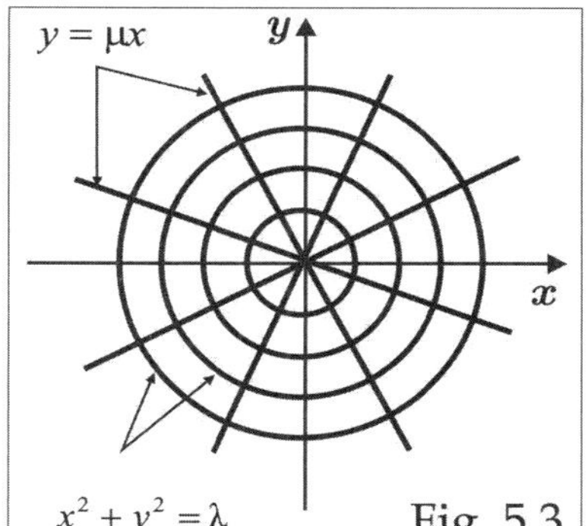

Fig. 5.3

Exemplo 5.1.5 Para a família de parábolas $y = \lambda x^2$, temos $F(x,y,\lambda) = y - \lambda x^2 = 0$ e a EDO (5.17) para este caso é:

$$dx + 2\lambda x dy = 0. \tag{5.18}$$

Antes de resolver a EDO (5.18) eliminamos o parâmetro λ para, em seguida, procurarmos a família de curvas integrais. Temos que $\lambda = y/x^2$ e substituindo esse valor em (5.18), resulta $xdx + 2ydy = 0$ e integrando formalmente obtemos a família de elipses (trajetórias ortogonais) descritas pela equação:

$$x^2 + 2y^2 = \mu.$$

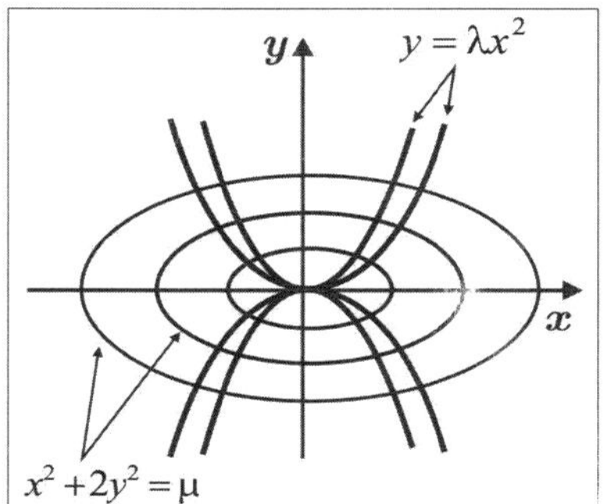

Fig. 5.4

5.1.9 Velocidade de Escape

A Lei de Gravitação Universal de Newton estabelece que um corpo de massa m lançado verticalmente para cima da superfície da Terra é atraído com uma força gravitacional F dada por:

$$F = -\frac{mgR^2}{(x+R)^2} \tag{5.19}$$

onde g é a aceleração da gravidade, R é o raio da Terra e $x = x(t)$ é a distância do corpo à superfície da terra no instante t. Por outro lado, usando a Regra da Cadeia e a Segunda Lei de Newton temos:

$$F = m\frac{dv}{dt} = m\frac{dv}{dx}\frac{dx}{dt} = mv\frac{dv}{dx}$$

e utilizando (5.19) chegamos a equação diferencial

$$v\frac{dv}{dx} = -\frac{gR^2}{(x+R)^2}$$

isto é:

$$vdv + \frac{gR^2}{(x+R)^2}dx = 0, \tag{5.20}$$

Se um foguete é lançado verticalmente para cima com uma velocidade v_0 e atinge uma altura máxima H, acima da superfície da Terra, então integrando formalmente (5.20) de $x = 0$ até $x = H$, (recorde-se que $v(0) = v_0$ e $v(H) = 0$) encontramos:

$$v_0 = \sqrt{\frac{2gHR}{R+H}}.$$

A *velocidade de escape*, isto é, a velocidade inicial necessária para o corpo escapar do planeta é $v_e = \lim_{H\to\infty} v_0 = \sqrt{2gR}$.

Uma EDO pode ser vista como uma equação a várias variáveis: uma variável independente, digamos x, uma função desconhecida $y(x)$ e suas derivadas. Essa função desconhecida é determinada ao resolvermos a equação e a partir daí ela recebe o nome de *solução* da EDO. A *ordem* de uma EDO é dada pela ordem mais alta entre as derivadas que figuram na equação e a EDO será dita *linear* quando for do primeiro grau em y e em suas derivadas. Em alguns casos uma EDO de 2ª ordem pode ser resolvida por redução da ordem. Por exemplo, com a mudança $z = y'$ a EDO de 2ª ordem $y'' + y' = 0$ transforma-se na EDO de 1ª ordem $z' + z = 0$, cuja solução geral é $z = Ce^{-x}$ e, por integração, encontramos $y = -Ce^{-x} + D$, onde C e D são constantes.

5.1.10 O dia da Caça

Em sua busca por uma presa um cachorro vê um coelho correndo em linha reta, em um campo aberto, e aí começa a perseguição. Imaginemos um sistema de coordenadas cartesianas (como na figura ao lado) em que o coelho está na origem e o cachorro no ponto $A(L,0)$ do eixo x, no instante em que o caçador (o cachorro) vê a caça (o coelho). A caça corre na direção do eixo y e, com a mesma velocidade, o caçador corre em linha reta em direção à caça. Em se tratando do dia da caça, o coelho não será alcançado!

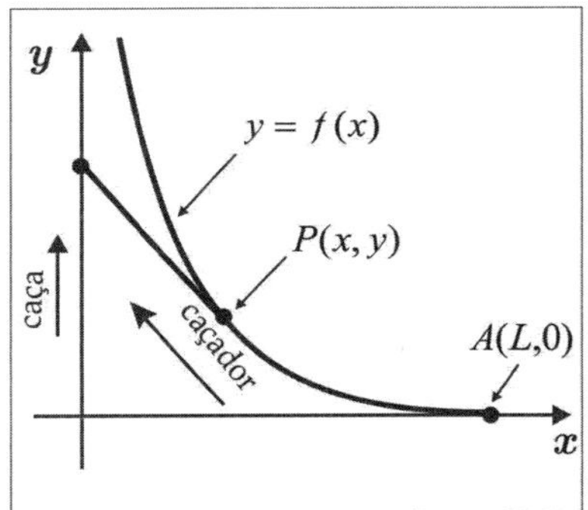

Fig. 5.5

Desde que a velocidade da caça e a do caçador é a mesma, ao chegar no ponto $P(x,y)$ o comprimento do caminho percorrido por ambos é o mesmo e vale:

$$\text{(para o caçador)} \dashrightarrow \int_x^L \sqrt{1+\left(\frac{dy}{dx}\right)^2}dx = y - x\frac{dy}{dx} \dashleftarrow \text{(para a caça)}.$$

Derivando a última igualdade com relação a x, encontramos a EDO:

$$xy'' = \sqrt{1 + (y')^2} \tag{5.21}$$

que descreve a trajetória do caçador. Com a mudança $z = y'$, e equação (5.21) reduz-se a EDO de primeira ordem $xz' = \sqrt{1 + z^2}$, que se escreve na forma diferencial:

$$\frac{dz}{\sqrt{1 + z^2}} = \frac{dx}{x}$$

e usando $\ln\left[z + \sqrt{1 + z^2}\right]$ como primitiva elementar de $\dfrac{1}{\sqrt{1 + z^2}}$, obtemos:

$$\ln\left[z + \sqrt{1 + z^2}\right] = \ln x + C. \tag{5.22}$$

Quando se inicia a perseguição, isto é, quando $x = L$, temos $y(L) = y'(L) = 0$, o que implica $z(L) = 0$ e de (5.22) obtemos $C = -\ln L$ e, assim:

$$z + \sqrt{1 + z^2} = x/L.$$

Um cálculo direto nos dá $z = x/2L - L/2x$ e por integração chegamos a

$$y = \tfrac{1}{4L}\left(x^2 - L^2\right) - \tfrac{L}{2}\ln(x/L). \tag{5.23}$$

Para o caçador alcançar a caça seria necessário que sua trajetória tocasse o eixo y. Isso não será possível porque a equação (5.23) perde o sentido em $x = 0$.

5.1.11 Solução em Séries de Potências

O processo de derivação termo a termo é usado para comprovar que uma série de potências é solução de um dado PVI. Como ilustração, verificaremos que a função

$$y(x) = \sum_{n=0}^{\infty} (-1)^n (x - 1)^n, \quad 0 < x < 2, \tag{5.24}$$

é solução do problema de valor inicial

$$xy' + y = 0, \qquad y(1) = 1. \tag{5.25}$$

De fato, é claro que $y(1) = 1$ e derivando a série (5.24) obtemos $y' = \sum_{n=1}^{\infty} (-1)^n n (x-1)^{n-1}$ e, assim, chegamos a:

$$\begin{aligned} xy' &= (x-1)y' + y' = \sum_{n=1}^{\infty} (-1)^n n (x-1)^n + \sum_{n=1}^{\infty} (-1)^n n (x-1)^{n-1} = \\ &= \sum_{n=1}^{\infty} (-1)^n n (x-1)^n + \sum_{n=0}^{\infty} (-1)^{n+1} (n+1)(x-1)^n = \\ &= \sum_{n=1}^{\infty} (-1)^n n (x-1)^n + \sum_{n=0}^{\infty} (-1)^{n+1} n (x-1)^n - \sum_{n=0}^{\infty} (-1)^n (x-1)^n = \\ &= -\sum_{n=0}^{\infty} (-1)^n (x-1)^n = -y, \end{aligned}$$

como queríamos. No Capítulo 7 faremos uma abordagem completa sobre o método de resolução de EDO's por séries de potências.

5.2 Exercícios Complementares

5.2A Verifique se a função dada é ou não solução da EDO indicada:

(a) $y = 2e^{-x} + xe^{-x}$; $\quad y'' + 2y' + y = 0.$

(b) $x = C_1 e^{2t} + C_2 e^{3t}$; $\quad \ddot{x} - 10\dot{x} + 6x = 0.$

(c) $y = \ln x$; $\quad xy'' + y' = 0, \quad x > 0.$

(d) $y = \left(x^2 - 1\right)^{-1}$; $\quad y' + 2xy^2 = 0, \quad -1 < x < 1.$

(e) $y = C_1 \operatorname{sen} 2x + C_2 \cos 2x$; $\quad y'' + 4y = 0.$

(f) $x = C_1 \operatorname{sen} \frac{1}{t} + C_2 \cos \frac{1}{t}$; $\quad \frac{d}{dt}\left(t^2 \dot{x}\right) + \frac{1}{t^2} x = 0, \quad t > 0.$

(g) $y = \frac{1}{2}\left(e^x - e^{-x}\right)$; $\quad y^{(4)} - y = x.$

5.2B Encontre uma função $r(x)$ de modo que $y = \operatorname{sen}(\ln x)$, $x > 0$, seja solução da EDO:

$$\left[r(x)\, y'\right]' + \frac{y}{x} = 0.$$

5.2C Determine as constantes C_1 e C_2 para que a função $y(x)$ atenda às condições indicadas:

(a) $y(x) = C_1 \operatorname{sen} 2x + C_2 \cos 2x + 1$; $\quad y(\pi/8) = 0,\ y'(\pi/8) = \sqrt{2}.$

(b) $y(x) = C_1 e^{2x} + C_2 e^{x} + 2 \operatorname{sen} x$; $\quad y(0) = 0,\ y'(0) = 1.$

5.2D Determine as trajetórias ortogonais às seguintes famílias de curvas:

(a) $y = \lambda x$ (b) $y^2 = 4\lambda x$ (c) $x^2 + y^2 - 2\lambda x = 0$ (d) $\lambda^2 x^2 + y^2 = \lambda^2$

(e) $xy = \lambda$ (f) $y = \lambda e^x$ (g) $x^2 + y^2 = \lambda^2$ (h) $x^2 - y^2 = \lambda^2$.

5.2E Sabe-se que uma cultura de bactérias cresce a uma taxa proporcional à quantidade presente. Após uma hora, observam-se 1.000 fileiras de bactérias na cultura; e após quatro horas, 3.000 fileiras. Determine: (a) a expressão do número $N(t)$ de fileiras de bactérias presentes na cultura no instante t e (b) o número aproximado N_0 de fileiras de bactérias no início da cultura.

5.2F Cinco ratos, em uma população estável de 500, são intencionalmente inoculados com uma doença contagiosa para testar uma teoria de disseminação da epidemia, segundo a qual a taxa da população infectada é proporcional ao produto do número de ratos infectados pelo número de ratos sem a doença. Admitindo que essa teoria seja correta, qual o tempo necessário para que a metade da população contraia a doença?

5.2G Sabe-se que a população de certo estado cresce a uma taxa proporcional ao número presente de habitantes. Se após dez anos a população triplicou e se após vinte anos a população é de 150.000 pessoas, determine o número inicial N_0 de habitantes no estado.

5.2H Certo material radioativo decai a uma taxa proporcional à quantidade presente. Se inicialmente há 100 miligramas e se, após dois anos, 5% do material decaiu, determine: (a) a expressão para a massa $m(t)$ em um instante t e (b) o tempo necessário para o decaimento de 10% do material.

5.2I Sabe-se que o C_s^{137} (Césio 137) se desintegra a uma taxa proporcional à massa existente em cada instante. Sua meia-vida, isto é, o tempo necessário para 50% da massa inicialmente presente se desintegrar, é da ordem de 30 anos. Qual a percentagem que se desintegra em 1 ano?

5.2J Danielle depositou R$ 5.000,00 em uma conta que paga juros compostos continuamente. Admitindo que não haja depósitos adicionais ou retiradas, determine o saldo S da conta de Danielle após sete anos, se a taxa de juros é de 8,5% durante os quatro primeiros anos e de 9,25% durante os últimos três anos.

5.2K Um depositante aplica R$ 5.000,00 em uma conta em favor de um recém-nascido. Admitindo que não haja outros depósitos ou retiradas, de quanto a criança disporá ao atingir a idade de 21 anos, se o banco abona juros de 5% ao ano compostos continuamente durante o período?

5.2L Determine a taxa de juros i necessária para triplicar um investimento em dez anos sob capitalização contínua.

5.2M Um corpo à temperatura de 50^0F é colocado ao ar livre onde a temperatura é 100^0F. Se, após 5 minutos, a temperatura do corpo é de 60^0F, determine: (a) o tempo t necessário para que o corpo atinja a temperatura de 75^0F e (b) a temperatura T do corpo após 20 minutos.

5.2N Um corpo com temperatura desconhecida é colocado em um quarto que é mantido à temperatura constante de 30^0F. Se, após 10 minutos, a temperatura do corpo é 0^0F e após 20 minutos é 15^0F, determine a temperatura inicial T_0 do corpo.

5.2O Um corpo à temperatura de 50^0F é colocado em um forno cuja temperatura é mantida em 150^0F. Se, após 10 minutos, a temperatura do corpo é de 75^0F, determine o tempo t necessário para que o corpo atinja a temperatura de 100^0F .

5.2P Uma barra de ferro, previamente aquecida a 1.200^0C, é resfriada em um tanque de água mantida à temperatura constante de 50^0C. A barra resfria 200^0C no primeiro minuto. Quanto tempo levará até que a barra resfrie outros 200^0C?

5.2Q Um tanque contém inicialmente 350 litros de salmoura com $10kg$ de sal. A partir de um dado momento, água pura começa a entrar no tanque à razão de 20 litros por minuto, enquanto a mistura bem homogeneizada sai do tanque à mesma razão. Qual a quantidade $Q(t)$ de sal no tanque após t minutos? O que ocorre com a quantidade de sal no tanque com o passar do tempo?

5.2R Um tanque contém inicialmente 350 litros de salmoura com $1kg$ de sal. A partir de um dado momento, outra solução de salmoura com $1kg$ de sal por litro começa a entrar no tanque à razão de 10 litros por minuto, enquanto a mistura bem-homogeneizada sai do tanque à mesma razão. Determine: (a) a quantidade $Q(t)$ de sal no tanque no instante t e (b) o instante t em que a mistura no tanque contém exatamente $2kg$ de sal.

5.2S Um tanque contém 380 litros de salmoura obtida dissolvendo-se $27kg$ de sal na água. Água salgada com $0,10kg$ de sal por litro, entra no tanque à razão de 7,5 litros por minuto, e a mistura bem-homogeneizada sai do tanque à mesma razão. Determine a quantidade Q de sal no tanque após 30 minutos.

5.2T Um tanque contém inicialmente 300 litros de salmoura com $0,225kg$ de sal por litro. Em $t = 0$, começa a entrar no tanque outra solução de salmoura com $0,120kg$ de sal por litro, à razão de 15 litros por minuto, enquanto a mistura, bem homogeneizada, sai do tanque à razão de 30 litros por minuto. Determine a quantidade de sal no tanque quando este contiver exatamente 150 litros de salmoura.

5.2U Deixa-se cair de uma altura de $150m$ um corpo de $15kg$ de massa, sem velocidade inicial. Desprezando a resistência do ar, determine a expressão da velocidade $v(t)$ e da posição $y(t)$ do corpo num instante t. Qual o tempo necessário para o corpo atingir o solo?

5.2V Deixa-se cair de uma altura de $30m$ um corpo de $30kg$, com uma velocidade inicial de $3\ m/s$. Admitindo que a resistência do ar seja proporcional à velocidade e que a velocidade-limite é de 43 m/s, determine a expressão da velocidade $v(t)$ e da posição $y(t)$ do corpo num instante t.

5.2W Deixa-se cair de uma altura de 300 m uma bola de 75 kg. Determine a velocidade limite v da bola, se a força, devido à resistência do ar, é de $-0,5v$.

5.3 Métodos Elementares

Na seção anterior descrevemos alguns fenômenos por equações diferenciais ordinárias de primeira ordem e vimos que essas equações se apresentam sob duas formas equivalentes:

(a) *Forma Normal*: $y' = f(x, y)$.

(b) *Forma Diferencial*: $P(x, y)dx + Q(x, y)dy = 0$.

Para verificar que as formas (a) e (b) são equivalentes, basta observar que:

$$y' = f(x, y) \Leftrightarrow f(x, y)dx - dy = 0$$

e também:

$$P(x, y)dx + Q(x, y)dy = 0 \Leftrightarrow y' = -\frac{P(x, y)}{Q(x, y)},$$

no domínio onde $Q(x, y) \neq 0$.

A seguir faremos uma descrição detalhada de alguns métodos de resolução para equações diferenciais ordinárias de primeira ordem. Nos exemplos ilustrativos usaremos a mesma letra C para representar diversas constantes.

5.3.1 EDO Linear

Vimos na Seção 5.1 que as equações diferenciais lineares de primeira ordem se apresentam na forma:

$$\boxed{y' + a(x)y = b(x)}$$

com fator integrante $I(x) = \exp\left(\int a(x)\,dx\right)$ e solução geral dada por (5.12).

5.3.2 EDO Exata

Uma EDO na forma diferencial:

$$\boxed{P(x,y)dx + Q(x,y)dy = 0} \tag{5.26}$$

é denominada *exata* quando existir uma função diferenciável $\varphi(x,y)$ tal que $d\varphi = Pdx + Qdy$. Se $P(x,y)$ e $Q(x,y)$ são diferenciáveis em um domínio simplesmente conexo, a existência de tal φ é equivalente à condição:

$$\frac{\partial P}{\partial y} = \frac{\partial Q}{\partial x}, \tag{5.27}$$

porque a relação $d\varphi = Pdx + Qdy$ é equivalente ao sistema de equações diferenciais

$$\frac{\partial \varphi}{\partial x} = P \quad \text{e} \quad \frac{\partial \varphi}{\partial y} = Q \tag{5.28}$$

e no domínio onde as derivadas mistas φ_{xy} e φ_{yx} coincidirem teremos válida a relação (5.27). Uma tal função φ é denominada *função potencial* e o problema de encontrar uma função potencial se reduz a resolver o sistema (5.28). Se uma função $y(x)$ é definida implicitamente pela equação $\varphi(x, y(x)) = C$, sendo C constante, a Regra da Cadeia nos dá:

$$\frac{\partial \varphi}{\partial x} + \frac{\partial \varphi}{\partial y}\frac{dy}{dx} = 0$$

e usando (5.28) concluímos que $Pdx + Qdy = 0$. Isto sugere denominar as curvas $\varphi(x,y) = C$ de *curvas integrais* ou *curvas soluções* da EDO (5.26).

Exemplo 5.3.1 Vamos determinar as curvas integrais da EDO:

$$(3x^2 + y^2)dx + 2xydy = 0.$$

Em primeiro lugar observamos tratar-se de uma EDO de primeira ordem exata, porque:

$$P(x,y) = (3x^2 + y^2) \Rightarrow P_y = 2y$$
$$Q(x,y) = 2xy \Rightarrow Q_x = 2y$$

e, portanto, (5.27) é satisfeita. Neste caso, o sistema (5.28) se reduz a:

$$\begin{cases} \varphi_x = 3x^2 + y^2 \\ \varphi_y = 2xy \end{cases} \tag{5.29}$$

e integrando $(5.29)_1$, com respeito à variável x, obtemos:

$$\varphi(x,y) = x^3 + xy^2 + F(y) \tag{5.30}$$

onde $F(y)$ é a *constante de integração*. Agora, derivando (5.30) com relação à variável y e usando $(5.29)_2$, obtemos $F'(y) = 0$ e, portanto, $F(y) = C$. Finalmente, de (5.30) encontramos a família de funções potenciais:

$$\varphi(x,y) = x^3 + xy^2 + C$$

e as curvas integrais são dadas por:

$$x^3 + xy^2 = C,$$

onde C representa diversas constantes que aparecem durante a busca da função potencial. A curva integral que passa pelo ponto $(1,1)$ é $x^3 + xy^2 = 2$ e a solução $y(x)$ que satisfaz à condição $y(1) = 1$ é $y(x) = \sqrt{\dfrac{2 - x^3}{x}}$, definida nas proximidades de $x = 1$.

É oportuno observar que esse método de encontrar o potencial para uma EDO exata é equivalente a calcular a integral de linha:

$$\varphi(x,y) = \int_A^B P(x,y)dx + Q(x,y)dy$$

e como essa integral independe do caminho, podemos considerar o caminho poligonal da figura 5.6 e obtemos:

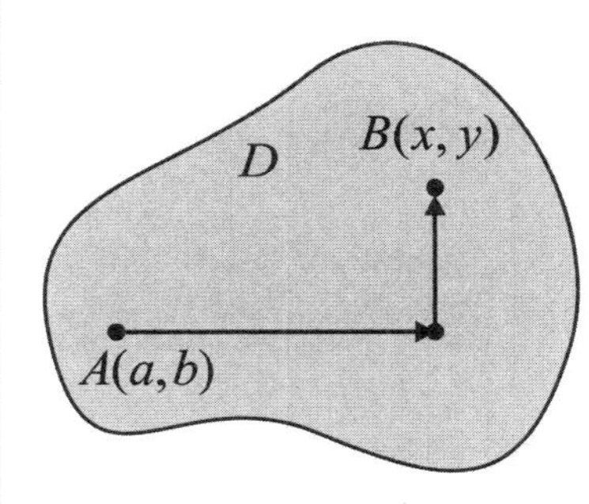

Fig. 5.6

$$\varphi(x,y) = \int_a^x P(t,b)dt + \int_b^y Q(x,t)dt,$$

sendo (a,b) um ponto escolhido no domínio D onde as funções $P(x,y)$ e $Q(x,y)$ são contínuas. É claro que a curva descrita por $\varphi(x,y) = 0$ satisfaz à condição $\varphi(a,b) = 0$, isto é, passa no ponto

$A(a,b)$ e para comprovar que $\varphi(x,y)$ satisfaz à EDO (5.26), usamos o Teorema Fundamental do Cálculo e deduzimos que:

$$\begin{aligned}\varphi_x(x,y) &= \frac{\partial}{\partial x}\int_a^x P(t,b)\,dt + \frac{\partial}{\partial x}\int_b^y Q(x,t)\,dt = P(x,b) + \int_b^y Q_x(x,t)\,dt \\ &= P(x,b) + \int_b^y P_y(x,t)\,dt = P(x,b) + P(x,y) - P(x,b) = P(x,y).\end{aligned}$$

e, também,

$$\varphi_y(x,y) = \frac{\partial}{\partial y}\int_a^x P(t,b)\,dt + \frac{\partial}{\partial y}\int_b^y Q(x,t)\,dt = 0 + Q(x,y) = Q(x,y).$$

5.3.3 EDO Separável

Vamos considerar agora equações diferenciais do tipo:

$$\boxed{a(x)\ p(y)dx + b(x)\ q(y)dy = 0}$$

onde $a(x)$, $b(x)$, $p(y)$ e $q(y)$ são funções contínuas. As variáveis x e y que aparecem nos coeficientes da EDO podem ser separadas e isso motivou o nome de EDO *separável* para essa classe de equações diferenciais. Multiplicando a EDO pelo fator integrante $I(x,y) = \dfrac{1}{b(x)\,p(y)}$, ela se reduz à forma:

$$\frac{a(x)}{b(x)}dx + \frac{q(y)}{p(y)}dy = 0,$$

cuja família de curvas integrais é determinada por integração. Na forma normal, uma EDO separável apresenta-se sob a forma:

$$y' = \frac{F(x)}{G(y)}, \quad G(y) \neq 0,$$

e cuja resolução se reduz ao cálculo de primitivas.

Exemplo 5.3.2 A EDO $\quad xdy - ydx = 0$

não é exata, mas as variáveis x e y em seus coeficientes podem ser separadas. Neste caso, consideramos para fator integrante a função $I(x,y) = 1/(xy)$ e a EDO torna-se equivalente a:

$$(1/y)\,dy - (1/x)\,dx = 0.$$

Por integração formal, encontramos $\ln|y| - \ln|x| = C$, de onde segue que $y = Cx$ é solução da EDO, para cada constante C real.

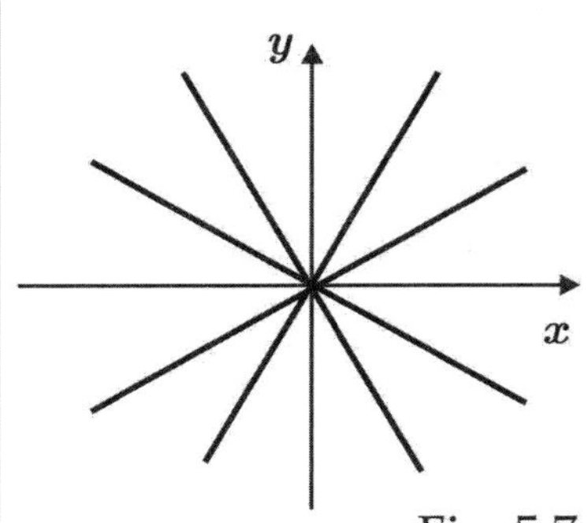

Fig. 5.7

As curvas integrais da EDO são, portanto, retas que passam pela origem, embora as soluções não estejam definidas para $x = 0$.

Exemplo 5.3.3 Consideremos agora a seguinte EDO não linear:

$$y' = -\frac{4x}{9y}, \quad y \neq 0,$$

que se escreve sob a forma $4x\,dx + 9y\,dy = 0$, onde as variáveis em seus coeficientes já estão separadas. Integrando formalmente esta última EDO encontramos a família de elipses $4x^2 + 9y^2 = C$ mostradas na figura ao lado e que representam as curvas integrais. Observamos, ainda, que as soluções não passam pelo eixo x e, por exemplo, a solução que passa pelo ponto $(1, 1)$ é a função $y = \frac{1}{3}\sqrt{13 - 4x^2}$, definida no intervalo $|x| < \sqrt{13}/2$.

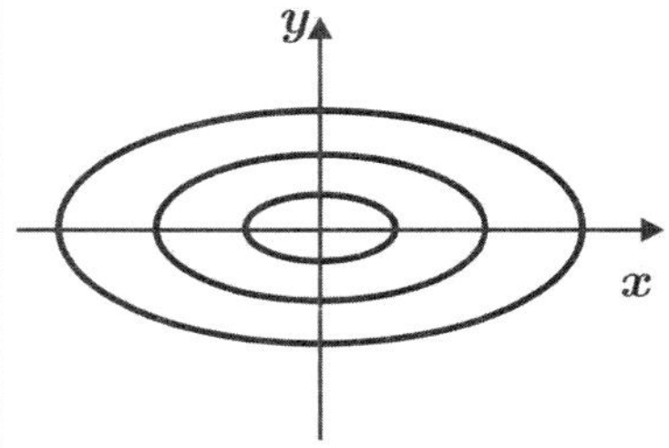

Fig. 5.8

5.3.4 Funções Homogêneas

Uma função $f(x, y)$ é denominada *homogênea* de grau k se $f(\lambda x, \lambda y) = \lambda^k f(x, y)$, para todo $\lambda > 0$ e todo $(x, y) \neq (0, 0)$. Por exemplo, $f(x, y) = x^2 + y^2$ é homogênea de grau 2, enquanto $f(x, y) = \sqrt{x^2 + xy}$ é homogênea de grau 1. O quociente de duas funções homogêneas de mesmo grau é uma função homogênea de grau zero. Quando f for homogênea de grau k e $\lambda < 0$, então $f(\lambda x, \lambda y) = f(-\lambda(-x), -\lambda(-y)) = (-\lambda)^k f(-x, -y), \quad \forall (x, y) \neq (0, 0)$.

Consideremos a EDO

$$y' = f(x, y) \tag{5.31}$$

e suponhamos que a função $f(x, y)$ seja homogênea de grau zero, isto é, $f(\lambda x, \lambda y) = f(x, y)$, para todo $\lambda > 0$ e todo $(x, y) \neq (0, 0)$. A substituição $y = xu$ (ou $x = yv$) reduz a EDO (5.31) à forma separável. De fato, substituindo $y = xu$ e $y' = xu' + u$ em (5.31) e usando a homogeneidade de f, com x no lugar de λ, obtemos $xu' + u = f(x, xu) = f(1, u)$, $x > 0$, e escrevendo essa EDO sob a forma diferencial chegamos a EDO separável:

$$\frac{dx}{x} + \frac{du}{u - f(1, u)} = 0, \quad x > 0, \tag{5.32}$$

e no caso em que $x < 0$ a EDO resultante será:

$$\frac{dx}{x} + \frac{du}{u - f(-1, -u)} = 0, \quad x < 0. \tag{5.33}$$

Em ambos os casos as variáveis estão separadas e as curvas integrais são obtidas por integração. Uma EDO na forma diferencial $Pdx + Qdy = 0$ é equivalente a $y' = -\dfrac{P(x,y)}{Q(x,y)}$ e se a função P/Q for homogênea de grau zero, as substituições $y = xu$ e $dy = xdu + udx$ levam a EDO à forma:

$$\frac{dx}{x} + \frac{Q(1,u)\,du}{uQ(1,u) + P(1,u)} = 0, \quad x > 0$$

ou, no caso $x < 0$, à forma:

$$\frac{dx}{x} + \frac{Q(-1,-u)\,du}{uQ(-1,-u) + P(-1,-u)} = 0, \quad x < 0,$$

correspondendo, respectivamente, a (5.32) e (5.33), com $f = -P/Q$.

Exemplo 5.3.4 A EDO não linear

$$(x+y)dx + (x-y)dy = 0$$

após as substituições $y = xu$ e $dy = xdu + udx$ se reduz a:

$$(x + xu)dx + (x - xu)(xdu + udx) = 0$$

ou na forma simplificada:

$$(1 + 2u - u^2)dx + x(1-u)du = 0.$$

Dividindo ambos os membros dessa equação por $x\left(1 + 2u - u^2\right)$, obtemos a EDO:

$$\frac{1}{x}dx + \frac{1-u}{1+2u-u^2}du = 0$$

e integrando formalmente, resulta:

$$\ln|x| + \tfrac{1}{2}\ln\left|1 + 2u - u^2\right| = \ln C, \quad C > 0,$$

ou seja:

$$(1 + 2u - u^2)x^2 = C.$$

Substituindo u por y/x, concluímos que as curvas integrais da EDO são dadas por:

$$x^2 + 2xy - y^2 = C.$$

Exemplo 5.3.5 Com as substituições $y = xu$ e $y' = u + xu'$, a EDO não linear

$$y' = \frac{y^2 - x^2}{2xy}$$

sob a forma (5.32) se escreve

$$\frac{dx}{x} + \frac{2udu}{1+u^2} = 0,$$

e integrando formalmente essa última EDO, obtemos $\ln(1+u^2) + \ln|x| = \ln C$, sendo $C > 0$, ou, de forma equivalente:

$$(1+u^2)\,|x| = C.$$

Substituindo u por y/x, encontramos $x^2 + y^2 = \pm Cx$ que descreve a família de circunferências

$$(x \pm C/2)^2 + y^2 = C^2/4, \qquad C > 0.$$

Exemplo 5.3.6 A EDO $\quad (x - y + 3)dx + (x - 2y + 5)dy = 0$
deixa de ter coeficientes homogêneos devido à presença das constantes 3 e 5; esses coeficientes são *quase homogêneos*. Para torná-los homogêneos efetuamos a mudança de coordenadas:

$$x = u + \xi\ , \quad y = v + \eta$$

onde ξ e η são constantes a determinar, de modo que a EDO resultante tenha coeficientes homogêneos. Após a mudança a EDO se transforma em:

$$(u - v + \xi - \eta + 3)du + (u - 2v + \xi - 2\eta + 5)dv = 0$$

e uma maneira direta de tornar essa EDO com os coeficientes homogêneos é fazer os termos independentes $\xi - \eta + 3$ e $\xi - 2\eta + 5$ iguais a zero, resultando $\xi = -1$ e $\eta = 2$. Com essas escolhas, temos $u = x + 1$, $v = y - 2$ e a EDO assume finalmente a forma:

$$(u - v)du + (u - 2v)dv = 0,$$

que pode ser resolvida pelo método do Exemplo 5.3.4. Fazendo a substituição $v = uw$ e efetuando algumas simplificações, obtemos a EDO separável:

$$u(1 - 2w^2)du + u^2(1 - 2w)dw = 0,$$

ou, de forma equivalente:

$$\frac{du}{u} + \frac{1-2w}{1-2w^2}dw = 0.$$

Integrando formalmente esta última equação, obtemos:

$$\ln|u| + \tfrac{1}{2}\ln\left|1-2w^2\right| + \tfrac{1}{2}\ln\left|\frac{1+\sqrt{2}w}{1-\sqrt{2}w}\right| = \ln C, \quad C > 0,$$

e para retornar às variáveis x e y basta substituirmos u e w por $x+1$ e $\dfrac{y-2}{x-1}$, respectivamente.

Exemplo 5.3.7 Usando a mesma técnica do Exemplo 5.3.6 para a EDO

$$(x-y-1)dx + (x+4y-6)dy = 0,$$

fazemos a mudança de variáveis $x = u+2$ e $y = v+1$ e obtemos a EDO com coeficientes homogêneos:

$$(u-v)du + (u+4v)dv = 0.$$

A substituição $u = vw$ leva EDO à forma exata:

$$\frac{w-1}{4+w^2}dw + \frac{1}{v}dv = 0,$$

cuja família de curvas integrais, obtida por integração formal, é dada por:

$$\tfrac{1}{2}\ln(4+w^2) - \tfrac{1}{2}\operatorname{arctg}(w/2) + \ln|v| = C/2. \tag{5.34}$$

Substituindo em (5.34) os valores $v = y-1$ e $w = \dfrac{u}{v} = \dfrac{x-2}{y-1}$, encontramos a seguinte família de curvas integrais para a EDO original:

$$\ln\left[4(y-1)^2 + (x-2)^2\right] = \operatorname{arctg}\left(\frac{x-2}{2y-2}\right) + C.$$

•

5.3.5 Fatores Integrantes

O processo de integração formal deve ser aplicado a uma EDO na forma diferencial

$$P(x,y)dx + Q(x,y)dy = 0 \tag{5.35}$$

em duas situações: ou quando ela for uma derivada total tipo $d\varphi = 0$ ou quando as variáveis x e y estiverem separadas tipo $f(x)\,dx + g(y)\,dy = 0$. Nos outros casos procuramos um *fator integrante* para a EDO, isto é, uma função $I(x,y)$ que torna a equação

$$I(x,y)\{P(x,y)dx + Q(x,y)dy\} = 0$$

uma EDO exata, e em seguida aplicamos os métodos já estudados. Esse foi o procedimento que utilizamos para resolver as EDO's Lineares e as Separáveis em que o fator integrante foi determinado, em cada caso, de maneira sistemática. Em alguns casos um fator integrante para a EDO pode ser determinado por tentativas.

Exemplo 5.3.8 Consideremos a EDO $(2y^2 - 6xy)dx + (3xy - 4x^2)dy = 0$ e determinemos constantes m e n que tornam a função $I(x,y) = x^m y^n$ um fator integrante da equação. Multiplicando a EDO pelo suposto fator integrante $x^m y^n$, obtemos:

$$\underbrace{(2x^m y^{n+2} - 6x^{m+1}y^{n+1})}_{P(x,y)}dx + \underbrace{(3x^{m+1}y^{n+1} - 4x^{m+2}y^n)}_{Q(x,y)}dy = 0 \tag{5.36}$$

e esta EDO será exata quando $P_y = Q_x$. A equação $P_y = Q_x$ nos conduz à identidade polinomial:

$$2(n+2)\,x^m y^{n+1} - 6(n+1)\,x^{m+1}y^n = 3(m+1)\,x^m y^{n+1} - 4(m+2)\,x^{m+1}y^n,$$

a qual, após simplificada, se reduz a:

$$2(n+2)\,y - 6(n+1)\,x = 3(m+1)\,y - 4(m+2)\,x. \tag{5.37}$$

A identidade (5.37) certamente será atendida quando:

$$\begin{cases} 2(n+2) = 3(m+1) \\ 6(n+1) = 4(m+2) \end{cases}$$

isto é, quando $n = 1$ e $m = 1$. Assim, a função $I(x,y) = xy$ é um fator integrante para a EDO. Retornando à equação (5.36) com esses valores de m e n, aquela EDO se escreve na forma exata:

$$(2xy^3 - 6x^2y^2)dx + (3x^2y^2 - 4x^3y)dy = 0,$$

cuja função potencial vem dada por:

$$\varphi(x,y) = \int_0^x P(t,0)dt + \int_0^y Q(x,t)dt = \int_0^y (3x^2t^2 - 4x^3t)dt.$$

Um cálculo simples nos leva a $\varphi(x,y) = x^2y^3 - 2x^3y^2$ e, portanto, as curvas integrais da EDO são:

$$x^2y^3 - 2x^3y^2 = C.$$

5.3.6 Fatores Integrantes Especiais

Como observamos anteriormente, alguns fatores integrantes são determinados de modo sistemático. Com isso queremos dizer que em alguns casos existem *fórmulas* para calcular o fator integrante para a equação (5.35), desde que as funções $P(x,y)$ e $Q(x,y)$ atendam a determinadas condições. A seguir destacaremos alguns desses casos.

■ **Fator Integrante $I(x) = \exp\left[\int f(x)dx)\right]$**

Os coeficientes P e Q são de tal forma que a expressão $\frac{1}{Q}(P_y - Q_x)$ depende apenas da variável x, que será representada por $f(x)$, isto é:

$$\tfrac{1}{Q}(P_y - Q_x) = f(x). \tag{5.38}$$

Neste caso, a função $I(x) = \exp\left(\int f(x)\,dx\right)$ é um fator integrante para a EDO (5.35). De fato, multiplicando (5.35) por $I(x)$ obtemos:

$$\underbrace{P(x,y)\exp\left(\int f(x)\,dx\right)}_{P^*(x,y)}dx + \underbrace{Q(x,y)\exp\left(\int f(x)\,dx\right)}_{Q^*(x,y)}dy = 0 \tag{5.39}$$

e para verificar que (5.39) é exata, é suficiente provarmos que $P_y^* = Q_x^*$. Ora,

$$P_y^* = P_y\exp\left(\int f(x)\,dx\right) \quad \text{e} \quad Q_x^* = Q_x\exp\left(\int f(x)\,dx\right) + Qf(x)\exp\left(\int f(x)\,dx\right)$$

e de (5.38) temos que $P_y = Q_x + Qf(x)$ e, portanto:

$$P_y^* = Q_x\exp\left(\int f(x)\,dx\right) + Qf(x)\exp\left(\int f(x)\,dx\right) = Q_x^*.$$

Exemplo 5.3.9 Consideremos a EDO:

$$(x^2 + y^2 + 1)dx - (xy + y)dy = 0, \quad x > -1.$$

Para essa equação, temos $P(x,y) = x^2 + y^2 + 1$ e $Q(x,y) = -xy - y$, de modo que:

$$\tfrac{1}{Q}(P_y - Q_x) = \frac{-3y}{xy + y} = \frac{-3}{x+1} = f(x)$$

é uma função apenas de x e para fator integrante consideramos a função

$$I(x) = \exp\left(\int \frac{-3dx}{x+1}\right) = \frac{1}{(x+1)^3}.$$

Multiplicando a EDO por esse fator integrante obtemos a equação exata:

$$\frac{x^2+y^2+1}{(x+1)^3}dx - \frac{y}{(x+1)^2}dy = 0,$$

cuja função potencial $\varphi(x,y)$, calculada pela integral de linha, é:

$$\varphi(x,y) = \int_2^x \frac{t^2+1}{(t+1)^3}dt - \int_0^y \frac{t}{(x+1)^2}dt,$$

onde consideramos $A(2,0)$ como ponto inicial. Fazendo os cálculos encontramos:

$$\varphi(x,y) = \ln(x+1) + \frac{2}{x+1} - \frac{2+y^2}{2(x+1)^2}$$

e as curvas integrais da EDO são dadas por:

$$\ln(x+1) + \frac{2}{x+1} - \frac{2+y^2}{2(x+1)^2} = C.$$

■ **Fator Integrante $J(y) = \exp\left[-\int g(y)dy\right]$**

Quando os coeficientes P e Q são de tal forma que:

$$\tfrac{1}{P}(P_y - Q_x) = g(y)$$

é uma função apenas de y, então, de maneira inteiramente análoga ao caso anterior, podemos verificar que a função $J(y) = \exp\left(-\int g(y)dy\right)$ é um fator integrante para a equação. Por exemplo, para a EDO:

$$xydx + (x^2+2y^2+2)dy = 0, \quad y > 0,$$

temos que:

$$\tfrac{1}{P}(P_y - Q_x) = -\frac{1}{y}$$

é uma função apenas de y e $J(y) = \exp\left(-\int (-1/y)\,dy\right) = y$ é um fator integrante.

■ **Fator Integrante $I(x,y) = \dfrac{1}{xP - yQ}$**

Se as funções $P(x,y)$ e $Q(x,y)$ são do tipo:

$$P(x,y) = y\alpha(xy) \quad \text{e} \quad Q(x,y) = x\beta(xy),$$

onde $\alpha(t)$ e $\beta(t)$ são funções reais de uma variável real, por exemplo, se $\alpha(t) = \cos t$ e $\beta(t) = |t| = \sqrt{t^2}$, teremos $\alpha(xy) = \cos(xy)$ e $\beta(t) = \sqrt{x^2y^2}$ e, daí, $P(x,y) = y\cos(xy)$ e $Q(x,y) = x\sqrt{xy} + x\cos^2(x^3y^3)$, então a função $I(x,y) = \dfrac{1}{xP - yQ}$ é um fator integrante para a EDO (5.35).

Para comprovar nossa afirmação, multiplicamos a EDO (5.35) pelo fator $I(x,y)$ para encontrar:

$$\frac{P}{xP - yQ}dx + \frac{Q}{xP - yQ}dy = 0 \tag{5.40}$$

e usando regras de derivação, obtemos:

$$\begin{aligned} \frac{\partial}{\partial y}\left(\frac{P}{xP - yQ}\right) &= \frac{1}{(xP - yQ)^2}\left[P_y(xP - yQ) - P(xP_y - Q - yQ_y)\right] = \\ &= \frac{1}{(xP - yQ)^2}\left(PQ - yQP_y + yPQ_y\right). \end{aligned}$$

Procedendo de maneira similar, obtemos:

$$\frac{\partial}{\partial x}\left(\frac{Q}{xP - yQ}\right) = \frac{1}{(xP - yQ)^2}\left(-PQ + xPQ_x - xQP_x\right).$$

A natureza das funções P e Q nos dá:

$$P_x = y^2\alpha'(xy) \quad \text{e} \quad P_y = \alpha(xy) + xy\alpha'(xy)$$

$$Q_x = \beta(xy) + xy\beta'(xy) \quad \text{e} \quad Q_y = x^2\beta'(xy)$$

e com essas relações obtemos:

$$\frac{\partial}{\partial y}\left(\frac{P}{xP - yQ}\right) = \frac{x^2y^2}{(xP - yQ)^2}\left[\alpha(xy)\beta'(xy) - \alpha'(xy)\beta(xy)\right] = \frac{\partial}{\partial x}\left(\frac{Q}{xP - yQ}\right).$$

Exemplo 5.3.10 A EDO não linear $y' = \dfrac{xy^2 - y}{x}$ na forma diferencial se escreve:

$$y(1 - xy)dx + xdy = 0$$

e os coeficientes $P(x,y) = y(1 - xy)$ e $Q(x,y) = x$ se enquadram no Caso 3, com $\alpha(t) = 1 - t$ e $\beta(t) \equiv 1$. Considerar para fator integrante a função:

$$I(x,y) = \frac{1}{xP - yQ} = \frac{-1}{x^2y^2}$$

e a EDO original torna-se equivalente à seguinte EDO exata:

$$\frac{1 - xy}{x^2y}dx + \frac{1}{xy^2}dy = 0. \tag{5.41}$$

Para determinar uma função potencial $\varphi(x, y)$ para a EDO (5.41), escolhemos o ponto inicial $A(1,1)$ e encontramos:

$$\begin{aligned}\varphi(x,y) &= \int_1^x P(t,1)\,dt + \int_1^y Q(x,t)\,dt = \\ &= \int_1^x \frac{1-t}{t^2}dt + \int_1^y \frac{1}{xt^2}dt = -\frac{1}{xy} - \ln|x| + 1.\end{aligned}$$

A família de curvas integrais, definidas para $x > 0$, é dada por $xy\ln x + xy(1 - C) = 0$, onde C é uma constante.

5.3.7 Método do Reagrupamento

Por simplicidade, descreveremos este método por meio de exemplos. Para aplicá-lo com sucesso é necessário conhecermos alguns fatores integrantes elementares, e a tabela dada a seguir relaciona alguns desses fatores, que são obtidos a partir de regras de diferenciação.

$Pdx + Qdy$	$I(x,y)$	$d\varphi$
$ydx - xdy$	$-1/x^2$	$d(y/x)$
...	$1/y^2$	$d(x/y)$
...	$-1/xy$	$d[\ln(y/x)]$
...	$-1/(x^2+y^2)$	$d[\arctan(y/x)]$
$ydx + xdy$	$1/xy$	$d[\ln(xy)]$
...	$1/(xy)^n,\ n > 1$	$d\left[(xy)^{1-n}/(1-n)\right]$
$xdx + ydy$	$1/(x^2+y^2)$	$d\left[\frac{1}{2}\ln(x^2+y^2\right]$
...	$-1/(x^2+y^2)^n,\ n > 1$	$d\left[(x^2+y^2)^{1-n}/2(1-n)\right]$
$aydx + bxdy$	$x^{a-1}y^{b-1}$	$d(x^ay^b)$
$ax^ndx + by^mdy$	1	$d\left(\dfrac{ax^{n+1}}{n+1} + \dfrac{by^{m+1}}{m+1}\right)$

Como ilustração, vamos encontrar a solução geral da EDO não linear:

$$(y + \frac{y}{x^2+y^2})dx + (x - \frac{x}{x^2+y^2})dy = 0. \tag{5.42}$$

Esta EDO, por ser exata, pode ser resolvida pelo método do potencial. Entretanto, a solução é facilmente encontrada reescrevendo a equação na forma:

$$ydx + xdy + \frac{ydx - xdy}{x^2 + y^2} = 0$$

ou, na forma compacta:

$$d(xy) + d\left[\arctan(x/y)\right] = 0, \tag{5.43}$$

cuja família de curvas integrais, obtida por integração formal, é:

$$xy + \arctan(x/y) = C.$$

A EDO (5.43) foi obtida de (5.42) por um *reagrupamento* de seus termos.

Exemplo 5.3.11 Consideremos a EDO: $(y - xy^2)dx + (x + x^2y^2)dy = 0$. Após um reagrupamento de seus termos, se escreve sob a forma:

$$ydx + xdy + (-xy^2dx + x^2y^2)dy = 0, \tag{5.44}$$

com fator integrante $I(x,y) = \dfrac{1}{x^2y^2}$. Multiplicando a EDO (5.44) pelo fator $I\,(x,y)$, obtemos:

$$(\frac{ydx + xdy}{x^2y^2}) + (-\frac{1}{x}dx + dy) = 0$$

e observando a tabela da página anterior identificamos o termo $\dfrac{ydx + xdy}{x^2y^2}$ como sendo $d(-\dfrac{1}{xy})$ e a EDO assume finalmente a forma:

$$d(1/xy) + d(\ln|x| - y) = 0,$$

cuja família de curvas integrais, obtida por integração formal, vem dada por $\dfrac{1}{xy} + \ln|x| - y = C$.

5.3.8 Linearização

As EDO's lineares de primeira ordem são resolvidas aplicando-se a fórmula (5.12); já as não lineares são resolvidas por meio de métodos especiais como aqueles desenvolvidos nesta seção. Se todas as equações diferenciais de primeira ordem pudessem ser *transformadas* em equações lineares, elas seriam, ao menos teoricamente, resolvidas pela fórmula (5.12). Infelizmente isto só é possível para algumas equações e o exemplo a seguir já é um bom começo.

Exemplo 5.3.12 A equação de *Bernoulli*:

$$y' + p(x)\,y = q(x)\,y^r, \qquad r \neq 0 \quad \text{e} \quad r \neq 1$$

é não linear de primeira ordem e se transforma em uma EDO linear por meio da substituição $z = y^{1-r}$. De fato, para este z temos que:

$$z' = (1-r)\,y^{-r}y'$$

e com esta substituição a EDO de Bernoulli torna-se:

$$z' + (1-r)\,p(x)\,z = (1-r)\,q(x)\,,$$

cuja solução geral é obtida a partir de (5.12).

Exemplo 5.3.13 A equação de Bernoulli $y' - x^3y + x^2y^2 = 0$ se transforma através da mudança $z = y^{-1}$ na EDO linear:

$$z' + x^3z = x^2,$$

cuja solução geral resultante da fórmula (5.12) é:

$$z(x) = \exp\left(-x^4/4\right)\left[C + \int x^2 \exp\left(x^4/4\right) dx\right]$$

e, expressando a integral como uma série de potências, temos:

$$z(x) = \exp\left(-x^4/4\right)\left[C + \sum_{n=0}^{\infty} \frac{x^{4n+3}}{n!4^n\,(4n+3)}\right].$$

Exemplo 5.3.14 Consideremos a equação de *Ricatti*:

$$y' + p(x)\,y + q(x)\,y^2 = r(x)\,,$$

da qual são conhecidas duas soluções $y_1(x)$ e $y_2(x)$. Se fizermos $z(x) = y_1(x) - y_2(x)\,,$ teremos:

$$z' + p(x)\,z + q(x)\left[y_1^2(x) - y_2^2(x)\right] = 0$$

e observando que $y_1^2 - y_2^2 = z^2 + 2y_2 z$, deduzimos que z satisfaz a EDO de Bernoulli:

$$z' + [p(x) + 2y_2(x)\, q(x)]\, z = -q(x)\, z^2.$$

A vantagem disso tudo é que, conhecendo apenas uma solução y_2 da EDO de Ricatti, podemos determinar através da equação de Bernoulli as demais soluções, as quais são da forma $z + y_2$.

Exemplo 5.3.15 Uma substituição direta mostra ser $y_2(x) = x$ uma solução da equação de Ricatti:

$$y' + x^3 y - x^2 y^2 = 1$$

e, de acordo com o exemplo precedente, as outras soluções são da forma $y(x) = x + z(x)$, sendo $z(x)$ uma solução da equação de Bernoulli:

$$z' - x^3 z = x^2 z^2,$$

que se enquadra no modelo do Exemplo 5.3.13.

5.3.9 Redução da Ordem

Algumas equações diferenciais ordinárias de *segunda ordem*, isto é, aquelas que envolvem derivadas de segunda ordem de uma função desconhecida, podem ser resolvidas por redução da ordem e aplicação dos métodos já estudados nas seções anteriores. Vejamos alguns exemplos.

Exemplo 5.3.16 Se na EDO linear de segunda ordem

$$xy'' + y' = x - 2, \quad x > 0,$$

efetuarmos a substituição $z = y'$, obteremos a EDO linear de primeira ordem:

$$xz' + z = x - 2,$$

cuja solução geral, obtida pela fórmula (5.12), é:

$$z(x) = \exp\left(-\textstyle\int (1/x)\, dx\right) \left[C + \int (1 - 2/x) \exp\left(\textstyle\int (1/x)\, dx\right) dx\right].$$

Um cálculo simples nos dá $z(x) = \dfrac{C}{x} + \dfrac{x}{2} - 2$ e, portanto, $y(x) = \int z(x)\, dx = \dfrac{x^2}{4} - 2x + C \ln x + C_1$.

Exemplo 5.3.17 Vamos encontrar a solução geral da EDO de segunda ordem:

$$y'' + a^2 y = 0, \quad a > 0,$$

Trata-se novamente de uma EDO linear e, ao contrário do exemplo anterior, a variável y figura na equação, o que modifica um pouco a maneira de resolvê-la. Com a substituição $z = y'$, obtemos pela Regra da Cadeia:

$$y'' = \frac{dz}{dx} = \frac{dz}{dy}\frac{dy}{dx} = z\frac{dz}{dy}$$

e a EDO, agora nas variáveis y e z, se escreve sob a forma;

$$z\frac{dz}{dy} + a^2 y = 0$$

ou, na forma diferencial:

$$z\,dz + a^2 y\,dy = 0. \tag{5.45}$$

Integrando formalmente (5.45), obtemos $z^2 + a^2y^2 = C^2$ e substituindo z por y' obtemos a EDO de primeira ordem não linear:

$$\left(\frac{dy}{dx}\right)^2 + a^2y^2 = C^2$$

ou, na forma diferencial:

$$\frac{dy}{\sqrt{C^2 - a^2y^2}} = \pm\,dx.$$

Por integração obtemos $\operatorname{arcsen}(ay/C) = \pm ax + C_1$, de onde segue a solução geral:

$$y\,(x) = \frac{C}{a}\operatorname{sen}(ax + C_1) = A\cos ax + B\operatorname{sen} ax.$$

Exemplo 5.3.18 Consideremos agora a EDO não linear de segunda ordem:

$$y'' = \left[(1 + (y')^2)\right]^{3/2} \tag{5.46}$$

Como no exemplo anterior, fazemos em (5.46) $z = y'$ e obtemos a EDO de primeira ordem:

$$\frac{dz}{(1+z^2)^{3/2}} = dx$$

e, por integração (fazendo $z = \operatorname{tg}\theta$), resulta:

$$z = \frac{x + C_1}{\sqrt{1 - (x + C_1)^2}}.$$

Substituindo z por y' e integrando mais uma vez, obtemos a solução geral:

$$y = -\sqrt{1-(x+C_1)^2} + C_2.$$

Exemplo 5.3.19 Consideremos a EDO linear de segunda ordem:

$$y'' + a_1(x)\,y' + a_0(x)\,y = b(x)\,,$$

onde as funções $a_0(x)$, $a_1(x)$ e $b(x)$ são supostas contínuas em algum intervalo I. Esta EDO é linear porque é do primeiro grau em y, y' e y'' e pode ser transformada em um sistema 2×2 de equações diferenciais lineares de 1ª ordem por meio da substituição $y' = z$. Ao fazer isto, obtemos o seguinte sistema:

$$\begin{cases} y' = z \\ z' = b(x) - a_1(x)\,z - a_0(x)\,y, \end{cases}$$

que, por sua vez, se transforma em uma EDO de 1ª ordem por meio da mudança $w = \begin{bmatrix} y \\ z \end{bmatrix}$. De fato,

$$w' = \begin{bmatrix} y' \\ z' \end{bmatrix} = \begin{bmatrix} z \\ b(x) - a_1(x)\,z - a_0(x)\,y \end{bmatrix} = F(x,w),$$

onde $F(x,w) = F(x,y,z) = (z, b(x) - a_1(x)\,z - a_0(x)\,y)$ é contínua em cada ponto (x,y,z) do $\mathbb{R}^3$, para o qual $x \in I$. Nossa atenção com a continuidade da função F é necessária na investigação da existência de solução que trataremos na seção seguinte.

5.4 Exercícios Complementares

5.4A As seguintes EDO's são apresentadas na forma normal e na forma diferencial. Classifique-as em: linear (L), separável (S), exatas (E) ou a coeficientes homogêneos (H):

(a) $y' = xy$; $\quad xydx - dy = 0$

(b) $y' = xy$; $\quad xdx - \dfrac{1}{y}dy = 0$

(c) $y' = \dfrac{xy^2}{x^2y + y^3}$; $\quad xy^2dx - \left(x^2y + y^3\right)dy = 0$

(d) $y' = \dfrac{-xy^2}{x^2y + y^2}$; $\quad xy^2dx + \left(x^2y + y^2\right)dy = 0.$

5.4B Resolva por integração formal, indicando onde a solução está definida:

(a) $y' = 5y$ (b) $(2x-1)\cos^4 y dx + (x^2 - 2x + 2)\, dy = 0$

(c) $xdx - y^2 dy = 0$ (d) $\sqrt{1-y^2}dx + (1+x^2)\, dy = 0$

(e) $y \ln x dx - 2y dy = 0$ (f) $(x^2+1)\, dx + (y^2+y)\, dy = 0.$

5.4C Encontre a solução geral de cada EDO dada a seguir:

(a) $y' + y = 3$ (b) $xy' + 4y = x^5$ (c) $xy' + y = 2x + e^x$

(d) $y' - 7y = \operatorname{sen} 2x$ (e) $y' - 3y = 1$ (f) $x^2 y' - xy = x^3 + 4$

(g) $y' + ay = b,\ a \neq 0$ (h) $y' = e^{x-y}$ (i) $(1+e^x)\, yy' = e^x$

(j) $xy' + y = xe^{x^2}$ (k) $y' = \dfrac{xy^2 - y}{x}$ (l) $\cos(y') = 0.$

5.4D Usando um fator integrante do tipo $I = \exp\left(-\int g(y)\, dy\right)$, onde $g(y) = \frac{1}{P}(P_y - Q_x)$, determine a solução geral da EDO não linear:

$$y' = \frac{3x^2 y}{x^3 + 2y^4}.$$

5.4E Usando o método do Exemplo 5.3.12 encontre a solução geral das seguintes equações de Bernoulli:

(a) $y' + xy = 6x\sqrt{y}$ (b) $\dfrac{dx}{dy} = x^2 - x$ (c) $3\, y' + y = (1-2x)\, y^4$

(d) $y' - y = x\sqrt{y}$ (e) $y' - \dfrac{3}{x} y = x^4 \sqrt[3]{y}$ (f) $xy' = y + xy^3(1 + \ln x)$

5.4F Se $y_0(x)$ é uma solução da EDO linear $y' + a(x)\, y = b(x)$, verifique que:

$$y_1(x) = y_0(x) + C \exp(-\textstyle\int a(x)\, dx)$$

também é solução, para qualquer valor da constante C.

5.4G Verifique que as EDO's dadas abaixo são exatas, resolvendo-as a seguir:

(a) $3x^2 y dx + x^3 dy = 0$ (b) $(x + \dfrac{y}{x^2+y^2})dx + (y - \dfrac{x}{x^2+y^2})dy = 0$

(c) $(x-1)^2\, dx - 2y dy = 0$ (d) $(2x - y)\, dx + (2y - x)\, dy = 0.$

5.4H Determine um fator integrante e a solução geral de cada EDO.

(a) $\left(y+x^3y^3\right)dx+xdy=0$ (b) $\left(y-xy^2\right)dx+xdy=0$

(c) $\left(y+x^4y^2\right)dx+xdy=0$ (d) $xydy+\left(x^2+2y^2+2\right)dy=0$

(e) $xy^2dx+\left(x^2y^2+x^2y\right)dy=0$ (f) $\left(x^2+y^2+1\right)dx-(xy+y)\,dy=0$

(g) $(2xy^2+\dfrac{x}{y^2})dx+4x^2ydy=0$ (h) $\left(x^2+y^2-a^2\right)dx-2xydy=0$

(i) $\left(y+x^3+xy^2\right)dx-xdy=0$ (j) $\left(x^3y^2-y\right)dx+\left(x^2y^4-x\right)dy=0$

(k) $\left(x^2+y^2+y\right)dx-xdy=0$ (l) $3x^2y^2dx+\left(2x^3y+x^3y^4\right)dy=0.$

5.4I Verifique que a substituição $x=u^m$ e $y=v^n$, sendo m e n não nulos tais que $2m=3n$, reduz a EDO:

$$\left(2x^3+4xy^3\right)dx+\left(6x^2y^2-3y^5\right)dy=0$$

a uma EDO com coeficientes homogêneos e em seguida determine a solução geral da equação.

5.4J Imitando o método utilizado no exercício precedente, encontre a solução geral da EDO:

$$xydx+\left(xy^4-2x^2\right)dy=0,\ x>0,\ y>0.$$

5.4K Em cada caso verifique que a EDO tem coeficientes homogêneos e encontre as curvas integrais.

(a) $\left(x^2-y^2\right)dx+2xydy=0$ (b) $(x^2\operatorname{tg}(y^2/x^2)-2y^2)dx+2xydy=0$

(c) $\left(x^2+y^2\right)dx+xydy$ (d) $\left(x^4+2y^4\right)dx-xy^3dy=0$

(e) $(x\operatorname{tg}(y/x)-y)dx+xdy=0$ (f) $\left(x^3+2xy^2\right)dx+\left(y^3+2x^2y\right)dy=0.$

5.4L Encontre a EDO de primeira ordem com a seguinte família de curvas integrais:

(a) $y=Cx$ (b) $y^2=2Cx$ (c) $x^2+y^2=2Cx$ (d) $xy=C.$

5.4M Escreva a EDO na forma exata e em seguida encontre sua solução geral:

(a) $xdy-ydx=\left(x^2+y^2\right)dx$ (b) $xdy+ydx+x^4y^4\left(ydx+xdy\right)=0$

(c) $\sqrt{x^2+y^2}dx=xdy-ydx$ (d) $3y\left(ydx+3xdy\right)=2x^2\left(3ydx+2xdy\right)$

(e) $\dfrac{ydx-xdy}{x^2y^4}=xdy+ydx$ (f) $3xydx+2x^2dy=6y^3dx+12xy^2dy.$

5.4N Em cada caso use a substituição indicada e determine a solução geral da EDO:

(a) $y' + 1 = 4e^{-y}\operatorname{sen} x; \quad z = e^y$

(b) $(y - 4x)^2\, dx - dy = 0; \quad z = y - 4x$

(c) $4(y')^2 - 9x = 0; \quad z = y'$

(d) $y'\operatorname{sen} y = \cos y\,(1 - x\cos y)\,; \quad z = \sec y$

(e) $\operatorname{tg}^2(x + y)\, dx - dy = 0; \quad z = x + y$

(f) $(x + y)\, dx + (3x + 3y - 4)\, dy = 0; \quad z = x + y$

(g) $y(y')^2 + (x - y)\, y' = x \quad z = y'$

(h) $y'\operatorname{sen} y = \cos x(2\cos y - \operatorname{sen}^2 x); \quad z = \cos y.$

5.5 Existência e Unicidade

Ao resolver uma EDO, encontramos uma função $y = y(x)$ que satisfaz a equação em cada ponto de um certo intervalo I e a essa função damos o nome de *solução* da EDO nesse intervalo. O conceito de solução é mais preciso: por solução da EDO $y' = f(x, y)$ entendemos uma função $y = y(x)$, definida e derivável em algum intervalo I, que satisfaz a equação em cada ponto x de I, isto é, $y'(x) = f(x, y(x))$, $\forall x \in I$. Nos Exemplos 5.3.1 e 5.3.3 determinamos em cada caso a solução da EDO que atendeu a uma condição especificada, que denominamos *condição inicial.* Como já mencionamos, o par constituído de uma EDO e uma condição inicial é denominado *problema de valor inicial*, abreviado na literatura por PVI, e descrito matematicamente pelo sistema:

$$\begin{cases} y' = f(x, y) \\ y(x_0) = y_0. \end{cases} \tag{5.47}$$

Assim, resolver o PVI (5.47) significa encontrar uma solução da EDO $y' = f(x, y)$ que passa pelo ponto (x_0, y_0) do domínio da função f.

Exemplo 5.5.1 Consideremos o PVI $y' = 2y$, $y(0) = 1$. A solução geral da EDO $y' = 2y$ é $y = Ce^{2x}$, sendo C uma constante. A solução que passa pelo ponto $(0, 1)$ é $y = e^{2x}$ e esta é a única solução do PVI.

Exemplo 5.5.2 É fácil verificar que as funções $y_1(x) \equiv 0$ e $y_2(x) = x\,|x|$ são soluções do seguinte PVI:

$$\begin{cases} y' = 2\sqrt{|y|} \\ y(0) = 0. \end{cases}$$

Estes exemplos mostram que um dado PVI pode ter apenas uma ou várias soluções. Observamos que para o PVI do Exemplo 5.6.1 a função $f(x, y) = 2y$ é contínua em $\mathbb{R}$, juntamente com a derivada parcial f_y, e essas são as condições que devem ser atendidas pela função f para que o PVI (5.47) tenha solução única em algum intervalo I que contém o ponto x_0.

Teorema 5.5.3 (Existência e Unicidade) Se a função $f(x,y)$ juntamente com a derivada parcial f_y forem contínuas no retângulo $\Omega : |x - x_0| \leq a$, $|y - y_0| \leq b$, então o PVI (5.47) tem uma única solução $y = y(x)$ definida no intervalo $I_\tau = [x_0 - \tau, x_0 + \tau]$, onde $\tau = \min\{a, b/M\}$ e M é o valor máximo assumido pela função f no retângulo Ω.■

Essa situação está ilustrada na figura 5.9, em que a linha em destaque representa o gráfico da solução do PVI.

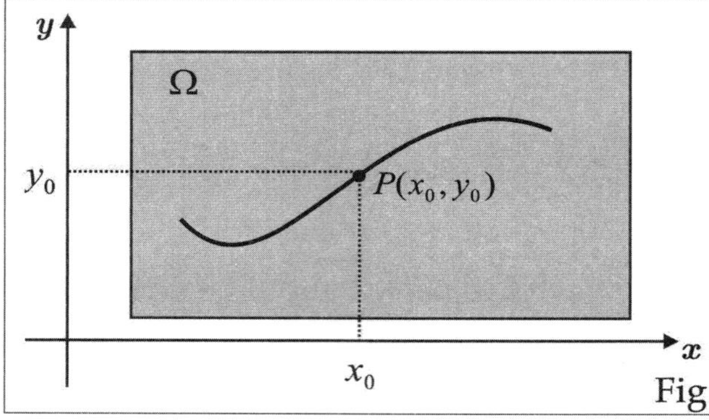

Fig. 5.9

Com relação ao Exemplo 5.6.2, observamos que ele não viola o Teorema de Existência e Unicidade, uma vez que a derivada parcial f_y não existe na origem. A demonstração do Teorema de Existência e Unicidade foge ao caráter elementar deste texto e o leitor interessado pode consultar [6], [10], [13] ou [14].

No caso de uma EDO linear $y' + a(x)y = b(x)$ em que as funções $a(x)$ e $b(x)$ são contínuas em um intervalo I contendo x_0 no seu interior, então a função $f(x,y) = -a(x)y + b(x)$ e a derivada parcial $f_y(x,y) = a(x)$ são ambas contínuas em $I \times \mathbb{R}$ e o Teorema de Existência e Unicidade assegura que por cada ponto (x_0, y_0) do retângulo $I \times \mathbb{R}$ passa uma única solução. Embora o Teorema de Existência e Unicidade tenha caráter local a solução de um PVI linear se prolonga ao intervalo I, onde as funções $a(x)$ e $b(x)$ são contínuas.

Como vimos na seção anterior, a EDO linear de segunda ordem $y'' + a_1(x)y' + a_0(x)y = b(x)$ se reduz à EDO de primeira ordem $w' = F(x,w)$, onde a nova variável w é dada por $w = (y, y')$. Isso significa que uma condição inicial imposta à solução w equivale a duas condições iniciais impostas à solução y. Em outras palavras, a condição inicial $w(x_0) = (y_0, y_1)$ equivale a $y(x_0) = y_0$ e $y'(x_0) = y_1$ e neste contexto o Teorema de Existência e Unicidade é enunciado da forma a seguir.

Teorema 5.5.4 (Existência e Unicidade) Se a função $F(x,y,z)$ juntamente com as derivadas parciais F_y e F_z forem contínuas em um bloco tridimensional Ω : $|x - x_0| \leq a$, $|y - y_0| \leq b$, $|z - z_0| \leq c$, então existe uma única função $y = y(x)$ definida e derivável até a segunda ordem, em uma vizinhança do ponto x_0, onde ela satisfaz o PVI:

$$\begin{cases} y'' = F(x, y, y') \\ y(x_0) = y_0, \; y'(x_0) = z_0. \end{cases} \blacksquare$$

Para uma EDO linear de segunda ordem, o PVI correspondente é:

$$\begin{cases} y'' + a_1(x)\, y' + a_0(x)\, y = b(x) \\ y(x_0) = y_0\,, \quad y'(x_0) = y_1 \end{cases}$$

e, nesse caso, $F(x, y, z) = b(x) - a_0(x)\, y - a_1(x)\, z$ atende às condições do Teorema 5.6.4 em qualquer bloco tridimensional Ω, em cuja projeção no eixo x os coeficientes $a_0(x)$, $a_1(x)$ e $b(x)$ forem contínuos. De maneira análoga, para uma EDO de terceira ordem (linear ou não) o PVI correspondente deve conter três condições iniciais: $y(x_0) = y_0$, $y'(x_0) = y_1$ e $y''(x_0) = y_2$, e assim por diante.

5.6 Exercícios Complementares

5.6A O Teorema de Existência e Unicidade é aplicável ao PVI $xy' - 2y = 0, \;\; y(1) = 1$?

5.6B Verifique que as funções $y \equiv 0$ e $y(x) = x^2$ são soluções do PVI $xy' - 2y = 0, \;\; y(0) = 0$. Por que esse exemplo não viola o Teorema de Existência e Unicidade?

5.6C Quantas soluções da EDO $y' = 1 - y^2$ passam pela origem? Quais são essas soluções?

5.6D Utilizando o Teorema de Existência e Unicidade, mostre que a função $y(x) \equiv 0$ é a única solução do PVI:

$$\begin{cases} y'' + e^x y' + (x+1)\, y = 0 \\ y(1) = 0, \quad y'(1) = 0. \end{cases}$$

5.6E Considere o exercício anterior para $y(x) \equiv 1$ e o PVI:

$$\begin{cases} y''' + x^2 y'' + \sqrt{x^2+1}\, y' = 0 \\ y(0) = 1, \quad y'(0) = 0, \quad y''(0) = 0. \end{cases}$$

5.6F No Exemplo 5.5.2 encontramos a solução geral da EDO $y'' + y = 0$. Mostre que essa EDO não possui solução satisfazendo às condições $y(0) = 0$ e $y(\pi) = 1$.

5.6G Mostre que $y(x) = C\cos 2x$ é a solução geral do sistema $\begin{cases} y'' + 4y = 0 \\ y'(0) = 0. \end{cases}$

5.6H Seja $y(x)$, $a \leq x \leq b$, uma solução da EDO $y'' + 2xy' + 4y = 0$, cujo gráfico é tangente ao eixo x no ponto de abscissa x_0 do intervalo $[a, b]$. Mostre que a solução $y(x)$ é identicamente nula.

5.6I Resolva os seguintes problemas de valor inicial (PVI). Nos problemas de segunda ordem use a substituição $z = y'$:

(a) $y' - y = 1;\quad y(0) = 0$

(b) $e^{-x}y' + 2e^{x}y = e^{x};\quad y(0) = 1/2 + 1/e$

(c) $xy' + 2y = x^2;\quad y(1) = 0$

(d) $(\operatorname{sen} x)\, y' + (\cos x)\, y = \cos 2x;\quad y(\frac{\pi}{2}) = \frac{1}{2}$

(e) $xy' + y = 2x;\quad y(1) = 1$

(f) $\left(x^2 + y^2\right) dx + 2xydy = 0;\quad y(1) = 1$

(g) $y' + 2xy = 2x^3;\quad y(0) = 1$

(h) $y'' + y' = 2;\quad y(0) = 1;\quad y'(0) = 1$

(i) $\dfrac{ydx - xdy}{x^2 + y^2} = 0;\quad y(2) = 2$

(j) $2yy'' = -1 + (y')^2;\quad y(0) = 1,\quad y'(0) = 1.$

5.6J Use uma série de potências de e^x e calcule o valor $y(1)$ com três casas decimais, sendo y a solução do PVI:

$$\left|\begin{array}{l} y' + 2xy = 1 \\ y(0) = 1. \end{array}\right.$$

6. EDO de Ordem Superior

As equações diferenciais lineares constituem a mais simples e, provavelmente, a mais importante classe de equações diferenciais, particularmente as de segunda ordem, tanto do ponto de vista teórico como nas aplicações. Neste capítulo descreveremos os principais métodos para resolver as equações diferenciais lineares de ordem n, dando ênfase às equações de ordem 2 e 3.

6.1 Fundamentos Gerais

Uma EDO linear de ordem n é uma equação diferencial da forma:

$$a_n(x)\,y^{(n)} + a_{n-1}(x)\,y^{(n-1)} + \cdots + a_1(x)\,y' + a_0(x)\,y = b(x)\,, \tag{6.1}$$

onde os coeficientes $a_k(x)\,,\ k = 0, 1, 2, \ldots n$, e $b(x)$ são admitidos contínuos em algum intervalo I e $a_n(x) \neq 0\,, \forall x$. Por *solução* da EDO (6.1) no intervalo I, entendemos uma função real $y(x)$ definida e contínua no intervalo I, juntamente com suas derivadas até a ordem n, que satisfaz (6.1) em cada ponto do intervalo I. Associada à EDO (6.1), consideramos a EDO *homogênea*:

$$a_n(x)\,y^{(n)} + a_{n-1}(x)\,y^{(n-1)} + \cdots + a_1(x)\,y' + a_0(x)\,y = 0, \tag{6.2}$$

denominada EDO homogênea *associada*. Aqui o termo *homogênea* tem significado diferente daquele usado na seção 5.3, ocasião em que tratamos das equações com coeficientes homogêneos.

Se $y_1(x)$ e $y_2(x)$ são soluções da EDO homogênea associada (6.2) e λ é um escalar, então $y = \lambda y_1 + y_2$ é também solução de (6.2). De fato, se representarmos o lado esquerdo de (6.2) por Ly, então $Ly_1 = Ly_2 = 0$ e teremos $Ly = \lambda Ly_1 + Ly_2 = 0$ e, portanto, y é solução de (6.2). Com isso queremos enfatizar que o conjunto $\mathcal{S}$ das soluções de (6.2) é um espaço vetorial e essa estrutura linear será fundamental para determinarmos a solução geral de (6.2), como estabelece o Teorema 6.1.5 adiante.

Teorema 6.1.1 (Existência e Unicidade) Seja x_0 um número real (ponto) fixado no intervalo I. Dados n números reais $\xi_0, \xi_1, \ldots, \xi_{n-1}$, existe uma única solução $y(x)$ da EDO (6.1) definida no intervalo I, satisfazendo as seguintes condições iniciais: $y(x_0) = \xi_0\,,\ y'(x_0) = \xi_1\,,\ y''(x_0) = \xi_2\,, \cdots,\ y^{(n-1)}(x_0) = \xi_{n-1}.$ ∎

Corolário 6.1.2 A única solução da EDO homogênea (6.2), com condições iniciais nulas

$$y(x_0) = 0\,,\; y'(x_0) = 0\,,\; y''(x_0) = 0\,, \ldots,\; y^{(n-1)}(x_0) = 0,$$

é a solução identicamente nula. ■

Um *Problema de Valor Inicial* (PVI) para a EDO (6.1) consiste em encontar a solução $y(x)$ que satisfaça as condições iniciais

$$y(x_0) = \xi_0\,,\; y'(x_0) = \xi_1\,,\; y''(x_0) = \xi_2\,, \cdots, y^{(n-1)}(x_0) = \xi_{n-1}$$

e no caso $n = 2$, isto é, para uma EDO de segunda ordem um PVI consiste em resolver o sistema:

$$\begin{cases} a_2(x)\,y'' + a_1(x)\,y' + a_0(x)\,y = b(x) \\ y(x_0) = \xi_0\,, \quad y'(x_0) = \xi_1. \end{cases} \tag{6.3}$$

Um *Problema de Contorno* para a EDO de segunda ordem $a_2(x)\,y'' + a_1(x)\,y' + a_0(x)\,y = b(x)$ consiste em encontrar uma solução $y(x)$ da EDO satisfazendo as condições de contorno $y(x_0) = \xi_0$ e $y(x_1) = \xi_1$. Ao contrário do PVI (6.3), um problema de contorno pode não ter solução, mesmo no caso da EDO homogênea. Por exemplo, o problema de contorno homogêneo:

$$\begin{cases} y'' + y = 0 \\ y(0) = 0\,, \quad y(\pi) = 1 \end{cases}$$

não tem solução, porque, como vimos no Exemplo 5.5.2, a solução geral da EDO $y'' + y = 0$ é $y(x) = A \operatorname{sen}(x + B)$ e as condições de contorno $y(0) = 0$ e $y(\pi) = 1$ substituidas na solução geral produzem o sistema incompatível

$$\begin{cases} A \operatorname{sen} B = 0 \\ -A \operatorname{sen} B = 1 \end{cases}.$$

Definição 6.1.3 Dizemos que k soluções $y_1,\, y_2, \ldots, y_k$ da EDO (6.1) no intervalo I são *linearmente dependentes* (LD) quando a equação funcional:

$$C_1 y_1 + C_2 y_2 + \cdots + C_k y_k = 0$$

possuir uma solução não nula. Isso significa que $C_1 y_1(x) + C_2 y_2(x) + \cdots + C_k y_k(x) = 0\,,\; \forall x \in I$, e ao menos um dos coeficientes $C_1, C_2, \ldots, C_k$ é diferente de zero. Quando as soluções $y_1,\, y_2, \ldots, y_k$ não forem LD, elas serão denominadas *linearmente independentes* (LI).

Exemplo 6.1.4 As funções $y_1(x) \equiv 1$, $y_2(x) = \operatorname{sen} x$ e $y_3(x) = \cos x$ são soluções LI da EDO linear homogênea $y''' + y' = 0$. É claro que essas funções são soluções da EDO e, para verificar que elas são LI, consideramos a equação funcional $C_1 y_1(x) + C_2 y_2(x) + C_3 y_3(x) = 0$, $\forall x \in \mathbb{R}$, que, neste caso, se torna:

$$C_1 + C_2 \operatorname{sen} x + C_3 \cos x = 0, \quad \forall x \in \mathbb{R}. \tag{6.4}$$

Primeiro consideramos em (6.4) $x = 0$ e obtemos $C_1 + C_3 = 0$. Depois derivamos (6.4) com respeito a x e em seguida fazemos $x = 0$ e $x = \pi/2$, obtendo, respectivamente, $C_2 = 0$ e $C_3 = 0$. Como $C_1 + C_3 = 0$, então $C_1 = 0$. Logo, $C_1 = C_2 = C_3 = 0$ e as soluções y_1, y_2 e y_3 são LI.

Teorema 6.1.5 Existem n soluções reais LI $y_1, y_2, \ldots, y_n$ da EDO homogênea (6.2) com a seguinte propriedade: qualquer solução $y(x)$ de (6.2) é da forma:

$$y(x) = C_1 y_1(x) + C_2 y_2(x) + \cdots + C_n y_n(x).$$

Em particular, a coleção $\mathcal{S}$ das soluções de (6.2) é um espaço vetorial real de dimensão n e o conjunto $\mathcal{B} = \{y_1, y_2, \ldots, y_n\}$ é uma base para $\mathcal{S}$.

Demonstração Por simplicidade, demonstraremos o teorema no caso em que $n = 2$, isto é, para equações de segunda ordem. Neste caso, a EDO (6.2) se escreve sob a forma:

$$a_2(x) y'' + a_1(x) y' + a_0(x) y = 0, \quad a_2(x) \neq 0, \quad \forall x \in I, \tag{6.5}$$

sendo $a_0(x)$, $a_1(x)$ e $a_2(x)$ funções contínuas no intervalo I. Fixado x_0 no intervalo I, segue do Teorema de Existência e Unicidade que existem duas, e somente duas, soluções y_1 e y_2 da EDO (6.5) satisfazendo as condições iniciais:

$$\begin{aligned} y_1(x_0) &= 1, \quad y_1'(x_0) = 0 \\ y_2(x_0) &= 0, \quad y_2'(x_0) = 1. \end{aligned}$$

Para mostrar que essas soluções são LI, consideramos a equação funcional $Ay_1(x) + By_2(x) = 0$ e por derivação formamos o sistema:

$$\begin{cases} Ay_1(x) + By_2(x) = 0 \\ Ay_1'(x) + By_2'(x) = 0. \end{cases} \tag{6.6}$$

Fazendo em (6.6) $x = x_0$, e usando as condições iniciais, deduzimos que $A = B = 0$ e isso mostra que as soluções são LI. Finalmente, se $y(x)$ é qualquer solução da EDO (6.5), então a função

$z(x) = y(x) - y(x_0) y_1(x) - y'(x_0) y_2(x)$ é também solução, com condições iniciais nulas, isto é, $z(x_0) = z'(x_0) = 0$. Do Corolário 6.1.2 deduzimos que $z(x) \equiv 0$ e portanto:

$$y(x) = C_1 y_1(x) + C_2 y_2(x),$$

onde $C_1 = y(x_0)$ e $C_2 = y'(x_0)$. ■

Motivados pelo resultado contido no Teorema 6.1.5, denominamos a expressão

$$C_1 y_1(x) + C_2 y_2(x) + \cdots + C_n y_n(x)$$

de *solução geral* da EDO linear homogêna (6.2).

Definição 6.1.6 Fixadas n soluções $y_1, y_2, \ldots, y_n$ de (6.2), definimos o *wronskiano* dessas soluções no ponto x pelo determinante:

$$w(x; y_1, y_2, \ldots, y_n) = \det \begin{bmatrix} y_1(x) & y_2(x) & \cdots & y_n(x) \\ y_1'(x) & y_2'(x) & \cdots & y_n'(x) \\ \vdots & \vdots & \cdots & \vdots \\ y_1^{(n-1)}(x) & y_2^{(n-1)}(x) & \cdots & y_n^{(n-1)}(x) \end{bmatrix}.$$

Para equações diferenciais de segunda ordem, temos:

$$w(x; y_1, y_2) = \det \begin{bmatrix} y_1(x) & y_2(x) \\ y_1'(x) & y_2'(x) \end{bmatrix}. \tag{6.7}$$

Enquanto não houver ambiguidade, o wronskiano $w(x; y_1, y_2, \ldots, y_n)$ será representado simplesmente por $w(x)$.

Teorema 6.1.7 Se $y_1(x)$ e $y_2(x)$ são soluções da EDO (6.5), então para cada $x_0 \in I$, vale a relação:

$$w(x) = w(x_0) \exp\left(-\int_{x_0}^{x} \frac{a_1(s)}{a_2(s)} ds\right). \tag{6.8}$$

Demonstração Segue de (6.7) que $w(x) = y_1(x) y_2'(x) - y_2(x) y_1'(x)$ e, por derivação, obtemos:

$$w'(x) = y_1(x) y_2''(x) - y_2(x) y_1''(x).$$

Ora, sendo y_1 e y_2 soluções da EDO (6.5), então:

$$y_k''(x) = -\frac{a_1(x)}{a_2(x)} y_k'(x) - \frac{a_0(x)}{a_2(x)} y_k(x), \quad k = 1, 2,$$

e substituindo esses valores na expressão de $w'(x)$, obtemos:

$$w'(x) = -\frac{a_1(x)}{a_2(x)}\left[y_1(x)\,y_2'(x) - y_2(x)\,y_1'(x)\right] = -\frac{a_1(x)}{a_2(x)}w(x).$$

Da última igualdade concluímos que o wronskiano $w(x)$ é solução da EDO:

$$w' + \frac{a_1(x)}{a_2(x)}w = 0$$

e, por integração de x_0 até x (ou usando (5.12)), obtemos (6.8). ■

Corolário 6.1.8 O wronskiano $w(x; y_1, y_2, \ldots, y_n)$ ou é identicamente zero ou nunca se anula no intervalo I. ■

Teorema 6.1.9 Uma condição necessária e suficiente para que duas soluções y_1 e y_2 da EDO linear homogênea (6.5) sejam LI é que seu wronskiano $w(x)$ seja não nulo.

Demonstração Suponhamos que $w(x_0) = 0$, para algum x_0, e consideremos o sistema algébrico:

$$\begin{cases} y_1(x_0)\,C_1 + y_2(x_0)\,C_2 = 0 \\ y_1'(x_0)\,C_1 + y_2'(x_0)\,C_2 = 0 \end{cases}$$

o qual, de acordo com a Regra de Cramer, deve ter uma solução $\{C_1, C_2\}$ não nula. A função $y(x) = C_1 y_1(x) + C_2 y_2(x)$ é solução da EDO (6.5), tem condições iniciais nulas $y(x_0) = 0$ e $y'(x_0) = 0$ e pelo Corolário 6.1.2 ela deve ser identicamente zero. Assim, $C_1 y_1 + C_2 y_2 \equiv 0$, com C_1 ou C_2 diferente de zero, e com isso concluímos que as soluções y_1 e y_2 são LD. Para provar que a condição é necessária, suponhamos que as soluções y_1 e y_2 sejam LD e consideremos duas constantes C_1 e C_2, não simultaneamente nulas, tais que:

$$C_1 y_1(x) + C_2 y_2(x) = 0, \quad \forall x. \tag{6.9}$$

Derivando (6.8) com relação à variável x, obtemos:

$$C_1 y_1'(x) + C_2 y_2'(x) = 0, \quad \forall x, \tag{6.10}$$

e para cada x fixado, as identidades (6.9) e (6.10) constituem um sistema algébrico homogêneo com pelo menos uma solução $\{C_1, C_2\}$ não nula. Novamente usando a Regra de Cramer, concluímos que o determinante principal do sistema deve ser zero, isto é, $w(x) = 0$. ■

Observação 6.1.10 O Teorema 6.1.9 embora tenha sido considerado para equações diferenciais lineares de segunda ordem, continua válido para uma EDO linear homogênea de qualquer ordem. Em outras palavras, n soluções $y_1, y_2, \ldots, y_n$ da EDO:

$$a_n(x)\, y^{(n)} + a_{n-1}(x)\, y^{(n-1)} + \cdots + a_1(x)\, y' + a_0(x)\, y = 0, \qquad x \in I, \qquad a_n(x) \neq 0,$$

são LI se, e somente se, seu wronskiano $w(x)$ é não nulo em cada ponto x do intervalo I.

Exemplo 6.1.11 As soluções $y_1(x) \equiv 1$, $y_2(x) = \operatorname{sen} x$ e $y_3(x) = \cos x$ da EDO $y''' + y' = 0$ são linearmente independentes em $\mathbb{R}$, porque seu wronskiano:

$$w(x) = \det \begin{bmatrix} 1 & \operatorname{sen} x & \cos x \\ 0 & \cos x & -\operatorname{sen} x \\ 0 & -\operatorname{sen} x & -\cos x \end{bmatrix} = -\cos^2 x - \operatorname{sen}^2 x = -1$$

é diferente de zero em cada ponto x de $\mathbb{R}$.

Vejamos a importância da EDO homogênea associada na busca da solução geral da EDO linear (6.1), no caso não homogêneo. Suponhamos conhecida uma solução particular $y_P(x)$ da EDO (6.1) e seja $y(x)$ uma solução qualquer de (6.1). Então, a função $y_H(x) = y(x) - y_P(x)$ é uma solução de (6.2). De fato, se representarmos por Ly o primeiro membro de (6.1), teremos:

$$Ly_H(x) = Ly(x) - Ly_P(x) = b(x) - b(x) = 0$$

e com isso mostramos que $y_H(x)$ é solução de (6.2) e estabelecemos o seguinte princípio, conhecido como *Princípio da Superposição.*

Princípio da Superposição *a solução geral da* EDO (6.1) *é obtida como soma de uma solução particular de* (6.1) *com a solução geral da* EDO *homogênea associada* (6.2).

Em símbolos, escrevemos:

$$y_G(x) = y_H(x) + y_P(x), \tag{6.11}$$

onde $y_H(x)$ e $y_P(x)$ representam, respectivamente, a solução geral da EDO associada (6.2) e uma solução particular da EDO não homogênea (6.1).

Motivados pelo Princípio da Superposição, adotaremos a seguinte estratégia na descrição dos métodos para chegarmos a solução geral $y_G(x)$ da EDO (6.1): primeiro estudaremos as EDO's com coeficientes constantes, separando os casos homogêneo e não homogêneo e depois será a vez das EDO's com coeficientes variáveis.

6.2 EDO Linear com Coeficientes Constantes

6.2.1 Caso Homogêneo

Vamos determinar a solução geral da EDO linear homogênea:

$$a_n y^{(n)} + a_{n-1} y^{(n-1)} + a_{n-2} y^{(n-2)} + \cdots + a_2 y'' + a_1 y' + a_0 y = 0, \tag{6.12}$$

em que os coeficientes a_0, a_1, $a_2, \ldots, a_n$ são constantes. Associamos a essa EDO a seguinte equação algébrica:

$$a_n \lambda^n + a_{n-1} \lambda^{n-1} + a_{n-2} \lambda^{n-2} + \cdots + a_2 \lambda^2 + a_1 \lambda + a_0 = 0, \tag{6.13}$$

que leva o nome de *equação característica.* No caso $n = 1$, a EDO (6.12) se reduz a $y' + ay = 0$, sendo a constante, e a equação característica é, neste caso, $\lambda + a = 0$. Já no caso $n = 2$, a equação característica se reduz a uma equação do segundo grau:

$$A\lambda^2 + B\lambda + C = 0.$$

A equação característica (6.13) possui exatamente n raízes complexas $\lambda_1, \lambda_2, \lambda_3, \ldots, \lambda_n$, considerando as multiplicidades, e com essas raízes construiremos n soluções reais LI de (6.12). Recordemos que no caso $n = 1$, obtivemos no Capítulo 5 a solução geral $y = Ce^{-ax}$ e $\lambda = -a$ é a raiz característica; isso nos sugere escolher para cada raiz característica λ_j uma solução do tipo $y_j(x) = e^{\lambda_j x}$ e o que nos resta saber é se as n soluções $y_j(x) = e^{\lambda_j x}$, $j = 1, 2, 3, \ldots, n$, são LI ou se elas precisam ser modificadas para se tornarem LI. Como consequência, obteremos a solução geral referida no Teorema 6.1.5.

Caso 1: Raízes Reais e Distintas

Suponhamos que as raízes $\lambda_1, \lambda_2, \lambda_3, \ldots, \lambda_n$ da equação característica sejam reais e distintas e consideremos para cada $j = 1, 2, 3, \ldots, n$, a função $y_j(x) = e^{\lambda_j x}$. Para mostrar que cada $y_j(x)$ é uma solução da EDO (6.12), denotamos o lado esquerdo de (6.12) por Ly e usamos as relações:

$$\frac{d^k y_j}{dx^k} = \lambda_j^k y_j, \; k = 0, 1, 2, \ldots, n,$$

para obter a partir de (6.13):

$$Ly_j = e^{\lambda_j x}\left[a_n\lambda_j^n + a_{n-1}\lambda_j^{n-1} + a_{n-2}\lambda_j^{n-2} + \cdots + a_2\lambda_j^2 + a_1\lambda_j + a_0\right] = 0,$$

o que mostra ser y_j solução de (6.12). Além disso, para essas soluções temos que:

$$w(x) = \det\begin{bmatrix} e^{\lambda_1 x} & e^{\lambda_2 x} & \cdots & e^{\lambda_n x} \\ \lambda_1 e^{\lambda_1 x} & \lambda_2 e^{\lambda_2 x} & \cdots & \lambda_n e^{\lambda_n x} \\ \vdots & \vdots & \ddots & \vdots \\ \lambda_1^{n-1} e^{\lambda_1 x} & \lambda_2^{n-1} e^{\lambda_2 x} & \cdots & \lambda_n^{n-1} e^{\lambda_n x} \end{bmatrix}$$

e, usando propriedades do determinante, obtemos:

$$w(x) = e^{(\lambda_1+\lambda_2+\cdots+\lambda_n)x}\cdot\det\begin{bmatrix} 1 & 1 & \cdots & 1 \\ \lambda_1 & \lambda_2 & \cdots & \lambda_n \\ \vdots & \vdots & \ddots & \vdots \\ \lambda_1^{n-1} & \lambda_2^{n-1} & \cdots & \lambda_n^{n-1} \end{bmatrix}. \tag{6.14}$$

O determinante do lado direito de (6.14), conhecido como determinante de Vandermond, é igual ao produto das diferenças $\lambda_j - \lambda_i$, com $i < j$. Assim,

$$w(x) = e^{(\lambda_1+\lambda_2+\cdots+\lambda_n)x}\prod_{i<j}^{n}(\lambda_j - \lambda_i),$$

e, sendo as raízes $\lambda_1, \lambda_2, \lambda_3, \ldots, \lambda_n$ distintas, deduzimos que $w(x) \neq 0$ e, graças ao Teorema 6.1.9, concluímos que as n soluções $y_1, y_2, \ldots, y_n$ são linearmente independentes. A solução geral da EDO homogênea (6.12) é, portanto:

$$y_H(x) = C_1 e^{\lambda_1 x} + C_2 e^{\lambda_2 x} + C_3 e^{\lambda_3 x} + \cdots + C_n e^{\lambda_n x}.$$

No caso $n = 2$, um cálculo direto nos dá;

$$w(x) = \det\begin{bmatrix} e^{\lambda_1 x} & e^{\lambda_2 x} \\ \lambda_1 e^{\lambda_1 x} & \lambda_2 e^{\lambda_2 x} \end{bmatrix} = e^{(\lambda_1+\lambda_2)x}(\lambda_2 - \lambda_1) \neq 0,$$

quando $\lambda_1 \neq \lambda_2$.

Exemplo 6.2.1 A EDO $y''' - 7y' + 6y = 0$ tem equação característica $\lambda^3 - 7\lambda + 6 = 0$, cujas raízes reais e distintas são $\lambda_1 = 1$, $\lambda_2 = 2$ e $\lambda_3 = -3$. A solução geral da EDO é:

$$y(x) = C_1 e^{x} + C_2 e^{2x} + C_3 e^{-3x}.$$

Se a solução atender às condições iniciais $y(0) = 0$, $y'(0) = 1$, $y''(0) = -1$, resolvemos o sistema:

$$\begin{cases} C_1 + C_2 + C_3 = 0 \\ C_1 + 2C_2 - 3C_3 = 1 \\ C_1 + 4C_2 + 9C_3 = -1 \end{cases}$$

para encontrar $C_1 = 0$, $C_2 = 1/5$ e $C_3 = -1/5$. A solução para esses dados iniciais é, portanto:

$$y(x) = \tfrac{1}{5}e^{2x} - \tfrac{1}{5}e^{-3x}.$$

Caso 2: Raízes Reais Repetidas

Vamos considerar inicialmente o caso $n = 2$ e suponhamos que λ seja uma raiz dupla da equação característica, isto é:

$$a_2\lambda^2 + a_1\lambda + a_0 = 0, \quad a_2 \neq 0.$$

Para que λ seja uma raiz dupla é necessário e suficiente que o discriminante $\Delta = a_1^2 - 4a_0a_2$ seja zero e a raiz dupla será $\lambda = -a_1/2a_2$. A primeira solução é definida por $y_1 = e^{\lambda x}$ e uma segunda solução y_2 é suposta da forma $y_2(x) = f(x)e^{\lambda x}$, onde $f(x)$ é uma função a ser determinada de modo que y_1 e y_2 sejam linearmente independentes. Substituindo $y_2(x)$ na EDO (6.5), obtemos:

$$a_2\left[f''(x) + 2\lambda f'(x) + \lambda^2 f(x)\right]e^{\lambda x} + a_1\left[f'(x) + \lambda f(x)\right]e^{\lambda x} + a_0 f(x)e^{\lambda x} = 0$$

ou, de forma similar:

$$\left(a_2\lambda^2 + a_1\lambda + a_0\right)f(x) + (2a_2\lambda + a_1)f'(x) + a_2 f''(x) = 0. \tag{6.15}$$

Como $\lambda = -a_1/2a_2$ é a raiz dupla da equação característica, a equação (6.15) se reduz a $a_2 f''(x) = 0$ e, consequentemente, $f(x) = Ax + B$, sendo A e B constantes. Com isso encontramos uma segunda solução $y_2(x) = (Ax + B)e^{\lambda x}$ e se $A \neq 0$, então y_1 e y_2 serão LI, porque o wronskiano $w(y_1, y_2) = Ae^{2\lambda x}$ será não nulo. Por simplicidade consideramos $A = 1$ e $B = 0$ e, assim, $y_2(x) = xe^{\lambda x}$.

No caso geral da EDO homogênea (6.12) procedemos de forma similar ao caso $n = 2$. Se λ é uma raiz da equação característica (6.13) com multiplicidade k, com essa raiz construimos k soluções LI $y_1, y_2, \ldots, y_k$ da EDO da seguinte maneira: iniciamos com $y_1(x) = e^{\lambda x}$ e a partir daí multiplicamos essa solução sucessivamente por x, $x^2, \ldots, x^{k-1}$ e obtemos as soluções LI:

$$\begin{aligned} y_1(x) &= e^{\lambda x} \\ y_2(x) &= xe^{\lambda x} \\ y_3(x) &= x^2 e^{\lambda x} \\ &\ldots\ldots\ldots\ldots \\ y_k(x) &= x^{k-1} e^{\lambda x} \end{aligned}$$

Essa construção é feita com todas as raízes repetidas da equação característica, para obtermos n soluções LI da EDO, que formam uma base para o espaço das soluções. A solução geral é determinada pelo Teorema 6.1.5. O exemplo dado a seguir ilustrará este caso.

Exemplo 6.2.2 Consideremos a EDO linear de terceira ordem $y''' - y'' - y' + y = 0$, cuja equação característica, após a fatoração, é $(\lambda + 1)(\lambda - 1)^2 = 0$. As raízes dessa equação são $\lambda_1 = -1$ e $\lambda_2 = 1$, esta última de multiplicidade $k = 2$. As soluções LI são dadas por:

$$y_1(x) = e^{-x}\} \text{ associada à raiz simples } \lambda_1 = -1.$$

$$\left.\begin{aligned} y_2(x) &= e^x \\ y_3(x) &= xe^x \end{aligned}\right\} \text{ associadas à raiz dupla } \lambda_2 = 1$$

e a solução geral é $y(x) = C_1 e^{-x} + C_2 e^x + C_3 x e^x$.

<u>Caso 3</u>: Raízes Imaginárias

Antes de descrever o método para este caso, faremos uma breve explanação sobre os números complexos. A história dos números complexos começa no momento em que desejamos resolver a equação algébrica $x^2 + 1 = 0$, que não possui raiz real, e passamos a definir o *número imagiário* i tal que $i^2 = -1$. Dessa forma, temos que $i = \sqrt{-1}$ e, portanto;

$$x^2 + 1 = 0 \Leftrightarrow x^2 = -1 \Leftrightarrow x = \pm i.$$

No plano $\mathbb{R}^2$, o número imaginário i ocupa a posição do ponto $(0, 1)$ e ao par (a, b) associamos o *número complexo* $a + bi$. Denotaremos o conjunto de todos os números complexos por $\mathbb{C}$, isto é:

$$\mathbb{C} = \{z = a + ib,\ a, b \in \mathbb{R}\}$$

e identificando um número real x com o par ordenado $(x, 0)$, temos a inclusão $\mathbb{R} \subset \mathbb{C}$ e escrevemos $x = x + 0i$. No conjunto $\mathbb{C}$ dos números complexos, definimos as operações de adição $(+)$ e multiplicação $(\cdot)$ da seguinte maneira:

$$(a + ib) + (c + id) = a + c + i\,(b + d)$$
$$(a + ib) \cdot (c + id) = ac - bd + i\,(ad + bc)\,.$$

Essas operações tornam o conjunto $\mathbb{C}$ um espaço vetorial real bidimensional e $\mathcal{B} = \{1, i\}$ é uma base. Sendo $\mathbb{R}^2$ e $\mathbb{C}$ espaços vetoriais de mesma dimensão eles são isomorfos, mas o produto $(\cdot)$ definido em $\mathbb{C}$ faz com que todo número complexo diferente de zero tenha um inverso multiplicativo. Dado um número complexo $z = a + bi$, destacamos os objetos:

(a) *módulo* de z : $|z| = \sqrt{a^2 + b^2}$ (b) *parte real* de z : $\text{Re}\,(z) = a$

(c) *parte imaginária* de z : $\text{Im}\,(z) = b$ (d) *conjugado* de z : $\bar{z} = a - ib$

e as seguintes propriedades são facilmente comprovadas:

(P$_1$) $|z| = |\overline{z}|$ (P$_2$) $|z|^2 = z \cdot \overline{z}$

(P$_3$) $\overline{z + w} = \overline{z} + \overline{w}$ (P$_4$) $\overline{zw} = \overline{z} \cdot \overline{w}$

(P$_5$) $\text{Re}\,(z) = \frac{1}{2}\,(z + \overline{z})$ (P$_6$) $\text{Im}\,(z) = \frac{1}{2i}\,(z - \overline{z})$

(P$_7$) $z = \overline{z} \Leftrightarrow z \in \mathbb{R}$ P$_8$) $1/z = \overline{z}/\,|z|^2$, $z \neq 0$.

Observação 6.2.3 Como consequência dessas propriedades, é fácil verificar que se um número complexo z é raiz de um polinômio $P\,(z)$ com coeficientes reais, então o conjugado $\overline{z}$ de z também o é. Como as raízes complexas com parte imaginária não nula aparecem aos pares, concluímos que todo polinômio de grau ímpar, com coeficientes reais, possui ao menos uma raiz real.

Um número complexo $z = a + ib$ também é representado na *forma polar*, considerando as coordenadas polares (r, θ) do ponto $P(a, b)$. Temos que $a = r\cos\theta$ e $b = r\,\text{sen}\,\theta$, de modo que $z = r(\cos\theta + i\,\text{sen}\,\theta)$ e $\overline{z} = r(\cos\theta - i\,\text{sen}\,\theta)$ e denotando a expressão $\cos\theta + i\,\text{sen}\,\theta$ por $e^{i\theta}$ obtemos a forma simplificada $z = re^{i\theta}$ do número complexo z. Ao escrever $z = re^{i\theta}$ temos que $r = |z|$ e o ângulo θ, denominado *argumento* de z, é geralmente indicado por $arg(z)$.

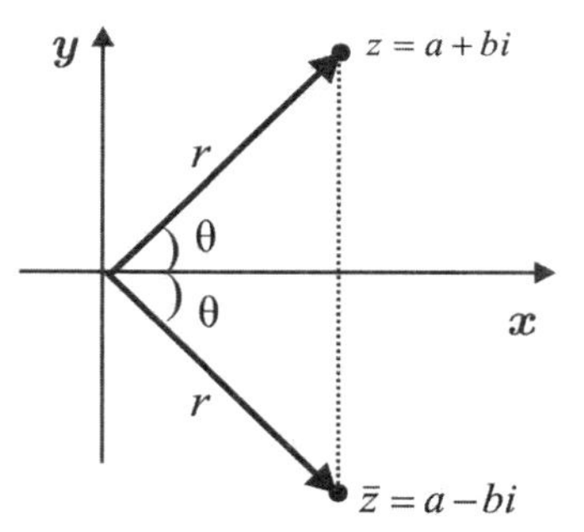

Fig. 6.1

Fórmula de De Moivre Consideremos um número complexo $z = re^{i\theta}$, dado na forma polar, e seja n um número natural. Usando propriedades da função exponencial complexa obtemos $z^n =$

$r^n e^{in\theta}$, ou de maneira equivalente:

$$r^n (\cos\theta + i \operatorname{sen}\theta)^n = r^n (\cos n\theta + i \operatorname{sen} n\theta),$$

de onde segue a conhecida fórmula de De Moivre:

$$(\cos\theta + i \operatorname{sen}\theta)^n = \cos n\theta + i \operatorname{sen} n\theta. \tag{6.16}$$

Raízes da Unidade Usando a fórmula de De Moivre (6.16) vamos determinar as n *raízes da unidade*, isto é, as n raízes complexas da equação $z^n = 1$. Se z é uma raiz da unidade, então $r = |z| = 1$ e na forma polar escrevemos $z = e^{i\theta} = \cos\theta + i \operatorname{sen}\theta$. Da fórmula (6.16) temos que:

$$z^n = 1 \Leftrightarrow \cos n\theta + i \operatorname{sen} n\theta = 1 \Leftrightarrow n\theta = 2k\pi,$$

de modo que as n raízes complexas da unidade são dadas por:

$$z_k = \cos(2k\pi/n) + i \operatorname{sen}(2k\pi/n), \quad k = 0, 1, 2, \cdots, n-1. \tag{6.17}$$

Exemplo 6.2.4 As raízes de $z^3 = 1$ são obtidas fazendo em (6.17) $n = 3$ e tomando sucessivamente $k = 0,\ 1,\ 2$. Obtemos $z_0 = 1$, para $k = 0$, $z_1 = -\frac{1}{2} + i\frac{\sqrt{3}}{2}$, para $k = 1$ e para $k = 2$, obtemos $z_2 = -\frac{1}{2} - i\frac{\sqrt{3}}{2}$, que é o conjugado de z_1, conforme vimos na Observação 6.2.3.

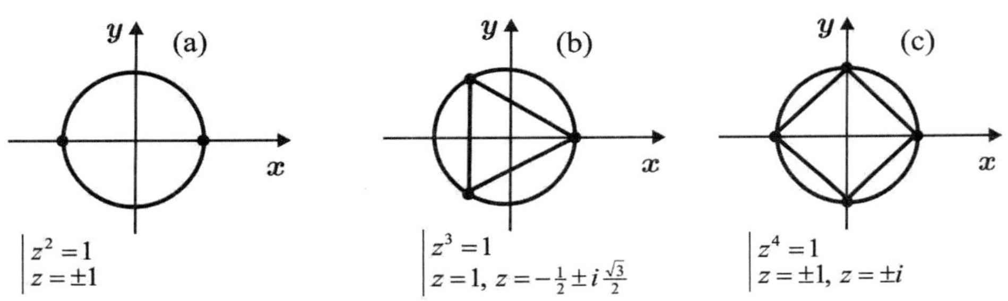

Fig. 6.2

Exemplo 6.2.5 As raízes complexas da equação $z^n = \rho e^{i\varphi}$ são obtidas de maneira semelhante àquela usada na obtenção das raízes da unidade. Fazendo $z = re^{i\theta}$, temos:

$$z^n = \rho e^{i\varphi} \Leftrightarrow r^n e^{in\theta} = \rho e^{i\varphi} \Leftrightarrow r = \sqrt[n]{\rho} \text{ e } \theta = \frac{\varphi + 2k\pi}{n}, \quad k = 0, 1, 2, \cdots, n-1$$

e, assim, as n raízes complexas da equação $z^n = \rho e^{i\varphi}$ são:

$$z_k = \sqrt[n]{\rho}\left[\cos\left(\frac{\varphi + 2k\pi}{n}\right) + i\,\mathrm{sen}\left(\frac{\varphi + 2k\pi}{n}\right)\right], \quad k = 0, 1, 2, \cdots n-1. \qquad (6.18)$$

Por exemplo, para determinar as quatro raízes complexas da equação $z^4 = -9$, primeiro escrevemos $-9 = 9\,(\cos\pi + i\,\mathrm{sen}\,\pi)$ e em seguida usamos (6.18) com $n = 4$, $\rho = 9$ e $\varphi = \pi$ e encontramos as raízes: $z_1 = \frac{\sqrt{6}}{2}(1+i)$, $z_2 = \frac{\sqrt{6}}{2}(1-i)$, $z_3 = \frac{\sqrt{6}}{2}(-1+i)$ e $z_4 = \frac{\sqrt{6}}{2}(-1-i)$.

Retorno às EDO's

Suponhamos que $\lambda = a + ib$, $b \neq 0$, seja uma raiz complexa da equação catacterística (6.13). Como os coeficientes daquela equação são reais, temos pela Observação 6.2.3 que o conjugado $\overline{\lambda} = a - ib$ é também raiz e com as raízes λ e $\overline{\lambda}$ vamos buscar duas soluções linearmente independentes da EDO (6.12). Dado $z = x + iy$, a exponencial complexa e^z é definida de maneira natural por

$$e^z = e^{x+iy} = e^x\,(\cos y + i\,\mathrm{sen}\,y)$$

e como λ e $\overline{\lambda}$ são raízes da equação característica, então as funções complexas de variável real $\varphi(x) = e^{\lambda x}$ e $\overline{\varphi}(x) = e^{\overline{\lambda}x}$ são soluções complexas da EDO (6.12). A comprovação desse fato é idêntica ao caso em que a solução é real, bastando observar que a fórmula de derivação

$$\frac{d}{dx}\left(e^{\xi x}\right) = \xi e^{\xi x}$$

é válida para todo número complexo ξ. A estrutura linear do espaço solução da EDO (6.12) garante que a soma de duas soluções (reais ou complexas) e o produto de uma solução por uma constante é ainda solução da EDO e com as soluções complexas $\varphi(x)$ e $\overline{\varphi}(x)$ construimos duas soluções reais $y_1(x)$ e $y_2(x)$ do modo seguinte:

$$y_1(x) = \mathrm{Re}\,(\varphi(x)) = \tfrac{1}{2}\left[\varphi(x) + \overline{\varphi}(x)\right] = e^{ax}\cos bx$$

$$y_2(x) = \mathrm{Im}\,(\varphi(x)) = \tfrac{1}{2i}\left[\varphi(x) - \overline{\varphi}(x)\right] = e^{ax}\,\mathrm{sen}\,bx.$$

Essas são as soluções reais correspondentes às raízes λ e $\overline{\lambda}$ da equação característica e elas são linearmente independentes porque $w(x; y_1, y_2) = be^{2ax} \neq 0$. Quando houver multiplicidade da raiz λ (e, portanto, de $\overline{\lambda}$) aplicamos o processo descrito no 2º caso. Os exemplos dados a seguir ilustram as duas situações.

Exemplo 6.2.6 A equação característica gerada pela EDO $y''-2y'+2y=0$ tem raízes imaginárias $\lambda = 1 \pm i$ e essas raízes produzem as soluções reais LI $y_1(x) = e^x \cos x$ e $y_2(x) = e^x \operatorname{sen} x$. A solução geral da EDO é $y(x) = C_1 e^x \cos x + C_2 e^x \operatorname{sen} x$.

Exemplo 6.2.7 A EDO linear de quarta ordem $y^{(4)}+9y=0$ tem equação característica $\lambda^4+9=0$, cujas raízes $\frac{\sqrt{6}}{2}(\pm 1 \pm i)$ foram determinadas no final do Exemplo 6.2.5. Correspondendo às raízes $\frac{\sqrt{6}}{2} \pm i\frac{\sqrt{6}}{2}$, temos as soluções reais:

$$y_1(x) = e^{\frac{\sqrt{6}}{2}x} \cos \tfrac{\sqrt{6}}{2}x \quad \text{e} \quad y_2(x) = e^{\frac{\sqrt{6}}{2}x} \operatorname{sen} \tfrac{\sqrt{6}}{2}x.$$

Para as raízes $-\frac{\sqrt{6}}{2} \pm i\frac{\sqrt{6}}{2}$ temos $a = -\frac{\sqrt{6}}{2}$ e $b = \frac{\sqrt{6}}{2}$ e as soluções reais correspondentes são:

$$y_3(x) = e^{-\frac{\sqrt{6}}{2}x} \cos \tfrac{\sqrt{6}}{2}x \quad \text{e} \quad y_4(x) = e^{-\frac{\sqrt{6}}{2}x} \operatorname{sen} \tfrac{\sqrt{6}}{2}x.$$

A solução geral é:

$$y(x) = \cos\left(\tfrac{\sqrt{6}}{2}x\right)\left[C_1 e^{\frac{\sqrt{6}}{2}x} + C_2 e^{-\frac{\sqrt{6}}{2}x}\right] + \operatorname{sen}\left(\tfrac{\sqrt{6}}{2}x\right)\left[C_3 e^{\frac{\sqrt{6}}{2}x} + C_4 e^{-\frac{\sqrt{6}}{2}x}\right].$$

Exemplo 6.2.8 A EDO $y^{(4)} + 2y'' + y = 0$ tem equação característica $\lambda^4 + 2\lambda^2 + 1 = 0$, isto é, $\left(\lambda^2+1\right)^2 = 0$. Este é um caso de raízes complexas repetidas, onde cada uma das raízes $\lambda = \pm i$ tem multiplicidade $k = 2$. Com as raízes $\lambda = \pm i$ construimos as soluções reais:

$$y_1(x) = \cos x \quad \text{e} \quad y_2(x) = \operatorname{sen} x$$

e, sendo estas raízes de multiplicidade 2, elas produzem outras duas soluções reais LI:

$$y_3(x) = x\cos x \quad \text{e} \quad y_4(x) = x \operatorname{sen} x.$$

Essas soluções formam uma base para o espaço solução, e a solução geral da EDO é:

$$y(x) = C_1 \cos x + C_2 \operatorname{sen} x + C_3 x \cos x + C_4 x \operatorname{sen} x.$$

6.2.2 Caso Não Homogêneo - Método dos Coeficientes a Determinar (MCD)

Com base no Princípio da Superposição, para determinar a solução geral da EDO linear não homogênea:

$$a_n y^{(n)} + a_{n-1} y^{(n-1)} + \cdots + a_1 y' + a_0 y = b(x), \tag{6.19}$$

ainda com os coeficientes $a_0, a_1, \ldots, a_n$ constantes, resta-nos encontrar uma solução particular $y_P(x)$ e combiná-la com a solução geral $y_H(x)$, obtida no caso homogêneo. O método que utilizaremos é conhecido por *Método dos Coeficientes a Determinar* (MCD) e este método, como o próprio nome sugere, inicia-se supondo conhecida a forma da solução particular y_P, a menos de constantes multiplicativas, que serão determinadas ao substituir a suposta solução y_P na EDO (6.19). A suposta solução deve ser de mesma natureza que $b(x)$ e o MCD é aplicado com sucesso para alguns casos especiais da função $b(x)$, que pode ser um polinômio, uma exponencial do tipo $e^{\alpha x}$ ou combinações de $\operatorname{sen}\beta x$ e $\cos\beta x$.

1. A função $b(x)$ é do tipo polinomial $b(x) = p(x)$

Se a função $b(x)$ é um polinômio de grau k, por exemplo:

$$b(x) = \alpha_0 + \alpha_1 x + \alpha_2 x^2 + \cdots + \alpha_k x^k,$$

admitiremos como solução particular a função:

$$y_P(x) = A_0 + A_1 x + A_2 x^2 + \cdots + A_k x^k.$$

Exemplo 6.2.9 Vamos encontrar a solução geral da EDO $y'' + 2y' - 3y = -x^3 + 1$. De acordo com o Princípio da Superposição a solução geral dessa equação é da forma:

$$y_G(x) = y_H(x) + y_P(x),$$

sendo $y_H(x)$ a solução geral da EDO homogênea associada e $y_P(x)$ uma solução particular da EDO não homogênea. A equação característica é $\lambda^2 + 2\lambda - 3 = 0$, cujas raízes reais e distintas são $\lambda_1 = 1$ e $\lambda_2 = -3$ e, portanto, a solução geral $y_H(x)$ é:

$$y_H(x) = C_1 e^x + C_2 e^{-3x}.$$

A função $b(x)$ é o polinômio do terceiro grau $-x^3 + 1$, de modo que a solução y_P é suposta do tipo:

$$y_P(x) = A + Bx + Cx^2 + Dx^3,$$

que substituida na EDO nos dá:

$$(2C + 6Dx) + 2\left(B + 2Cx + 3Dx^2\right) - 3\left(A + Bx + Cx^2 + Dx^3\right) = -x^3 + 1$$

e identificando os termos semelhantes, chegamos ao sistema algébrico:

$$\begin{cases} -3D = -1 \\ -3C + 6D = 0 \\ -3B + 4C + 6D = 0 \\ -3A + 2B + 2C = 1\,, \end{cases}$$

de onde segue $A = 49/27$, $B = 14/9$, $C = 2/3$, $D = 1/3$. A solução geral procurada é

$$y_G(x) = \underbrace{C_1e^x + C_2e^{-3x}}_{y_H(x)} + \underbrace{\tfrac{1}{3}x^3 + \tfrac{2}{3}x^2 + \tfrac{14}{9}x + \tfrac{49}{27}}_{y_P(x)}.$$

2. A função $b(x)$ é do tipo $b(x) = p(x)e^{\alpha x}$

Se a função $b(x)$ é da forma:

$$b(x) = (\alpha_0 + \alpha_1 x + \alpha_2 x^2 + \cdots + \alpha_k x^k)e^{\alpha x}$$

admitiremos como solução particular a função:

$$y_P(x) = (A_0 + A_1 x + A_2 x^2 + \cdots + A_k x^k)e^{\alpha x}.$$

Exemplo 6.2.10 Consideremos a EDO não homogênea $y'' + 4y' + 4y = (x+2)\,e^{2x}$, cuja equação característica tem $\lambda = -2$ como raiz dupla. A solução geral da EDO homogênea associada é:

$$y_H(x) = C_1e^{-2x} + C_2xe^{-2x}.$$

Substituindo a suposta solução $y_P(x) = (A + Bx)\,e^{2x}$ na EDO, obtemos:

$$4e^{2x}(4A + 2B + 4Bx) = (x+2)\,e^{2x},$$

de onde resulta $A = 3/32$ e $B = 1/16$. A solução geral $y_G(x)$ é dada por:

$$y_G(x) = \underbrace{C_1e^{-2x} + C_2xe^{-2x}}_{y_H(x)} + \underbrace{(\tfrac{3}{32} + \tfrac{x}{16})e^{2x}}_{y_P(x)}.$$

3. A função $b(x)$ é do tipo $b(x) = p(x)e^{\alpha x}\text{sen}\beta x$

Se a função $b(x)$ é da forma:

$$b(x) = (\alpha_0 + \alpha_1 x + \alpha_2 x^2 + \cdots + \alpha_k x^k)e^{\alpha x}\,\text{sen}\,\beta x$$

a solução particular $y_P(x)$ é suposta do tipo:

$$\begin{aligned} y_P(x) &= (A_0 + A_1x + A_2x^2 + \cdots + A_kx^k)e^{\alpha x}\operatorname{sen}\beta x + \\ &+ (B_0 + B_1x + B_2x^2 + \cdots + B_kx^k)e^{\alpha x}\cos\beta x. \end{aligned}$$

A mesma forma para $y_P(x)$ será considerada quando a função $b(x)$ for do tipo:

$$b(x) = (\beta_0 + \beta_1x + \beta_2x^2 + \cdots + \beta_lx^l)e^{\alpha x}\cos\beta x.$$

Exemplo 6.2.11 Para a EDO $y'' - y' - 2y = \operatorname{sen} 2x$, temos que:

$$y_H(x) = C_1e^{2x} + C_2e^{-x}$$

e a solução particular é suposta da forma $y_P(x) = A\operatorname{sen} 2x + B\cos 2x$. Substituindo $y_P(x)$ na EDO resulta:

$$(-6A + 2B)\operatorname{sen} 2x + (-2A - 6B)\cos 2x = \operatorname{sen} 2x$$

e essa igualdade será válida para todo x quando:

$$\begin{cases} -6A + 2B = 1 \\ -2A - 6B = 0\,, \end{cases}$$

isto é, para $A = -3/20$ e $B = 1/20$. Assim, a solução geral é:

$$y_G(x) = \underbrace{C_1e^{2x} + C_2e^{-x}}_{y_H(x)} + \underbrace{\tfrac{1}{20}\cos 2x - \tfrac{3}{20}\operatorname{sen} 2x}_{y_P(x)}.$$

Para finalizar esta seção faremos algumas considerações sobre o MCD.

1. Generalização

Quando a função $b(x)$ é a soma (ou diferença) de funções dos tipos apresentados, admitiremos para solução particular $y_P(x)$ a soma (ou diferença) das supostas soluções correspondentes. O Exemplo 6.2.12 apresentado após essas considerações irá ilustrar essa situação.

2. Modificações Eventuais

Quando algum termo da suposta solução particular $y_P(x)$, sem considerar as constantes multiplicativas, coincidir com algum termo da solução geral $y_H(x)$ da EDO homogênea associada, a solução $y_P(x)$ deve ser modificada, multiplicando-a pelo termo x^m, de modo que elimine tal coincidência. Isto afasta a possibilidade de chegarmos a igualdades óbvias do tipo $0 = 0$, ou a um sistema algébrico sem solução.

3. Limitações do Método

Naturalmente o Método dos Coeficientes a Determinar não se aplica às EDO's que não possuem coeficientes constantes ou àquelas em que a função $b(x)$ não é de algum dos tipos considerados. Por exemplo, ao tentarmos aplicar o MCD à EDO linear de segunda ordem $y'' + xy = 2$, é natural escolhermos como solução particular uma função do tipo $y_P(x) = Ax^m$, sendo A e m constantes, m inteiro positivo. Levando essa suposta solução na EDO, obtemos a identidade polinomial:

$$m(m-1)Ax^{m-2} + Ax^{m+1} = 2,$$

que é incompatível para qualquer escolha de A e m.

Exemplo 6.2.12 Consideremos a EDO $y'' - 3y' + 2y = e^x - 2e^{2x} + \operatorname{sen} x$. A solução geral da equação homogênea associada é:

$$y_H(x) = C_1e^x + C_2e^{2x},$$

e, de acordo com a descrição do método, a solução particular deveria ser do tipo $Ae^x + Be^{2x} + C\operatorname{sen} x + D\cos x$, que contém termos idênticos aos que figuram na solução $y_H(x)$. Para evitar surpresas desagradáveis, essa solução particular deve ser substituída, por exemplo, pela função:

$$y_P(x) = Axe^x + Bxe^{2x} + C\operatorname{sen} x + D\cos x.$$

Substituindo $y_P(x)$ na EDO, obtemos a equação funcional:

$$-Ae^x + Be^{2x} + (C + 3D)\operatorname{sen} x + (-3C + D)\cos x = e^x - 2e^{2x} + \operatorname{sen} x,$$

que certamente será satisfeita em qualquer x quando $A = -1$, $B = -2$, $C = 1/10$ e $D = 3/10$. A solução geral é, portanto:

$$y_G(x) = C_1e^x + C_2e^{2x} - xe^x - 2xe^{2x} + \tfrac{1}{10}\operatorname{sen} x + \tfrac{3}{10}\cos x.$$

6.3 EDO Linear com Coeficientes Variáveis

Nesta seção apresentaremos o *Método de Variação dos Parâmetros* (MVP) que, igualmente ao MCD, será utilizado para determinar uma solução particular da EDO não homogênea (6.19). Antes, porém, daremos destaque a uma classe importante de equações diferenciais conhecidas pelo nome de *Equações de Euler-Cauchy*.

6.3.1 Equação de Euler-Cauchy

As equações de Euler-Cauchy são equações diferenciais do tipo:

$$a_n x^n y^{(n)} + a_{n-1} x^{n-1} y^{(n-1)} + \cdots + a_2 x^2 y'' + a_1 x y' + a_0 y = b(x), \tag{6.20}$$

onde os coeficientes $a_0,\ a_1, \ldots,\ a_n$ são constantes reais. As equações de Euler-Cauchy de segunda ordem aparecem sob a forma:

$$Ax^2 y'' + Bxy' + Cy = b(x), \tag{6.21}$$

onde $A,\ B$ e C são constantes, sendo $A \neq 0$. No ponto $x = 0$ o termo Ax^2y'' da equação (6.21) se anula e, por essa razão, dizemos que $x = 0$ é um *ponto singular* da equação de Euler-Cauchy (6.21) e qualquer solução da equação estará definida para $x > 0$ ou para $x < 0$ e estes casos devem ser tratados separadamente.

O método para resolver a equação de Euler-Cauchy baseia-se na mudança de variável $x = e^t$ (ou $x = -e^t$, se $x < 0$), que transforma a equação em uma EDO linear com coeficientes constantes nas variáveis y e t. Por simplicidade, vamos descrever como atua essa mudança de variável na EDO de segunda ordem (6.21). Mantendo a notação já estabelecida, continuamos a denotar por $\dot{y}$ a derivada de y em relação à variável t e se $x = e^t$, então $\dot{x} = x$ e da Regra da Cadeia resulta:

$$\dot{y} = \frac{dy}{dt} = \frac{dy}{dx}\frac{dx}{dt} = xy'. \tag{6.22}$$

Derivando (6.22) em relação a t, usando mais uma vez a Regra da Cadeia, e lembrando que $\dot{x} = x$,chegamos a:

$$\ddot{y} = \dot{x}y' + x\left(y''\dot{x}\right) = xy' + x^2 y''. \tag{6.23}$$

De (6.22) e (6.23) deduzimos as relações $xy' = \dot{y}$ e $x^2y'' = \ddot{y} - \dot{y}$, que substituídas em (6.21) transforma aquela equação na EDO linear com coeficientes constantes:

$$A\ddot{y} + (B - A)\,\dot{y} + Cy = f\,(t)\,,$$

onde $f\,(t)$ é determinada substituindo x por e^t na expressão de $b(x)$.

Exemplo 6.3.1 A mudança de variável $x = e^t$ transforma a equação de Euler-Cauchy:

$$x^2y'' + 5xy' + 3y = 4\ln x\,, \quad x > 0$$

na EDO com coeficientes constantes:

$$\ddot{y} + 4\dot{y} + 3y = 4t, \tag{6.24}$$

cuja EDO homogênea associada tem solução geral $y_H\,(t) = C_1e^{-t} + C_2e^{-3t}$. Uma solução particular $y_P\,(t)$ de (6.24) é suposta da forma $y_P\,(t) = At+B$ e as constantes A e B, calculadas por substituição de $y_P\,(t)$ em (6.24), são $A = 4/3$ e $B = -16/9$ e a solução geral será:

$$y_G\,(t) = C_1e^{-t} + C_2e^{-3t} + \tfrac{4}{3}t - \tfrac{16}{9}.$$

Retornando à variável x, chegamos à solução:

$$y_G\,(x) = C_1/x + C_2/x^3 + \tfrac{4}{3}\ln x - \tfrac{16}{9}.$$

Exemplo 6.3.2 Vamos encontrar a solução geral da equação de Euler-Cauchy:

$$x^3y''' - 3x^2y'' + 6xy' - 6y = x, \quad x > 0.$$

Procedendo como no Exemplo 6.3.1, efetuamos a mudança $x = e^t$ e obtemos:

$$\begin{aligned} xy' &= \dot{y} \\ x^2y'' &= \ddot{y} - \dot{y} \\ x^3y''' &= \dddot{y} - 3\ddot{y} + 2\dot{y} \end{aligned}$$

e, levando esses valores à equação original, obtemos a EDO com coeficientes constantes:

$$\dddot{y} - 6\ddot{y} + 11\dot{y} - 6y = e^t. \tag{6.25}$$

Para essa EDO temos que:

$$y_H(t) = C_1e^t + C_2e^{2t} + C_3e^{3t}$$

e uma solução particular $y_P(t)$ é suposta da forma $y_P(t) = Ate^t$, sendo A um coeficiente a determinar. Levando $y_P(t)$ em (6.25) deduzimos que $A = 1/2$ e a solução geral será:

$$y_G(t) = C_1e^t + C_2e^{2t} + C_3e^{3t} + \tfrac{1}{2}te^t$$

e retornando à variável x :

$$y_G(x) = C_1x + C_2x^2 + C_3x^3 + \tfrac{1}{2}x\ln x.$$

Observação 6.3.3 As equações de Euler-Cauchy do tipo

$$A(\alpha x + \beta)^2 y'' + B(\alpha x + \beta) y' + Cy = b(x),$$

onde A e α são constantes não nulas e $x > -\beta/\alpha$ (ou $x < -\beta/\alpha$), se transformam por meio da substituição $\xi = \alpha x + \beta$ na EDO

$$(\alpha^2 A)\,\xi^2 \frac{d^2y}{d\xi^2} + (\alpha B)\,\xi \frac{dy}{d\xi} + Cy = f(\xi)$$

do tipo (6.21) nas variáveis ξ e y e que podem ser resolvida pelo método já descrito efetuando a mudança $\xi = e^t$ (ou $\xi = -e^t$, no caso em que $\xi < 0$).

6.3.2 Método de Frobenius

Um método alternativo para resolver a equação de Euler-Cauchy, conhecido como *Método de Frobenius*, consiste em procurar um número complexo λ que torna x^λ uma solução da equação. Vamos reconsiderar a EDO do Exemplo 6.3.2, no caso homogêneo:

$$x^3y''' - 3x^2y'' + 6xy' - 6y = 0, \quad x > 0.$$

Admitindo soluções da forma $y(x) = x^\lambda$, $\lambda \in \mathbb{C}$, obtemos por substituição direta na EDO:

$$x^3\left[\lambda(\lambda-1)(\lambda-2)x^{\lambda-3}\right] - 3x^2\left[\lambda(\lambda-1)x^{\lambda-2}\right] + 6x\left[\lambda x^{\lambda-1}\right] - 6x^\lambda = 0,$$

ou, na forma compacta:

$$x^\lambda\left[\lambda^3 - 6\lambda^2 + 11\lambda - 6\right] = 0$$

e daí obtemos a equação algébrica

$$\lambda^3 - 6\lambda^2 + 11\lambda - 6 = 0,$$

a qual recebe o nome de *equação indicial*, e desempenhará o papel da equação característica para as EDO's com coeficientes constantes.

As raízes reais e distintas da equação indicial são $\lambda_1 = 1$, $\lambda_2 = 2$ e $\lambda_3 = 3$ e as soluções LI correspondentes x, x^2 e x^3 produzem a solução geral:

$$y_H(x) = C_1 x + C_2 x^2 + C_3 x^3.$$

Se λ é uma raiz real de multiplicidade k, a essa raiz fazemos corresponder as soluções LI:

$$x^\lambda,\ (\ln x)\, x^\lambda,\ (\ln x)^2\, x^\lambda,\ \ldots,\ (\ln x)^{k-1}\, x^\lambda, \quad x > 0,$$

construídas de maneira similar ao caso em que os coeficientes são constantes, onde a primeira solução y_1 é x^λ e admitimos uma segunda solução y_2 sob a forma $u(x)\, x^\lambda$, a qual substituida na EDO nos dá $y_2(x) = x^\lambda \ln x$ e asim por diante. Se $\lambda = a + bi$, $b \neq 0$, é uma raiz complexa da equação indicial, então $\bar{\lambda}$ também será e teremos as soluções complexas x^λ e $x^{\bar{\lambda}}$. Ora,

$$x^\lambda = x^a \cdot x^{ib} = x^a \cdot e^{ib(\ln x)} = x^a \left[\cos(b \ln x) + i \,\mathrm{sen}\,(b \ln x)\right]$$

e daí segue que:

$$x^{\bar{\lambda}} = x^a \left[\cos(b \ln x) - i \,\mathrm{sen}\,(b \ln x)\right].$$

Com essas soluções complexas construímos as soluções reais LI:

$$y_1(x) = x^a \cos(b \ln x) \quad \text{e} \quad y_2(x) = x^a \,\mathrm{sen}\,(b \ln x).$$

Recordemos que no caso em que os coeficientes são constantes as soluções LI são:

$$y_1(t) = e^{at} \cos(bt) \quad \text{e} \quad y_2(x) = e^{at} \,\mathrm{sen}\,(bt).$$

Exemplo 6.3.4 Consideremos a EDO de Euler-Cauchy:

$$x^2 y'' + x y' + y = 0, \quad x > 0,$$

a qual possui equação indicial $\lambda^2 + 1 = 0$, com raízes $\lambda = \pm i$. Nesse caso, temos $a = 0$ e $b = 1$ e a solução geral é:

$$y_H(x) = C_1 \cos(\ln x) + C_2 \,\mathrm{sen}\,(\ln x).$$

6.3.3 Método de Variação dos Parâmentros - MVP

Mais uma vez usaremos as equações de segunda ordem com o objetivo de tornar a descrição do método mais clara. Consideremos, então, a seguinte EDO linear de segunda ordem:

$$a_2(x)\,y'' + a_1(x)\,y' + a_0(x)\,y = b(x),$$

onde as funções $a_0(x)$, $a_1(x)$, $a_2(x)$ e $b(x)$ são contínuas em um intervalo I e nesse intervalo a função $a_2(x)$ nunca se anula; em outras palavras, a EDO não possui ponto singular em I. Em se tratando de equações de segunda ordem, iniciamos o método admitindo conhecidas duas soluções LI $y_1(x)$ e $y_2(x)$ da EDO homogênea associada. Em seguida, uma solução particular y_P é suposta da forma:

$$y_P(x) = u(x)\,y_1(x) + v(x)\,y_2(x),$$

onde $u(x)$ e $v(x)$ são funções a determinar, satisfazendo à condição lateral:

$$u'y_1 + v'y_2 = 0, \tag{6.26}$$

onde figuram as *variações dos parâmetros* u e v e daí resultou o nome do método. Derivando duas vêzes a suposta solução $y_P(x)$ e usando a condição lateral (6.26), obtemos:

$$\begin{aligned} y_P'(x) &= u(x)\,y_1'(x) + v(x)\,y_2'(x) \\ y_P''(x) &= u'(x)\,y_1'(x) + u(x)\,y_1''(x) + v'(x)\,y_2'(x) + v(x)\,y_2''(x) \end{aligned}$$

e substituindo $y_P(x)$, $y_P'(x)$ e $y_P''(x)$ na EDO, efetuando algumas simplificações, chegamos a:

$$u\left[a_2y_1'' + a_1y_1' + a_0y_1\right] + v\left[a_2y_2'' + a_1y_2' + a_0y_2\right] + a_2u'y_1' + a_2v'y_2' = b(x)$$

e como y_1 e y_2 são soluções da EDO homogênea associada, as expressões entre colchetes na última igualdade são iguais a zero e, portanto:

$$a_2u'y_1' + a_2v'y_2' = b(x). \tag{6.27}$$

Combinando (6.26) e (6.27), formamos o sistema linear nas variáveis u' e v' :

$$\begin{cases} y_1u' + y_2v' = 0 \\ y_1'u' + y_2'v' = \dfrac{b}{a_2}, \end{cases} \tag{6.28}$$

e usando a Regra de Cramer deduzimos que:

$$u'(x) = \frac{-b(x)\,y_2(x)}{a_2(x)\,w(x)} \quad \text{e} \quad v'(x) = \frac{b(x)\,y_1(x)}{a_2(x)\,w(x)}. \tag{6.29}$$

Duas funções u e v são determinadas a partir de (6.29) por integração, fixando $x_0 \in I$ e considerando:

$$u(x) = -\int_{x_0}^{x} \frac{b(s)\,y_2(s)}{a_2(s)\,w(s)}ds \quad \text{e} \quad v(x) = \int_{x_0}^{x} \frac{b(s)\,y_1(s)}{a_2(s)\,w(s)}ds. \tag{6.30}$$

Exemplo 6.3.5 Consideremos a EDO de segunda ordem:

$$y'' + y = \operatorname{tg} x. \tag{6.31}$$

As funções $y_1(x) = \cos x$ e $y_2(x) = \operatorname{sen} x$ são soluções LI da EDO homogênea associada, com wronskiano $w(x) \equiv 1$, e a solução $y_H(x)$ é:

$$y_H(x) = C_1 \cos x + C_2 \operatorname{sen} x.$$

Para determinar os parâmetros u e v, consideramos $x_0 = 0$ nas fórmulas (6.30) e obtemos:

$$u(x) = -\int_0^x \operatorname{sen} s \ \operatorname{tg} s\, ds = \operatorname{sen} x - \ln|\sec x + \operatorname{tg} x|$$

$$v(x) = \int_0^x \cos s \ \operatorname{tg} s\, ds = -\cos x$$

e, assim, uma solução particular $y_P(x)$ é dada por:

$$y_P(x) = -\cos x\,(\ln|\sec x + \operatorname{tg} x|).$$

A solução geral de (6.31) é:

$$y_G(x) = C_1 \cos x + C_2 \operatorname{sen} x - \cos x\,(\ln|\sec x + \operatorname{tg} x|).$$

Exemplo 6.3.6 Consideremos a EDO de Euler-Cauchy: $x^2y'' - 2xy' + 2y = x + x^2$.

Duas soluções LI da EDO associada $x^2y'' - 2xy' + 2y = 0$ pode ser determinada pela equação indicial (método de Frobenius) ou pela equação característica (com a substituição $x = e^t$). Encontra-se $y_1(x) = x$ e $y_2(x) = x^2$, $x > 0$. Uma solução particular é suposta da forma $y_P(x) = uy_1 + vy_2$, onde u e v devem satisfazer ao sistema (6.28) que, neste caso, se reduz a:

$$\begin{cases} xu' + x^2v' = 0 \\ u' + 2xv' = 1 + 1/x. \end{cases} \tag{6.32}$$

Multiplicando a segunda equação de (6.32) por $-x$ e somando com a primeira, chegamos a $v' = 1/x + 1/x^2$ e, por conseguinte, $u' = -1 - 1/x$. Logo, $u = -x - \ln x$ e $v = \ln x - 1/x$ e a solução particular é:

$$y_P(x) = (-x - \ln x)\, x + (\ln x - 1/x)\, x^2 = x^2 \ln x - x \ln x - x^2 - x.$$

A solução geral da EDO é $y_G(x) = C_1 x + C_2 x^2 + x^2 \ln x - x \ln x$.

Exemplo 6.3.7 A descrição do MVP para uma EDO de terceira ordem

$$a_3(x)\, y''' + a_2(x)\, y'' + a_1(x)\, y' + a_0(x)\, y = b(x), \quad a_3(x) \neq 0.$$

é similar ao caso anterior. Uma solução particular é suposta da forma

$$y_P(x) = u(x)\, y_1(x) + v(x)\, y_2(x) + w(x)\, y_3(x),$$

onde y_1, y_2 e y_3 são soluções linearmente independentes da EDO homogênea associada e os parâmetros u, v e w satisfazem as seguintes condições:

$$u'y_1 + v'y_2 + w'y_3 = 0 \tag{6.33}$$

$$u'y_1' + v'y_2' + w'y_3' = 0, \tag{6.34}$$

que são as equações de variação dos parâmetros. Substituindo y_P na EDO e usando as condições (6.33) e (6.34) obtemos a terceira condição de variação dos parâmetros

$$u'y_1'' + v'y_2'' + w'y_3'' = \frac{b(x)}{a_3(x)} \tag{6.35}$$

e combinando as equações (6.33), (6.34 e (6.35) chegamos ao sistema:

$$\left|\begin{array}{l} u'y_1 + v'y_2 + w'y_3 = 0 \\ u'y_1' + v'y_2' + w'y_3' = 0 \\ u'y_1'' + v'y_2'' + w'y_3'' = \dfrac{b(x)}{a_3(x)} \end{array}\right. \tag{6.36}$$

que pode ser resolvido pela Regra de Cramer ou por qualquer outro processo para determinar u', v' e w'. Por integração encontramos u, v e w e, consequentemente, a solução y_P. Como ilustração, consideremos a EDO $y''' - 2y'' - y' + 2y = e^x$ e as soluções LI $y_1 = e^x$, $y_2 = e^{-x}$ e $y_3 = e^{2x}$ da EDO homogênea associada. O sistema (6.36) se reduz a:

$$\begin{vmatrix} u'e^x + v'e^{-x} + w'e^{2x} = 0 \\ u'e^x - v'e^{-x} + 2w'e^{2x} = 0 \\ u'e^x + v'e^{-x} + 4w'e^{2x} = e^x \end{vmatrix}$$

e resolvendo encontramos $u' = -1/2$, $v' = e^{2x}/6$ e $w' = e^{-x}/3$; por integração obtemos $u = -x/2$, $v = e^{2x}/12$ e $w = -e^{-x}/3$ e a solução particular é:

$$y_P(x) = u(x)e^x + v(x)e^{-x} + w(x)e^{2x} = -\tfrac{1}{4}e^x - \tfrac{1}{2}xe^x.$$

Observação 6.3.8 O Método de Variação de Parâmetros pode ser aplicado com sucesso a qualquer EDO linear de ordem n, desde que conheçamos n soluções LI da EDO homogênea associada. Ele é mais poderoso que o Método dos Coeficientes a Determinar, que, de modo geral, é restrito às EDO's com coeficientes constantes e a formas particulares da função $b(x)$, que pode ser do tipo $e^{\alpha x}q(x)\cos\beta x$ ou $e^{\alpha x}q(x)\operatorname{sen}\beta x$, sendo $q(x)$ um polinômio. No caso em que os dois métodos são aplicáveis recomendamos o Método dos Coeficientes a Determinar, por ser, em geral, mais eficaz.

6.4 Exercícios Complementares

6.4A Usando a Definição 6.1.3 ou o Teorema 6.1.9, mostre que as funções dadas são soluções LI da EDO indicada.

(a) $y_1(x) = \operatorname{sen} x$, $y_2(x) = \cos x$; $\quad y'' + y = 0$;

(b) $y_1(x) = -2$, $y_2(x) = \operatorname{sen} x$, $y_3(x) = 3\cos x$; $\quad y''' + y' = 0$;

(c) $y_1(x) = e^x$, $y_2(x) = e^{-x}$, $y_3(x) = \operatorname{sen} x$, $y_4(x) = \cos x$; $\quad y^{(4)} - y = 0$;

(d) $y_1(x) = e^x$, $y_2(x) = e^{2x}$, $y_3(x) = e^{3x}$; $\quad y''' - 6y'' + 11y' - 6y = 0$.

6.4B Encontre a solução geral das seguintes EDO's:

(a) $y'' - 3y' + 2y = 0$ (b) $y^{(4)} + 4y = 0$

(c) $y''' - 6y'' + 11y' - 6y = 0$ (d) $8y'' + 4y' + y = 0$

(e) $y^{(4)} + 5y''' = 0$ (f) $y''' - 3y'' + 4y' - 2y = 0$

(g) $y''' - y'' - y' + y = 0$ (h) $y^{(4)} + 2y'' + y = 0$

6.4C Em cada caso, verifique que as funções dadas são soluções LI da EDO indicada e determine a solução geral.

(a) $y_1(x) = \cos x$ e $y_2(x) = \operatorname{sen} x$; $y^{(4)} - 4y''' + 7y'' - 4y' + 6y = 0$;

(b) $y_1(x) = e^{2x}\cos x$ e $y_2(x) = e^{2x}\operatorname{sen} x$; $y^{(4)} - 8y''' + 32y'' - 64y' + 64y = 0$;

(c) $y_1(x) = e^{x}\cos x$ e $y_2(x) = e^{x}\operatorname{sen} x$; $y^{(4)} - 6y''' + 19y'' - 26y' + 18y = 0$;

(d) $y_1(x) = e^{x}$ e $y_2(x) = xe^{-x}$; $y^{(5)} - y^{(4)} - 2y''' + 2y'' + y' - y = 0$;

(e) $y_1(x) = e^{x}$, $y_2(x) = e^{-x}$ e $y_3(x) = e^{2x}$; $y^{(6)} - 5y^{(4)} + 16y''' + 36y'' - 16y' - 32y = 0$.

6.4D Qual a solução geral de uma EDO linear homogênea com coeficientes constantes, cujas raízes da equação característica são: $2, 2, 2, 3, 3, 3 - 4i, 3 + 4i, 3 - 4i$ e $3 + 4i$? Qual é a EDO?

6.4E Encontre a EDO de segunda ordem com a seguinte família de curvas integrais:

(a) $y = C_1x + C_2x^2$ (b) $y = C_1e^{-x} + C_2xe^{-x}$ (c) $C_1e^{x} + C_2e^{2x}$.

6.4F Com o Método dos Coeficientes a Determinar (MCD), encontre a solução geral da EDO.

(a) $y'' - y' - 2y = 4x^2$ (b) $y' - 5y = (x-1)\operatorname{sen} x + (x+1)\cos x$

(c) $y'' + 2y' + 2y = 1 + x^2$ (d) $y'' + 4y' + 8y = x + e^{x}$

(e) $y'' = 9x^2 + 2x - 1$ (f) $y'' - 3y' + 2y = e^{x} - 2e^{2x} + \operatorname{sen} x$

(g) $y''' - y'' - y' + y = x^2$ (h) $y' - 5y = x^2e^{x} - xe^{5x}$

(i) $y' - y = 1 + xe^{2x}$ (j) $y''' - 6y'' + 11y' - 6y = 2xe^{-x}$

(k) $y^{(4)} + 4y = x^2 - 3x + 2$ (l) $y''' - y = 3\operatorname{sen} x - \cos x$

6.4G Encontre a solução geral das seguintes equações de Euler-Cauchy:

(a) $4x^2y'' - 4xy' + 3y = \operatorname{sen}\ln(-x)$, $x < 0$ (b) $x^2y'' - 3xy' + 3y = 0$

(c) $x^2y'' - xy' + 2y = 1 + (\ln x)^2$, $x > 0$ (d) $x^2y'' - 3xy' + 3y = \ln x$, $x > 0$

(e) $x^3y''' - 3x^2y'' + 6xy' - 6y = 0$ (f) $x^2y'' - 6xy' = 0$

6.4H Considere as funções $y_1(x) = x^m \operatorname{sen}\ln(x^n)$ e $y_2(x) = x^m\cos\ln(x^n)$, definidas para $x > 0$. Calcule o wronskiano $w(x)$ dessas funções e encontre uma EDO do tipo Euler de segunda ordem possuindo y_1 e y_2 como soluções.

6.4I Com o Método de Variação dos Parâmetros (MVP), encontre a solução geral da EDO.

(a) $y'' - 2y' + y = x^{-1}e^x$ (b) $y' + 4y/x = x^4$

(c) $y'' - 2y' + y = x^{-5}e^x$ (d) $y'' + 4y = \operatorname{sen}^2 2x$

(e) $y'' - 2y' + y = e^x + 2xe^x$ (f) $x^2y'' - 2y = (x-1)\,x^{-2}$

(g) $y''' + x^{-2}y' - x^{-3}y = x^{-2}\ln x$ (h) $y''' + y' = \sec x$.

6.4J Verifique que as funções $x_1(t) = t$ e $x_2(t) = 1 + t^2$ são soluções LI da EDO

$$\left(t^2 - 1\right)\ddot{x} - 2t\dot{x} + 2x = 0$$

e usando o MVP encontre a solução geral da EDO não homogênea:

$$\left(t^2 - 1\right)\ddot{x} - 2t\dot{x} + 2x = \left(1 - t^2\right)^2.$$

6.4K Considere a EDO não-homogênea:

$$t^3\dddot{x} + 3t^2\ddot{x} = 1.$$

Verifique que as funções $x_1(t) = 1$, $x_2(t) = t$ e $x_3(t) = 1/t$, $t > 0$, são soluções LI da EDO homogênea associada e, usando o MVP, encontre a solução geral da EDO não homogênea.

6.4L Qual a solução da equação de Euler-Cauchy $x^2y'' - 2xy' + 2y = 0$ que satisfaz às condições iniciais $y(1) = 1$ e $y'(1) = 4$?

6.4M Encontre a solução da EDO $x^2y'' + xy' + y = \ln x$ que satisfaz às condições $y(1) = 0$ e $y'(1) = 2$.

6.4N Mostre que as funções $\operatorname{sen} x^2$ e $\cos x^2$ são soluções LI da EDO $xy'' - y' + 4x^3y = 0$, embora o wronskiano seja nulo em $x = 0$. Por que isso não contradiz os fatos teóricos (Observação 6.1.10)?

6.4O Verifique que no intervalo $]0, \infty[$ as funções $y_1(x) = \operatorname{sen}(1/x)$ e $y_2(x) = \cos(1/x)$ são soluções LI da EDO $x^4y'' + 2x^3y' + y = 0$ e encontre a solução que satisfaz às condições $y(1/\pi) = 1$ e $y'(1/\pi) = -1$.

6.4P Considere a EDO:

$$y'' + a(x)\,y = b(x),$$

sendo $a(x)$ e $b(x)$ funções deriváveis. Se $y_1(x)$ e $y_2(x)$ são soluções LI da EDO homogênea associada, mostre que a solução geral da EDO não homogênea vem dada por:

$$y(x) = -y_1(x)\int y_2(x)\,b(x)\,dx + y_2(x)\int y_1(x)\,b(x)\,dx.$$

6.4Q (reduzindo a ordem) Seja $\varphi(x)$ uma solução da EDO linear homogênea

$$y'' + a_1(x)\,y' + a_0(x)\,y = 0$$

sendo $a_0(x)$ e $a_1(x)$ funções contínuas em um intervalo I, onde $\varphi(x) \neq 0$. A substituição $y = \varphi z$ reduz a EDO a

$$z'' + \left[a_1(x) + 2\varphi'/\varphi\right] z' = 0$$

que, por sua vez, com a substituição $u = z'$ se reduz a EDO de primeira ordem

$$(*) \qquad u' + \left[a_1(x) + 2\varphi'/\varphi\right] u = 0.$$

A solução geral da EDO $(*)$, obtida a partir de (5.12), é $u(x) = C\varphi(x)^{-2}\exp\left(-\int a_1(x)\,dx\right)$ e daí obtemos:

$$z(x) = C\int \varphi(x)^{-2}\exp\left(-\textstyle\int a_1(x)\,dx\right)dx.$$

Considerando a constante C igual a 1, obtemos uma segunda solução

$$\psi(x) = \varphi(x)\int \varphi(x)^{-2}\exp\left(-\textstyle\int a_1(x)\,dx\right)dx.$$

No intervalo $-1 < x < 1$, mostre que $\varphi(x) = x$ é uma solução da equação $\left(1 - x^2\right)y'' - 2xy' + 2y = 0$, determine uma segunda solução $\psi(x)$ LI com $\varphi(x)$ e a solução geral da EDO.

6.4R Considere a EDO linear de segunda ordem não homogênea:

$$y'' + a_1(x)\,y' + a_0(x)\,y = b(x),$$

com $a_0(x)$, $a_1(x)$ e $b(x)$ contínuas. Se $\varphi(x)$ é uma solução não nula da EDO homogênea associada, mostre que a substituição $y = \varphi z$ leva a EDO à forma:

$$\frac{d}{dx}\left(\varphi^2 z'\right) + a_1\left(\varphi^2 z'\right) = \varphi b,$$

que possui fator integrante $I = \exp\left(\int a_1(x)\,dx\right)$.

6.4S Usando o método descrito no exercício precedente com $\varphi(x) = x$ ou $\varphi(x) = e^x$, determine a solução geral das seguintes EDO's:

(a) $xy'' - (x+3)y' + 3y = x$ (b) $(1-x)y'' + xy' - y = (1-x)^2$

(c) $(1+x^2)y'' - 2xy' + 2y = 0$ (d) $xy'' - (2x+1)y' + (x+1)y = 0.$

6.5 Aplicações

6.5.1 Vibrações Amortecidas e Forçadas

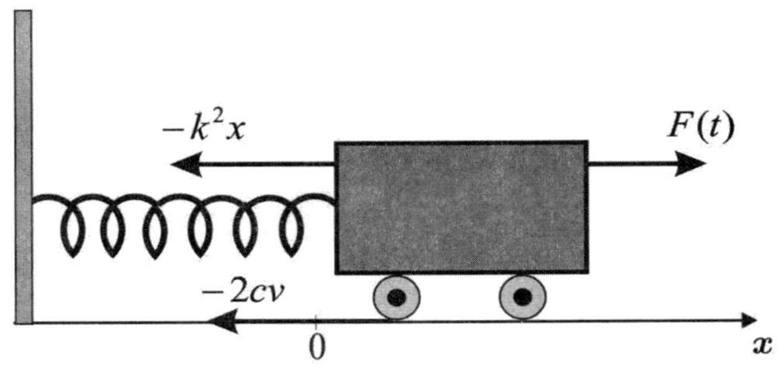

Fig. 6.3

Consideremos um corpo de massa m, preso a uma mola (veja figura 6.3), sob a ação das seguintes forças:

- **força de atrito:** $-2cv$, $c > 0$, oposta ao movimento, onde v representa a velocidade;
- **força restauradora:** $-k^2x$, exercida pela mola, sendo k uma constante positiva, e
- **força externa:** $F(t)$.

A Segunda Lei de Newton estabelece que:

$$m\ddot{x} = -2c\dot{x} - k^2x + F(t)$$

ou, de forma equivalente:

$$\ddot{x} + \frac{2c}{m}\dot{x} + \frac{k^2}{m}x = \frac{F(t)}{m}, \tag{6.37}$$

que é a equação do movimento para vibrações *forçadas*. Quando não houver forças externas, isto é, quando $F \equiv 0$, as vibrações serão *amortecidas*. Trata-se de uma EDO linear de segunda ordem nas variáveis x e t, com coeficientes constantes, que pode ser resolvida pelo Método dos Coeficientes a

Determinar, dependendo da função F, naturalmente, ou pelo Método de Variação dos Parâmetros. No caso amortecido, a EDO se escreve sob a forma:

$$\ddot{x} + \frac{2c}{m}\dot{x} + \frac{k^2}{m}x = 0,$$

cuja equação característica $\lambda^2 + \frac{2c}{m}\lambda + \frac{k^2}{m} = 0$ possui raízes $\lambda = \frac{-c}{m} \pm \frac{\sqrt{c^2 - k^2 m}}{m}$, e existem dois casos a considerar. No primeiro caso, quando $c^2 > k^2 m$, as raízes são reais e distintas e fazendo $\omega = \frac{\sqrt{|c^2 - k^2 m|}}{m}$, a solução geral é

$$x(t) = e^{-ct/m}\left[C_1 e^{\omega t} + C_2 e^{-\omega t}\right].$$

No outro caso, quando $c^2 < k^2 m$, as raízes são $\lambda = \frac{-c}{m} \pm i\omega$ e a solução geral é:

$$x(t) = e^{-ct/m}\left[C_1 \cos \omega t + C_2 \operatorname{sen} \omega t\right].$$

Quando a força externa $F(t)$ é uma função contínua por partes, podemos usar sua Série de Fourier para encontrar uma solução $x(t)$ da EDO (6.37). Suponhamos que os dados do problema são de tal forma que a EDO resultante seja:

$$\ddot{x} + (0.02)\dot{x} + 25x = F(t), \tag{6.38}$$

e $F(t)$ é a função 2π-periódica definida por:

$$F(t) = \begin{cases} t + \pi/2, & \text{se } -\pi < t \leq 0 \\ -t + \pi/2, & \text{se } 0 < t < \pi, \end{cases}$$

com Série de Fourier (ver Exercício 4.4F(i))

$$F(t) = \frac{4}{\pi}\left(\cos t + \frac{\cos 3t}{3^2} + \frac{\cos 5t}{5^2} + \cdots\right).$$

É razoável imaginar uma solução $x(t)$ da equação (6.38) como a soma de *soluções aproximadas* de equações do mesmo tipo, com forças externas $F_n(t)$ dadas por:

$$F_n(t) = \frac{4 \cos nt}{\pi n^2}, \quad n = 1, 3, 5, \ldots,$$

que é o termo geral da Série de Fourier de $F(t)$. Para cada $n = 1, 3, 5, \ldots$ consideremos a *equação aproximada*:

$$\ddot{x}_n + (0.02)\,\dot{x}_n + 25x_n = \frac{4\cos nt}{\pi n^2} \tag{6.39}$$

cuja solução particular é suposta da forma $x_n(t) = A_n \cos nt + B_n \operatorname{sen} nt$, onde as constantes A_n e B_n são determinadas por substituição de $x_n(t)$ na EDO (6.39) e valem:

$$A_n = \frac{4\left(25 - n^2\right)}{\pi n^2 D} \quad \text{e} \quad B_n = \frac{0.08}{\pi n D}, \quad n = 1, 3, 5, \ldots,$$

onde $D = \left(25 - n^2\right)^2 + (0.02n)^2$. Uma solução $x(t)$ de (6.38) é dada pela série trigonométrica:

$$x(t) = \sum_{n=1}^{\infty} \left[A_{2n-1} \cos(2n-1)\,t + B_{2n-1} \operatorname{sen}(2n-1)\,t\right], \tag{6.40}$$

e a verificação de que a função $x(t)$ definida por (6.40) é de fato uma solução da EDO (6.38) baseia-se no processo de derivação termo a termo para séries trigonométricas. O leitor familiarizado com convergência uniforme não terá dificuldade em verificar a validade dessa operação para esse caso.

6.5.2 Mola Vibrante

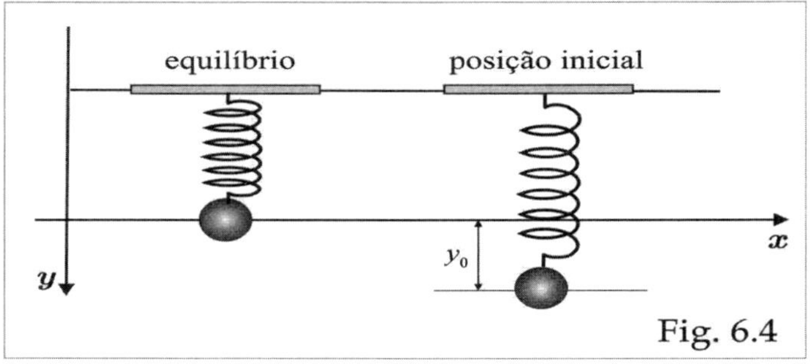

Fig. 6.4

Por conveniência escolhemos o sentido para baixo como positivo e o centro do corpo na posição de equilíbrio como origem. Desprezando a massa da mola e admitindo que a resistência do ar é, em cada instante, proporcional à velocidade do corpo, teremos três forças a considerar:

- **resistência do ar:** $F_a = -a\dot{y}$, $a > 0$;
- **força devido à massa:** $F(t)$, dirigida para baixo; e
- **força restauradora da mola:** $F_r = -ky$, $k > 0$, que traduz a Lei Linear de Hooke.

A *força restauradora* $F_r = -ky$ atua de modo a levar o sistema ao repouso e, estando a massa abaixo da posição de equilíbrio, então y é positivo e F_r é negativa. A força F_a, devido a resistência do ar, atua em direção oposta ao movimento, gerando um amortecimento do sistema. Da Segunda Lei de Newton, temos:

$$m\ddot{y} = -a\dot{y} - ky + F(t)$$

ou, de forma equivalente:

$$\ddot{y} + \frac{a}{m}\dot{y} + \frac{k}{m}y = \frac{F(t)}{m}.$$

Novamente encontramos uma EDO linear de 2ª ordem com coeficientes constantes para descrever o fenômeno, e a solução geral é obtida como no caso anterior. Se o movimento se inicia em $t = 0$ com velocidade inicial v_0, então as condições iniciais $y(0) = y_0$ e $\dot{y}(0) = v_0$ devem ser consideradas no cálculo da solução correspondente. Observamos que na descrição do movimento a força devido à gravidade não aparece explicitamente, embora esteja presente. Essa força é compensada quando medimos a distância em relação à posição de equilíbrio e ela só aparece na equação quando a distância for medida a partir da extremidade inferior do comprimento natural da mola. Nesse caso, o movimento será descrito pelo PVI:

$$\begin{cases} \ddot{y} + \dfrac{a}{m}\dot{y} + \dfrac{k}{m}y = g + \dfrac{F(t)}{m} \\ y(0) = 0, \quad \dot{y}(0) = 0. \end{cases}$$

6.5.3 Pêndulo Simples

O movimento de um pêndulo simples é descrito pela EDO de segunda ordem:

$$m\ddot{s} = f = -mg\,\mathrm{sen}\,\theta,$$

onde $s = l\theta$ é o comprimento do arco. Substituindo na EDO o valor de s obtemos a equação não linear $\ddot{\theta} + (g/l)\,\mathrm{sen}\,\theta = 0$ e aproximando $\mathrm{sen}\,\theta$ por θ, o que é razoável para pequenas oscilações, chegamos modelo linear $\ddot{\theta} + (g/l)\theta = 0$, com solução geral:

$$\theta(t) = A\cos\left(\sqrt{g/l}\,t\right) + B\,\mathrm{sen}\left(\sqrt{g/l}\,t\right).$$

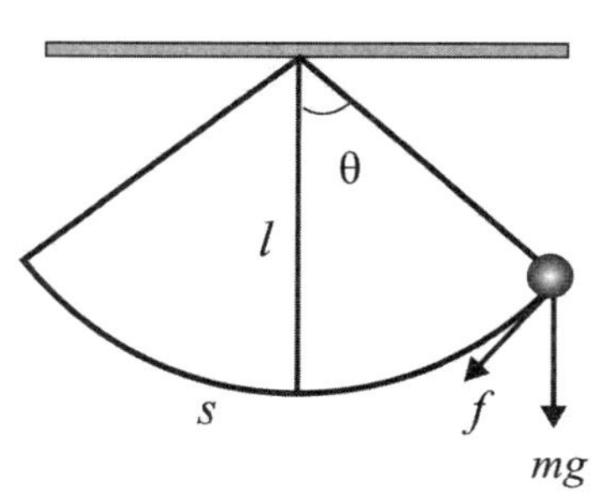

Fig. 6.5

6.5.4 Movimento Harmônico Simples - MHS

O MHS é o movimento descrito por uma partícula de massa m ao longo do eixo x, sujeita a uma *força atratora* para o ponto de equilíbrio, cuja magnitude é proporcional à distância da massa ao ponto de equilíbrio. Esse movimento é descrito pela EDO:

$$m\ddot{x} = -kx, \quad k > 0,$$

cuja solução geral é:

$$x(t) = A\cos(\sqrt{k/m}\, t) + B\,\text{sen}(\sqrt{k/m}\, t).$$

O movimento tem *período* $T = 2\pi/L$, onde $L = \sqrt{k/m}$ e *amplitude* $\sqrt{A^2 + B^2}$.

6.5.5 Deflexão de Vigas

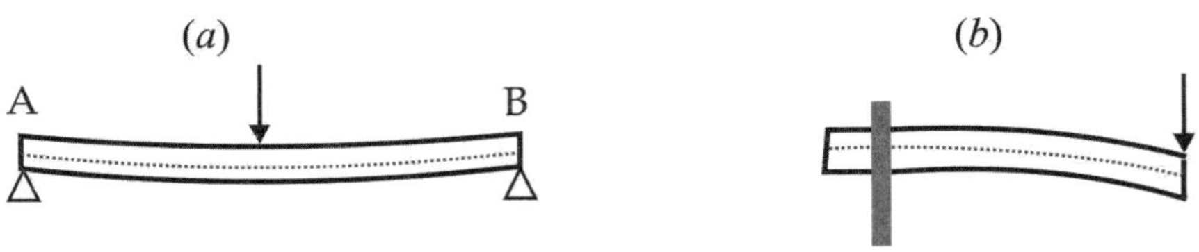

Fig. 6.6

Consideremos uma viga homogênea com eixo de simetria AB e seção reta uniforme, conforme figura 6.6(a). A curva descrita pelo eixo de simetria após a deflexão será denominada *curva elástica* e esta tem o aspecto mostrado na figura 6.7, onde fizemos o ponto A do eixo de simetria coincidir com a origem do sistema de coordenadas.

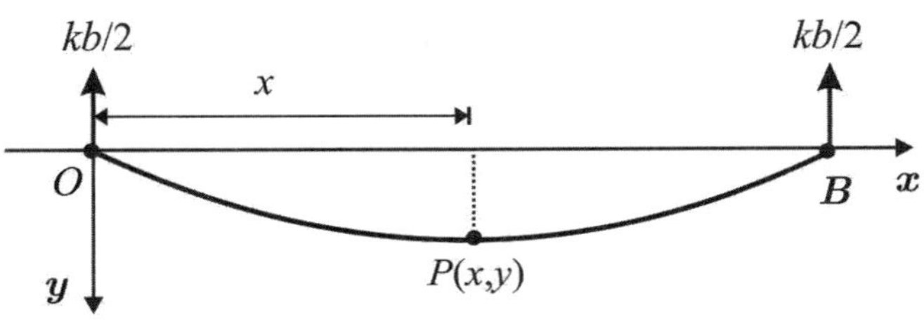

Fig. 6.7

Seja b o comprimento total da viga e denotemos por k o seu peso por unidade de comprimento. Em cada extremidade da viga atua uma força de intensidade igual a $\frac{kb}{2}$ e, sobre um ponto x do eixo OB, os momentos (em direções opostas) das forças que atuam à esquerda de x são:

- **momento devido a força $\frac{kb}{2}$:** $M_1(x) = (\frac{kb}{2})x.$
- **momento devido ao peso de Ox:** $M_2(x) = (kx)\frac{x}{2}.$

A soma algébrica desses momentos é:

$$M(x) = \frac{kx^2}{2} - \frac{kbx}{2}.$$

Se considerássemos as forças que atuam à direita de x, teríamos:

$$M(x) = k(b-x)\frac{b-x}{2} - \frac{kb}{2}(b-x) = \frac{kx^2}{2} - \frac{kbx}{2}.$$

Da teoria sobre resistência dos materiais sabe-se que o momento resultante é $M(x) = EIy''$, sendo E o *módulo de Young* do material e I o momento de inércia de uma seção reta da viga em relação ao eixo Ox e o termo EI representando a *rigidez à deflexão.* A curva elástica é descrita pelo seguinte modelo de segunda ordem:

$$\begin{cases} EIy'' = \dfrac{kx^2}{2} - \dfrac{kbx}{2} \\ y(0) = 0, \ \ y'(b) = 0, \end{cases}$$

cuja solução é:

$$y(x) = \frac{k}{24EI}(x^4 - 2bx^3 + b^3x).$$

A deflexão máxima ocorre no ponto $x = \frac{b}{2}$ e é dada por $y(b/2) = \frac{5kb^4}{384EI}.$

6.5.6 Vigas em Balanço

Consideremos uma *viga em balanço* de comprimento b com um extremo livre e o outro fixo, como mostra a figura 6.6(b) e suponhamos que o eixo x coincida com o eixo de simetria da viga, de modo que a curva elástica descrita por ela tem o aspecto mostrado na figura ao lado. O momento $M(x)$ do segmento QB em relação ao ponto x é devido ao seu peso $k(b-x)$ e tem valor igual a:

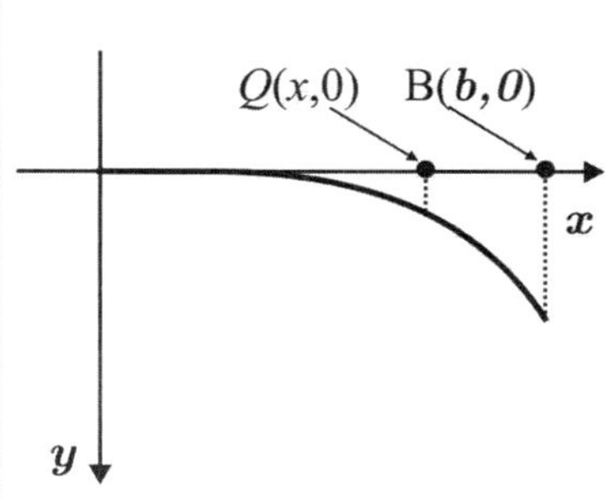

Fig. 6.8

$$M(x) = k(b-x)\frac{b-x}{2} = \frac{k}{2}(b-x)^2.$$

Logo, a curva elástica é descrita pelo problema de valor inicial

$$\begin{cases} EIy'' = \frac{k}{2}(b-x)^2 \\ y(0) = 0 \quad \text{e} \quad y'(0) = 0, \end{cases}$$

sendo a solução dada por:

$$y(x) = \frac{k}{24EI}\left(x^4 - 4bx^3 + 6b^2x^2\right).$$

A deflexão máxima ocorre em $x = b$ e seu valor é $y(b) = \dfrac{kb^4}{8EI}$.

6.5.7 Circuitos Elétricos

O circuito elétrico da figura ao lado contém uma força eletromotriz E (produzida por uma bateria ou gerador), um resistor R, um indutor L e um capacitor C, em série. Se $Q(t)$ representa a carga no capacitor C, no instante t, então a corrente $I(t)$ no mesmo instante é medida pela taxa de variação da carga $Q(t)$ em relação ao tempo, isto é, $I = dQ/dt$ e as quedas de voltagem devido ao resistor, indutor e capacitor são, respectivamente: RI, $L\dfrac{dI}{dt}$ e $\dfrac{Q}{C}$.

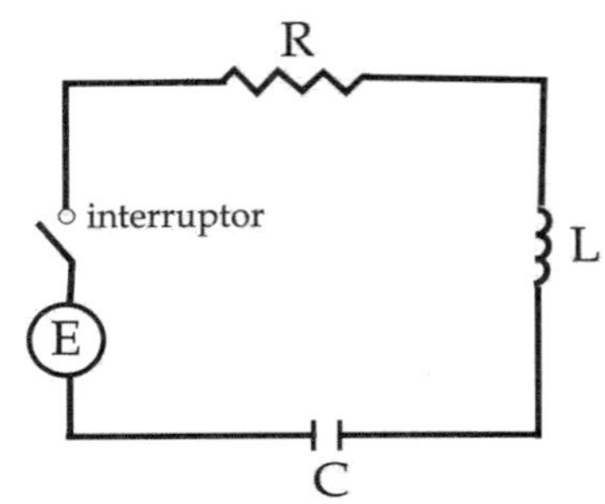

Fig. 6.9

Como já mencionamos no Capítulo 5, a lei de Kirchhoff estabelece que a soma das quedas da voltagem é igual à voltagem fornecida e com isso obtemos a EDO:

$$L\frac{dI}{dt} + RI + \frac{Q}{C} = E(t).$$

Para obtermos uma EDO linear de segunda ordem para a carga $Q(t)$, usamos $I = \dfrac{dQ}{dt}$ e obtemos:

$$L\frac{d^2Q}{dt^2} + R\frac{dQ}{dt} + \frac{1}{C}Q = E(t)$$

e se forem fornecidas a corrente I_0 e a carga Q_0 no capacitor, no instante $t = 0$, chegamos ao PVI:

$$\begin{cases} LQ'' + RQ' + \frac{1}{C}Q = E(t) \\ Q(0) = Q_0 \quad \text{e} \quad Q'(0) = I_0. \end{cases} \tag{6.41}$$

Por derivação da EDO $(6.41)_1$, obtemos a seguinte equação diferencial de segunda ordem para a corrente:

$$LI'' + RI' + \tfrac{1}{C}I = E'(t).$$

Exemplo 6.5.1 No circuito da figura 6.10 suponhamos que $R = 4\ \Omega$, $L = 1\ H$, $C = 0.2\ F$ e que a voltagem fornecida no instante t seja $E(t) = \cos 2t$. Se a carga e a corrente no instante $t = 0$ são ambas nulas, então o PVI (6.41) se reduz a:

$$\left\{\begin{array}{l} Q'' + 4Q' + 5Q = \cos 2t \\ Q(0) = 0 \quad \text{e} \quad Q'(0) = 0. \end{array}\right. \tag{6.42}$$

A equação característica é $\lambda^2 + 4\lambda + 5 = 0$ cujas raízes complexas $\lambda_1 = -2 + i$ e $\lambda_2 = -2 - i$ produzem as soluções reais LI:

$$Q_1(t) = e^{-2t}\cos t \quad \text{e} \quad Q_2(t) = e^{-2t}\,\text{sen}\, t$$

e a solução geral da EDO auxiliar é, portanto:

$$Q_H(t) = e^{-2t}\left(C_1 \cos t + C_2\,\text{sen}\, t\right).$$

Para usar o MCD, tentamos uma solução particular

$$Q_P(t) = A\cos 2t + B\,\text{sen}\, 2t,$$

de modo que

$$Q_P'(t) = -2A\,\text{sen}\, 2t + 2B\cos 2t \quad e \quad Q_P''(t) = -4A\cos 2t - 4B\,\text{sen}\, 2t.$$

Substituindo Q_P e suas derivadas Q_P' e Q_P'' em $(6.42)_1$, encontramos:

$$(A + 8B)\cos 2t + (-8A + B)\,\text{sen}\, 2t = \cos 2t$$

e, igualando os coeficientes, chegamos ao sistema algébrico

$$\left\{\begin{array}{l} A + 8B = 1 \\ -8A + B = 0 \end{array}\right.$$

cuja solução é $A = 1/64$ e $B = 8/65$. Assim, encontramos para solução particular a função

$$Q_P(t) = \tfrac{1}{65}\cos 2t + \tfrac{8}{65}\,\text{sen}\, 2t$$

e, consequentemente, a solução geral é:

$$Q_G(t) = e^{-2t}(C_1 \cos t + C_2 \operatorname{sen} t) + \tfrac{1}{65}\cos 2t + \tfrac{8}{65}\operatorname{sen} 2t.$$

Com os dados iniciais $Q(0) = 0$ e $Q'(0) = 0$, obtemos $C_1 = -\frac{1}{65}$ e $C_2 = -\frac{18}{65}$ e a solução do PVI (6.42) é:

$$Q(t) = -\tfrac{1}{65}\left[e^{-2t}(\cos t + 18 \operatorname{sen} t) - \cos 2t - 8\operatorname{sen} 2t\right].$$

A expressão para a corrente $I(t)$ é, portanto,

$$I(t) = \frac{dQ}{dt} = -\tfrac{1}{65}\left[e^{-2t}(16\cos t - 37\operatorname{sen} t) + 2\operatorname{sen} 2t - 16\cos 2t\right].$$

Como $\lim_{t\to\infty} Q_H(t) = 0$, é razoável usar a aproximação $Q(t) \simeq Q_P(t)$, para valores de t suficientemente grandes, e, por essa razão, a solução particular $Q_P(t)$ recebe o nome de ***solução de estado estacionário***.

6.5.8 Cabos Suspensos

Consideremos um cabo flexível, inextensível e em repouso, preso nas suas extremidades e sujeito apenas à ação gravitacional. O aspecto gráfico dessa situação é mostrado na figura 6.10 abaixo, onde o cabo flexível está representado pelo arco AB:

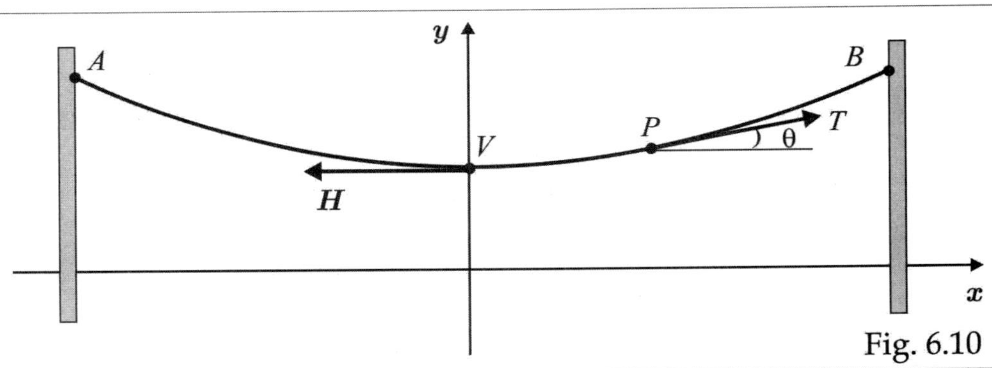

Fig. 6.10

Seja $V(0, c)$ o ponto de mínimo do cabo flexível, e em cada ponto $P(x, y)$ do cabo consideremos as forças que atuam no arco VP:

- **tração T no ponto P;**
- **tração H no ponto V;**

■ **carga vertical w sobre VP.**

O arco VP estando em repouso, segue que:

$$T\cos\theta - H = 0 \quad \text{(forças horizontais)}$$
$$T\,\text{sen}\,\theta - w = 0 \quad \text{(forças verticais)}$$

e, por conseguinte:

$$\text{tg}\,\theta = \frac{w}{H} \quad \text{ou} \quad y' = \frac{w}{H}. \tag{6.43}$$

Se denotarmos por $\gamma(x)$ a *taxa de carregamento*, teremos:

$$w(x) = \int_0^x \gamma(s)\,ds \quad \text{ou} \quad w'(x) = \gamma(x)$$

e usando (6.43) encontramos o seguinte modelo matemático para descrever o fenômeno:

$$\begin{cases} y'' = \frac{1}{H}\gamma(x) \\ y(0) = c \quad \text{e} \quad y'(0) = 0. \end{cases}$$

Vamos considerar os seguintes casos particulares:

1. O cabo tem peso desprezível e suporta um tabuleiro (ponte) uniforme. Por tabuleiro uniforme entendemos aquele em que o peso por unidade de comprimento é constante. Assim:

$$y'' = \frac{\gamma}{H} \quad \therefore \quad y(x) = \frac{\gamma}{2H}x^2 + C_1x + C_2$$

e, usando as condições iniciais do modelo, encontramos a solução $y(x) = \dfrac{\gamma}{2H}x^2 + c$. Se, por exemplo, o comprimento do tabuleiro é $200m$, a altura nas extremidades é $50m$ e no vão central é $30m$, então $c = 30$ e, assim,

$$50 = 10^4\frac{\gamma}{2H} + 30 \quad \Longrightarrow \quad \frac{\gamma}{2H} = 0.002$$

e daí segue que:

$$y(x) = (0.002)\,x^2 + 30.$$

2. Se k representa o peso do cabo por unidade de comprimento, então:

$$\frac{dw}{ds} = k \quad \Longrightarrow \quad \frac{dw}{dx} = k\frac{ds}{dx} = k\sqrt{1 + y'^2}$$

e a curva será descrita pela EDO não linear:

$$y'' = \tfrac{k}{H}\sqrt{1+y'^2}. \tag{6.44}$$

Com a mudança $z = y'$, a equação (6.44) se reduz à EDO de primeira ordem:

$$\frac{dz}{\sqrt{1+z^2}} = \frac{kdx}{H},$$

cuja solução geral é obtida por integração. Integrando e usando as condições iniciais, obtemos:

$$\ln\left|z + \sqrt{1+z^2}\right| = \frac{kx}{H}$$

e, novamente por integração, encontramos a solução:

$$y(x) = \tfrac{H}{2k}\left[\exp(kx/H) + \exp(-kx/H)\right] + c - \tfrac{H}{k}.$$

6.6 Exercícios Complementares

6.6A Considere o pêndulo da figura 6.5 em que o comprimento é $l = 1\ m$, o ângulo inicial é $\theta = 0.2\ rd$ e a velocidade angular é $\dot{\theta} = 1\ rd/s$. Determine: (a) a equação do movimento; (b) o ângulo máximo que o pêndulo pode fazer a partir da vertical; (c) o período do pêndulo, isto é, o tempo necessário para uma oscilação completa; (d) a velocidade angular com a qual o pêndulo passa pela posição vertical

6.6B Um circuito em série contém um resistor com $R = 24\ \Omega$, um indutor com $L = 2\ H$, um capacitor com $C = 0.005\ F$ e uma bateria de 12 V. A carga inicial é $Q_0 = 0.001\ C$ e a corrente inicial é 0. Determine a carga $Q(t)$ e a corrente $I(t)$ no instante t e esboce o gráfico das funções carga e corrente.

6.6C Considere o circuito do exercício precedente, onde a bateria é substituida por um gerador proporcionando uma voltagem $E(t) = 12\,\text{sen}\,10t$. Determine a carga e a corrente no instante t.

7. Resolução por Séries

Vimos no Capítulo 5, mais precisamente no Exemplo 5.1.2, como usar uma série de potências para representar a solução de uma equação diferencial. Neste capítulo abordaremos um método alternativo para obter soluções de equações diferenciais em séries de potências.

7.1 Ilustrações do Método

Nesta seção ilustraremos através de exemplos dois aspectos: primeiro, como usar o processo de derivação termo a termo para verificar que uma dada função $y = y(x)$ definida por uma série é solução de uma determinada EDO; depois, resolver efetivamente uma EDO e exibir sua solução geral sob a forma de série de potências.

Exemplo 7.1.1 Verifiquemos que a função $y(x)$ definida pela série

$$y = \sum_{n=0}^{\infty} \frac{(-1)^n}{(n!)^2} \left(\frac{x}{2}\right)^{2n} \tag{7.1}$$

é solução da EDO:

$$y'' + \frac{1}{x}y' + y = 0. \tag{7.2}$$

Em primeiro lugar observamos que a série (7.1) converge em todo ponto x, de modo que a função $y(x)$ por ela representada tem para domínio o conjunto $\mathbb{R}$ dos números reais. Por outro lado, o ponto $x = 0$ é uma *singularidade* da EDO (7.2) e, portanto, a função $y(x)$, como solução da EDO, estará definida para $x > 0$ ou $x < 0$. Derivando a série (7.1), termo a termo, encontramos:

$$y' = \sum_{n=1}^{\infty} \frac{(-1)^n n}{(n!)^2} \left(\frac{x}{2}\right)^{2n-1} \tag{7.3}$$

e, novamente por derivação termo a termo, obtemos de (7.3):

$$y'' = \sum_{n=1}^{\infty} \frac{(-1)^n n(2n-1)}{2(n!)^2} \left(\frac{x}{2}\right)^{2n-2}. \tag{7.4}$$

Antes de substituirmos essas séries na EDO, para maior clareza, vamos representá-las, para maior clareza, de outra forma explicitando seus primeiros termos. Temos:

$$y = 1 - \left(\frac{x}{2}\right)^2 + \frac{1}{(2!)^2}\left(\frac{x}{2}\right)^4 - \frac{1}{(3!)^2}\left(\frac{x}{2}\right)^6 + \frac{1}{(4!)^2}\left(\frac{x}{2}\right)^8 - \cdots$$

$$\frac{1}{x}y' = -\frac{1}{2} + \frac{2}{2\times(2!)^2}\left(\frac{x}{2}\right)^2 - \frac{3}{2\times(3!)^2}\left(\frac{x}{2}\right)^4 + \frac{4}{2\times(4!)^2}\left(\frac{x}{2}\right)^6 - \frac{5}{2\times(5!)^2}\left(\frac{x}{2}\right)^8 + \cdots$$

$$y'' = -\frac{1}{2} + \frac{2\times 3}{2\times(2!)^2}\left(\frac{x}{2}\right)^2 - \frac{3\times 5}{2\times(3!)^2}\left(\frac{x}{2}\right)^4 + \frac{4\times 7}{2\times(4!)^2}\left(\frac{x}{2}\right)^6 - \frac{5\times 9}{2\times(5!)^2}\left(\frac{x}{2}\right)^8 + \cdots$$

e somando essas expressões, membro a membro, e agrupando os termos de mesmo grau, obtemos:

$$y'' + \frac{1}{x}y' + y = 0.$$

Essa comprovação poderia também ter sido feita diretamente usando as séries (7.1), (7.3) e (7.4). De fato, o termo de grau $2n-2$ da expressão $y'' + \frac{1}{x}y' + y$ é precisamente:

$$\left\{\frac{(-1)^{n-1}}{[(n-1)!]^2} + \frac{(-1)^n n}{2(n!)^2} + \frac{(-1)^n n(2n-1)}{2(n!)^2}\right\}\left(\frac{x}{2}\right)^{2n-2},$$

cujo coeficiente é zero para qualquer inteiro $n \geq 1$.

Basicamente é este o princípio do método de resolução por série de potências que descreveremos a seguir. Ele consiste em substituir uma suposta solução em forma de série de potências na EDO e, em seguida, calcular seus coeficientes.

Consideremos uma EDO linear homogênea de segunda ordem:

$$y'' + p(x)y' + q(x)y = 0 \tag{7.5}$$

e suponhamos que $x = 0$ seja um *ponto regular* da equação. Dizer que $x = 0$ é um ponto regular da equação significa que as funções $p(x)$ e $q(x)$ são analíticas em $x = 0$; caso contrário, o ponto $x = 0$ é denominado *ponto singular* ou *singularidade* da equação. Recordemos que uma função é analítica em um ponto quando ela puder ser representada por sua série de Taylor em uma vizinhança daquele ponto.

Em se tratando de uma EDO de segunda ordem, a teoria sugere a solução geral da forma:

$$y(x) = C_1 y_1(x) + C_2 y_2(x), \tag{7.6}$$

onde C_1 e C_2 são constantes e $y_1(x)$ e $y_2(x)$ são soluções LI. O método se inicia admitindo que $y = \sum_{n=0}^{\infty} a_n x^n$ é uma solução da EDO e por substituição de y e suas derivadas na equação resulta uma fórmula de recorrência para a_n em função de a_0 e a_1, por exemplo, com a qual determinamos cada coeficiente da série solução.

Exemplo 7.1.2 Pelo método das séries de potências, vamos encontrar a solução geral da EDO:

$$y'' - xy' + 2y = 0.$$

Considerando uma solução da forma $y = \sum_{n=0}^{\infty} a_n x^n$, temos que:

$$\begin{aligned} 2y &= 2a_0 + 2a_1 x + 2a_2 x^2 + \cdots + 2a_n x^n + \cdots \\ -xy' &= -a_1 x - 2a_2 x^2 - 3a_3 x^3 - \cdots - n a_n x^n - \cdots \\ y'' &= 2a_2 + 6a_3 x + 12a_4 x^2 + \cdots + n(n+1)a_{n+1} x^{n-1} + \cdots \end{aligned}$$

e, substituindo na equação, obtemos:

$$(2a_0 + 2a_2) + (a_1 + 6a_3)x + 12a_4 x^2 + (-a_3 + 20a_5)x^3 + \cdots +$$

$$+ \left[(2-n)a_n + (n+1)(n+2)a_{n+2}\right]x^n + \cdots = 0.$$

A partir deste momento o método torna-se puramente algébrico. Igualamos todos os coeficientes a zero e obtemos:

$$\begin{aligned} 2a_0 + 2a_2 = 0 \quad &\Rightarrow \quad \boxed{a_2 = -a_0} \\ a_1 + 6a_3 = 0 \quad &\Rightarrow \quad \boxed{a_3 = -a_1/6} \\ 12a_4 = 0 \quad &\Rightarrow \quad \boxed{a_4 = 0} \\ -a_3 + 20a_5 = 0 \quad &\Rightarrow \quad \boxed{a_5 = -a_1/120} \\ \vdots \quad &\vdots \\ (2-n)a_n + (n+1)(n+2)a_{n+2} = 0 \quad &\Rightarrow \quad \boxed{a_{n+2} = \frac{(n-2)a_n}{(n+1)(n+2)}} \end{aligned}$$

Como $a_4 = 0$, da fórmula de recorrência segue que $a_{2n} = 0$, $\forall n \geq 2$, e, portanto, a solução se escreve sob a forma:

$$y(x) = a_0 + a_1 x - a_0 x^2 - \frac{a_1}{6}x^3 - \frac{a_1}{120}x^5 - \cdots$$

ou, de modo equivalente:

$$y(x) = a_0\left(1 - x^2\right) + a_1\left(x - \tfrac{1}{6}x^3 - \tfrac{1}{120}x^5 - \tfrac{3}{7!}x^7 - \cdots\right).$$

Exemplo 7.1.3 As funções definidas pelas séries

$$y_1(x) = \sum_{n=0}^{\infty} \frac{(-1)^n x^{2n}}{2^n n!} \quad \text{e} \quad y_2(x) = \sum_{n=0}^{\infty} \frac{(-1)^n 2^n n! x^{2n+1}}{(2n+1)!}, \qquad -\infty < x < \infty,$$

são soluções LI da EDO $y'' + xy' + y = 0$. O processo de derivação termo a termo deve ser usado para mostrar que as funções y_1 e y_2 são soluções da EDO e para comprovar que elas são linearmente independentes consideramos a equação funcional $Ay_1(x) + By_2(x) = 0, \ \forall x$, e substituindo y_1 e y_2 pelas respectivas séries na EDO, obtemos:

$$\sum_{n=0}^{\infty} \frac{(-1)^n \left[(2n+1)!A + 2^{n+1}n!B\right]}{2^n n! (2n+1)!} x^n = 0, \quad \forall x,$$

de onde deduzimos, pela unicidade de representação em série de potências, que

$$(2n+1)!A + 2^{n+1}n!B = 0, \quad \forall n = 0, 1, 2, \ldots,$$

de onde resulta $A = 0$ e $B = 0$. A solução geral da EDO é, portanto, $y(x) = C_1 y_1(x) + C_2 y_2(x)$.

Exemplo 7.1.4 Vamos considerar a EDO de Legendre:

$$\left(1 - x^2\right) y'' - 2xy' + k(k+1) y = 0, \tag{7.7}$$

sendo k um inteiro positivo. Dividindo a EDO (7.7) por $1 - x^2$, para colocá-la na forma padrão (7.5), identificamos seus coeficientes $p(x)$ e $q(x)$ por:

$$p(x) = \frac{-2x}{1 - x^2} \quad \text{e} \quad q(x) = \frac{k(k+1)}{1 - x^2},$$

que são funções analíticas em uma vizinhança de $x = 0$. Admitindo uma solução da forma $y = \sum_{n=0}^{\infty} a_n x^n$ e substituindo na EDO encontramos:

$$\left(1 - x^2\right) \sum_{n=2}^{\infty} n(n-1) a_n x^{n-2} - 2x \sum_{n=1}^{\infty} n a_n x^{n-1} + k(k+1) \sum_{n=0}^{\infty} a_n x^n = 0,$$

isto é:

$$\sum_{n=0}^{\infty} \left[-n(n-1) a_n - 2n a_n + k(k+1) a_n + (n+1)(n+2) a_{n+2}\right] x^n = 0,$$

de onde segue a fórmula de recorrência

$$a_{n+2} = \frac{\left[n(n+1) - k(k+1)\right] a_n}{(n+1)(n+2)}, \tag{7.8}$$

que nos permite tirar as seguintes conclusões:

(a) $a_{k+2} = 0$ e, consequentemente, $a_{k+4} = a_{k+6} = \cdots = 0$;

(b) se k é ímpar e n é um número natural ímpar $> k$, então existe um inteiro m tal que $a_n = a_{k+2m}$ e da conclusão (a) segue que $a_n = 0$. De forma similar deduzimos que se k é par e n é um inteiro par maior do que k, então $a_n = 0$.

Assim, a série que representa a solução $y(x)$ terá uma quantidade finita de termos de ordem ímpar ou uma quantidade finita de termos de ordem par, conforme seja k um inteiro ímpar ou par. Por exemplo, para $k = 1$, a EDO de Legendre se escreve sob a forma:

$$\left(1 - x^2\right) y'' - 2xy' + 2y = 0 \tag{7.9}$$

e, nesse caso, $a_n = 0, \ \ \forall n = 3, 5, 7, \ldots$. A solução $y(x)$ vem dada por:

$$y(x) = a_1 x + \sum_{n=0}^{\infty} a_{2n} x^{2n}$$

e, usando a fórmula de recorrência com $k = 1$, encontramos:

$$y(x) = a_1 x + a_0 \left(1 - x^2 - \tfrac{1}{3}x^4 - \tfrac{1}{5}x^6 - \tfrac{1}{7}x^8 - \cdots\right)$$

ou, na forma compacta:

$$y(x) = a_1 x + a_0 \left(1 - \sum_{n=1}^{\infty} \frac{x^{2n}}{2n-1}\right), \qquad -1 < x < 1. \tag{7.10}$$

Verifiquemos que as funções $y_1(x) = x$ e $y_2(x) = 1 - \displaystyle\sum_{n=1}^{\infty} \frac{x^{2n}}{2n-1}$ que figuram em (7.10) são soluções linearmente independentes da EDO (7.7), no caso em que $k = 1$. De fato, se representarmos o lado esquerdo de (7.9) por Ly, teremos para y_1 que $y_1' = 1$ e $y_1'' = 0$ e, portanto, $Ly_1 = 0$. Para y_2, teremos:

$$\begin{aligned} 2y_2(x) &= 2 - 2\sum_{n=1}^{\infty} \frac{x^{2n}}{2n-1} \\ -2xy_2'(x) &= \sum_{n=1}^{\infty} \frac{4nx^{2n}}{2n-1} \\ \left(1 - x^2\right) y_2''(x) &= -\sum_{n=1}^{\infty} 2nx^{2n-2} + \sum_{n=1}^{\infty} 2nx^{2n} = -2 - 2\sum_{n=1}^{\infty} x^{2n} \end{aligned}$$

e, consequentemente, $Ly_2 = 0$. Para mostrar que y_1 e y_2 são linearmente independentes, suponhamos que $Ay_1(x) + By_2(x) = 0$, para todo x, isto é:

$$Ax + B\left(1 - \sum_{n=1}^{\infty} \frac{x^{2n}}{2n-1}\right) = 0, \quad \forall x. \tag{7.11}$$

Considerando em (7.11) $x = 0$ obtemos $B = 0$ e, depois, com $x = 1/2$, encontramos $A = 0$ e com isso mostramos que as soluções são LI.

Motivados por esses exemplos, enunciamos o seguinte resultado:

Teorema 7.1.5 Se $x = a$ é um ponto regular da EDO:

$$y'' + p(x)\,y' + q(x)\,y = 0,$$

então sua solução geral em série de potências $y(x) = \sum_{n=0}^{\infty} a_n (x-a)^n$, no intervalo $|x - a| < R$, pode ser escrita sob a forma:

$$y(x) = C_1 y_1(x) + C_2 y_2(x),$$

sendo $y_1(x)$ e $y_2(x)$ soluções analíticas em $x = a$ e linearmente independentes. ■

7.2 Exercício Complementar

7.2A Determine a solução geral das seguintes EDO's em séries de potências em torno do ponto regular x_0 indicado. Em cada caso, estabeleça um intervalo da reta onde a série solução é convergente.

(a) $y'' + xy' + y = 0;\quad x_0 = 0$ (b) $y'' + xy = 0;\quad x_0 = 0$

(c) $y'' - xy = 0;\quad x_0 = 1$ (d) $y'' - (x-1)\,y' = x^2 - 2x;\quad x_0 = 1$

(e) $y'' - xy' = e^{-x};\quad x_0 = 0$ (f) $x^2 y'' - xy' + 2y = 0;\quad x_0 = 1.$

7.3 O Método da Série de Taylor

Este método, como o próprio nome sugere, inicia-se admitindo que a solução da EDO pode ser representada por sua série de Taylor em torno do ponto inicial, o qual é suposto regular. Tal método, embora mais prático que o tradicional (o Método de Frobenius), nos parece menos eficaz por não fornecer uma fórmula de recorrência para os coeficientes da série. Como ilustração do método, vamos encontrar a solução do seguinte problema de valor inicial:

$$\begin{cases} y'' + xy' + (2x-1)\,y = 0 \\ y(-1) = 2, \quad y'(-1) = -2. \end{cases} \tag{7.12}$$

Nesse exemplo, o fenômeno inicia-se em $x = -1$ e a suposta solução será da forma

$$y(x) = \sum_{n=0}^{\infty} \frac{y^{(n)}(-1)}{n!} (x+1)^n,$$

onde os valores $y(-1) = 2$ e $y'(-1) = -2$ são conhecidos. Os demais coeficientes da série serão determinados de forma sistemática por diferenciação sucessiva da EDO. Assim, de (7.12) obtemos:

$$\begin{aligned} y'' &= -xy' - (2x-1)y & &\Rightarrow & y''(-1) &= 4 \\ y''' &= -xy'' - 2xy' - 2y & &\Rightarrow & y'''(-1) &= -4 \\ y^{(4)} &= -xy''' - (2x+1)y'' - 4y' & &\Rightarrow & y^{(4)}(-1) &= 8 \end{aligned}$$

e, dessa forma, encontramos:

$$y(x) = 2 - \tfrac{2}{1!}(x+1) + \tfrac{4}{2!}(x+1)^2 - \tfrac{4}{3!}(x+1)^3 + \tfrac{8}{4!}(x+1)^4 + \cdots.$$

7.4 Exercícios Complementares

7.4A Com auxílio do Método da Série de Taylor, encontre a solução em série de potências de cada PVI dado a seguir:

(a) $y' = x^2 + y^2, \quad y(0) = 1$ (b) $y' = \operatorname{sen}(x^2 + y), \quad y(0) = \pi/2$

(c) $y' = x + \operatorname{sen}(xy), \quad y(0) = 1$ (d) $y' = xy^2 + 1, \quad y(1) = 1$

7.4B Considere o mesmo exercício precedente para os problemas de segunda ordem:

(a) $\begin{cases} y'' + y = 0 \\ y(0) = 1, \quad y'(0) = 1 \end{cases}$ (b) $\begin{cases} y'' = x^2 - y^2 \\ y(0) = 1, \quad y'(0) = 0 \end{cases}$

(c) $\begin{cases} y'' - 2xy' + 6y = 0 \\ y(0) = -1, \quad y'(0) = 0 \end{cases}$ (d) $\begin{cases} y'' - 2xy' + x^2y = 0 \\ y(0) = 1, \quad y'(0) = -1 \end{cases}$

(e) $\begin{cases} y'' - 2xy' = x^2 \\ y(1) = 0, \quad y'(1) = 1 \end{cases}$ (f) $\begin{cases} y'' + 2xy' + y = 0 \\ y(0) = 0, \quad y'(0) = 1. \end{cases}$

7.5 O Método de Frobenius

Nesta seção vamos procurar a solução geral em série de potências de $x - a$ da EDO de segunda ordem:

$$(x-a)^2 p_2(x) y'' + (x-a) p_1(x) y' + p_0(x) y = 0, \tag{7.13}$$

onde $p_0(x)$, $p_1(x)$ e $p_2(x)$ são funções analíticas em $x = a$ e a função $p_2(x)$ não se anula no intervalo comum onde as respectivas séries de Taylor dessas funções convergem. A EDO (7.13) pode ser posta sob a forma equivalente:

$$y'' + \frac{p(x)}{(x-a)}y' + \frac{q(x)}{(x-a)^2}y = 0, \tag{7.14}$$

sendo $p = p_1/p_2$ e $q = p_0/p_2$ analíticas em torno de $x = a$.

Muitas equações clássicas da física-matemática se enquadram no modelo (7.13) e é provável que as mais conhecidas sejam:

$$\begin{array}{ll} x^2y'' + xy' + \left(x^2 - k^2\right)y = 0 & \text{(Bessel)} \\ \left(1 - x^2\right)y'' - 2xy' + k(k+1)y = 0 & \text{(Legendre)} \\ Ax^2y'' + Bxy' + Cy = 0 & \text{(Euler-Cauchy).} \end{array}$$

O ponto $x = a$ na EDO (7.13) ou (7.14) é denominado ponto *singular regular* e o método que utilizaremos aqui é conhecido como Método de Frobenius, o qual consiste basicamente em encontrar duas soluções LI $y_1(x)$ e $y_2(x)$ em forma de *séries de potências generalizadas*:

$$y(x,\lambda) = (x-a)^\lambda \sum_{n=0}^{\infty} a_n(\lambda)(x-a)^n, \tag{7.15}$$

onde λ é raiz de uma equação quadrática, denominada *equação indicial*, associada à EDO.

7.5.1 Equação Indicial

O processo que nos levará à equação indicial é o da substituição da suposta solução $y(x,\lambda)$ dada por (7.15) na EDO. Aqui vamos tratar o caso em que $a = 0$, de modo que a suposta solução é $y(x,\lambda) = x^\lambda \sum_{n=0}^{\infty} a_n(\lambda)x^n$ e a EDO se escreve sob a forma reduzida:

$$x^2y'' + xp(x)y' + q(x)y = 0 \tag{7.16}$$

e as funções $p(x)$ e $q(x)$ sendo analíticas em $|x| < \delta$, elas coincidem com suas respectivas séries de Maclaurin nesse intervalo, de maneira que podemos escrever:

$$p(x) = \sum_{n=0}^{\infty} p_n x^n \quad \text{e} \quad q(x) = \sum_{n=0}^{\infty} q_n x^n,$$

onde $p_n = p^{(n)}(0)/n!$ e $q_n = q^{(n)}(0)/n!$, $n = 0, 1, 2, 3, \ldots$. Substituindo $y(x, \lambda)$ na equação (7.16), juntamente com as séries de $p(x)$ e $q(x)$, encontramos a equação algébrica:

$$\sum_{n=0}^{\infty}(n+\lambda)(n+\lambda-1)a_n x^n + \left[\sum_{n=0}^{\infty} p_n x^n\right]\left[\sum_{n=0}^{\infty}(n+\lambda)a_n x^n\right] + \left[\sum_{n=0}^{\infty} q_n x^n\right]\left[\sum_{n=0}^{\infty} a_n x^n\right] = 0$$

e, efetuando o Produto de Cauchy das séries entre colchetes, chegamos a:

$$\sum_{n=0}^{\infty}\left[(n+\lambda)(n+\lambda-1)a_n + \sum_{k=0}^{n}(k+\lambda)a_k p_{n-k} + \sum_{k=0}^{n} a_k q_{n-k}\right]x^n = 0. \tag{7.17}$$

Considerando em (7.17) $n = 0$ e $a_0 = 1$, chegamos à equação indicial:

$$\mathcal{I}(\lambda) = \lambda(\lambda-1) + \lambda p(0) + q(0) = 0, \tag{7.18}$$

cujas raízes, aqui denominadas *expoentes característicos*, podem ser reais e iguais, reais e distintas ou imaginárias. A fórmula de recorrência dada a seguir também é conseqüência da relação (7.17); ela é obtida quando igualamos a zero o coeficiente de x^n, o que nos dá:

$$(n+\lambda)(n+\lambda-1)a_n + \sum_{k=0}^{n}\left[(k+\lambda)p_{n-k} + q_{n-k}\right]a_k = 0, \quad n = 1, 2, 3, \ldots,$$

de onde resulta a relação:

$$(n+\lambda)(n+\lambda-1)a_n + \left[(\lambda+n)p(0) + q(0)\right]a_n = -\sum_{k=0}^{n-1}\left[(k+\lambda)p_{n-k} + q_{n-k}\right]a_k = 0, \tag{7.19}$$

válida para $n = 1, 2, 3, \ldots$. Se na expressão (7.18) que define $\mathcal{I}(\lambda)$ trocarmos λ por $\lambda+n$, obteremos

$$\mathcal{I}(\lambda+n) = (\lambda+n)(\lambda+n-1) + (\lambda+n)p(0) + q(0),$$

e multiplicado ambos os lados da última igualdade por a_n, encontramos:

$$\mathcal{I}(\lambda+n)a_n = (\lambda+n)(\lambda+n-1)a_n + \left[(\lambda+n)p(0) + q(0)\right]a_n.$$

Usando (7.19) chegamos à fórmula de recorrência:

$$\mathcal{I}(n+\lambda)a_n + \sum_{k=0}^{n-1}\left[(k+\lambda)p_{n-k} + q_{n-k}\right]a_k = 0, \quad n = 1, 2, 3, \ldots, \tag{7.20}$$

onde admitimos $a_0 = 1$. Quando $n+\lambda$ não for raiz da equação indicial a relação (7.20) deve ser usada para calcular os coeficientes $a_n(\lambda)$, para $n \geq 1$.

Sejam λ_1 e λ_2 as raízes reais da equação indicial e suponhamos que $\lambda_1 \geq \lambda_2$ (no caso imaginário, essa condição é substituída por $\operatorname{Re}(\lambda_1) = \operatorname{Re}(\lambda_2)$). A primeira solução $y_1(x)$ da EDO é suposta da forma:

$$y_1(x) = |x|^{\lambda_1} \sum_{n=0}^{\infty} a_n(\lambda_1) x^n,$$

definida em $0 < |x| < \delta$, com $a_0 = 1$, e uma solução $y_2(x)$, linearmente independente com $y_1(x)$, será determinada a partir de uma análise sobre a diferença $\lambda_1 - \lambda_2$ entre os expoentes característicos.

■ **A diferença $\lambda_1 - \lambda_2$ entre a raízes não é um número inteiro**

Nesse caso, consideramos a segunda solução dada por:

$$y_2(x) = |x|^{\lambda_2} \sum_{n=0}^{\infty} a_n(\lambda_2) x^n$$

e os coeficientes $a_n(\lambda_1)$ e $a_n(\lambda_2)$, para $n \geq 1$, podem ser calculados pela fórmula de recorrência (7.20) ou por substituição direta de $y_1(x)$ e $y_2(x)$ na EDO.

Exemplo 7.5.1 Se olharmos a EDO:

$$8x^2y'' + 10xy' + (x-1)y = 0, \quad x > 0.$$

na forma padrão (7.16) veremos que $p(x) = 5/4$ e $q(x) = (x-1)/8$, de modo que a equação indicial é $\mathcal{I}(\lambda) = \lambda^2 + \lambda/4 - 1/8 = 0$, tem raízes $\lambda_1 = 1/4$ e $\lambda_2 = -1/2$ e, nesse caso, a diferença $\lambda_1 - \lambda_2 = 3/4$ não é um número inteiro. Considerando que $p_k = 0, \quad \forall k \geq 1$, e $q_k = 0, \quad \forall k \geq 2$, então para a raiz $\lambda_1 = 1/4$ a fórmula de recorrência (7.20) se reduz a:

$$\mathcal{I}(n + 1/4)\, a_n + q_1 a_{n-1}, \quad n = 1, 2, 3, \ldots,$$

e daí concluímos que:

$$a_n = \frac{-a_{n-1}}{2n(4n+3)}, \quad n = 1, 2, 3, \ldots, \; a_0 = 1.$$

Logo a solução $y_1(x)$ é:

$$y_1(x) = x^{1/4}\left[1 - \frac{1}{14}x + \frac{1}{616}x^2 + \cdots\right].$$

De forma similar, com a raiz λ_2 chegamos a fórmula de recorrência:

$$a_n = \frac{-a_{n-1}}{2n(4n-3)}, \quad n = 1, 2, 3, \ldots, \; a_0 = 1,$$

e a solução $y_2(x)$ correspondente é, portanto:

$$y_2(x) = x^{-1/2}\left[1 - \frac{1}{2}x + \frac{1}{40}x^2 + \cdots\right].$$

■ As raízes λ_1 e λ_2 são iguais

Nesse caso, consideramos:

$$y_2(x) = y_1(x)\ln|x| + |x|^{\lambda_1}\sum_{n=1}^{\infty} b_n x^n,$$

e os coeficientes $b_n = \dfrac{da_n}{d\lambda}(\lambda_1)$ podem ser calculados por substituição direta de $y_2(x)$ na EDO. Essa solução $y_2(x)$ na verdade é obtida de $y_1(x)$ por derivação com respeito a λ, isto é:

$$y_2(x) = \frac{\partial}{\partial\lambda}\left[y_1(x,\lambda)\right]|_{\lambda=\lambda_1}.$$

Recorde-se que no Capítulo 6, no caso da raiz λ_1 ter multiplicidade $k = 2$, obtivemos uma segunda solução sob a forma

$$y_2(x) = x\exp(\lambda_1 x) = \frac{d}{d\lambda}\left[\exp(\lambda x)\right]_{\lambda=\lambda_1}.$$

Exemplo 7.5.2 Como ilustração para esse caso, consideramos a EDO:

$$x^2y'' + x(x-1)y' + (1-x)y = 0, \quad x > 0,$$

cujos expoentes característicos são $\lambda_1 = \lambda_2 = 1$. A primeira solução é suposta da forma $y_1(x) = x\sum_{n=0}^{\infty} a_n x^n$ e, usando a fórmula (7.20) com $p(x) = x - 1$ e $q(x) = 1 - x$, encontramos $a_n = 0$, para $n \geq 1$, e, portanto, $y_1(x) = x$. A outra solução será $y_2(x) = x\ln x + x\sum_{n=0}^{\infty} b_n x^n$, que levada à EDO nos dá:

$$(1+b_1)x^2 + \sum_{n=2}^{\infty}\left[n^2 b_n + (n-1)b_{n-1}\right]x^{n+1} = 0$$

e daí resulta $b_1 = -1$ e para $n \geq 2$ temos $b_n = -\dfrac{(n-1)b_{n-1}}{n^2}$. Usando indução em n é fácil deduzir a partir dessa fórmula de recorrência que $b_n = \dfrac{(-1)^n}{n!n}$ e, assim:

$$y_2(x) = x\ln x + \sum_{n=1}^{\infty}\frac{(-1)^n}{n!n}x^{n+1}.$$

■ A diferença $\lambda_1 - \lambda_2$ entre a raízes é um número inteiro positivo

Nesse caso, consideramos:

$$y_1(x) = |x|^{\lambda_1} \sum_{n=0}^{\infty} a_n x^n, \qquad a_0 = 1$$

$$y_2(x) = C\, y_1(x) \ln|x| + |x|^{\lambda_2} \sum_{n=0}^{\infty} b_n x^n, \quad b_0 = 1$$

onde os coeficientes a_n e b_n são calculados por substituição das soluções na EDO e a constante C, em certos casos, pode ser considerada igual a zero.

Exemplo 7.5.3 Consideremos a EDO $xy'' - (x+3)\,y' + 2y = 0$, ou de forma equivalente:

$$x^2 y'' - x(x+3)\,y' + 2xy = 0, \quad x > 0.$$

Vemos que $x = 0$ é uma singularidade regular e, comparando com (7.10), temos $p(x) = -(x+3)$ e $q(x) = 2x^2$, de modo que a equação indicial associada a esta EDO é $\lambda(\lambda - 1) - 3\lambda = 0$, com raízes $\lambda_1 = 4$ e $\lambda_2 = 0$ e o modelo se enquadra no 3º Caso. Uma solução $y_1(x)$ é suposta da forma:

$$y_1(x) = x^4 \sum_{n=0}^{\infty} a_n x^n = \sum_{n=0}^{\infty} a_n x^{n+4}, \quad a_0 = 1,$$

e, levando essa solução à EDO, obtemos:

$$\sum_{n=1}^{\infty} [n(n+4)\,a_n - (n+1)\,a_{n-1}]\, x^{n+3} = 0$$

e daí deduzimos a fórmula de recorrência:

$$a_n = \frac{(n+1)\,a_{n-1}}{n(n+4)}, \quad n \geq 1. \tag{7.21}$$

Usando indução em n e a fórmula de recorrência (7.21) deduzimos que $a_n = \dfrac{(n+1)\,4!}{(n+4)!}$, $n \geq 1$, e, sendo assim, a solução $y_1(x)$ vem dada por:

$$y_1(x) = 4! \sum_{n=0}^{\infty} \frac{(n+1)\,x^{n+4}}{(n+4)!}.$$

De acordo com a teoria, uma solução $y_2(x)$ é suposta da forma:

$$y_2(x) = C y_1(x) \ln x + \sum_{n=0}^{\infty} b_n x^n, \quad b_0 = 1,$$

e substituindo $y_2(x)$ na EDO, com $C = 0$, resulta:

$$\sum_{n=2}^{\infty} n(n-1) b_n x^{n-1} - \sum_{n=1}^{\infty} n b_n x^n - 3\sum_{n=1}^{\infty} n b_n x^{n-1} + 2\sum_{n=0}^{\infty} b_n x^n = 0$$

e daí segue:

$$\begin{aligned} &2b_0 - 3b_1 = 0 \quad \Rightarrow \quad b_1 = 2/3 \\ &b_1 - 4b_2 = 0 \quad \Rightarrow \quad b_2 = 1/6 \\ &b_3 = 0 \\ &b_4 = 0 \\ &\ldots \qquad \ldots \quad \ldots \end{aligned}$$

Assim, $y_2(x) = 1 + \frac{2}{3}x + \frac{1}{6}x^2$ e a solução geral da EDO é:

$$y(x) = C_1 \sum_{n=0}^{\infty} \frac{n+1}{(n+4)!} x^{n+4} + C_2\left(1 + \tfrac{2}{3}x + \tfrac{1}{6}x^2\right).$$

7.6 Exercícios Complementares

7.6A Seja $y(x, \lambda) = x^{\lambda} \sum_{n=0}^{\infty} a_n x^n$, com $a_0 \neq 0$, e sejam $p(x)$ e $q(x)$ funções analíticas em $x = 0$. Se L é o operador diferencial $L = x^2 \dfrac{d^2}{dx^2} + xp(x)\dfrac{d}{dx} + q(x)$, mostre a seguinte relação:

$$\frac{\partial}{\partial \lambda}\left[Ly(x, \lambda)\right] = L\left[\frac{\partial}{\partial \lambda} y(x, \lambda)\right], \quad x > 0.$$

7.6B Admitindo uma solução da forma $y(x) = \sum_{n=0}^{\infty} a_n x^n$ para a EDO:

$$(2 - x) y'' + (x - 1) y' - y = 0,$$

encontre a seguinte fórmula de recorrência para os coeficientes:

$$a_{n+2} = \frac{(n+1)^2 a_{n+1} - (n-1) a_n}{2(n+1)(n+2)}.$$

Onde a série solução é convergente? Se a_n atende à fórmula de recorrência acima, verifique que $a_n = (a_0 + a_1)/2n!$, $n \geq 2$, e que a solução geral da EDO é:

$$y(x) = a_0 + a_1 x + \frac{a_0 + a_1}{2}\left(e^x - x - 1\right).$$

7.6C Classifique os pontos singulares das seguintes EDO's:

(a) $x^2y'' + xy' - y = 0$ (b) $x^2y'' + xy' + (x^2 - \lambda^2)\, y = 0$ (Bessel)

(c) $x^2 (x+1)^3 (x-1)\, y'' + xy' - 2y = 0$ (d) $xy'' + (1-x)\, y' + \lambda y = 0$ (Laguerre)

(e) $(x^4 - 1)\, y'' + xy' = 0$ (f) $(1 - x^2)\, y'' - 2xy' + p\,(p+1)\, y = 0$ (Legendre)

(g) $x\,(1-x)\, y'' + (1-5x)\, y' - 4y = 0$ (h) $x^4 (x^2 - 4)\, y'' + (x+1)\, y' + (x^2 - 3x + 2)\, y = 0$

(1) $2x^2y'' + 7x\,(x+1)\, y' - 3y = 0$ (j) $x^3 (x^2 - 1)\, y'' - x\,(x+1)\, y' - (x-1)\, y = 0$

7.6D Em cada caso abaixo, determine a solução geral da EDO como uma série de potências em torno da singularidade regular $x_0 = 0$:

(a) $x^2y'' + xy' + (x-1)\, y = 0$ (b) $x^2y'' - (3x - 2x^2)y' + (3 - 6x)\, y = 0$

(c) $x^2y'' + xy' + (x^2 - 1/4)\, y = 0$ (d) $2x^2y'' - (x+1)\, xy' - 2xy = 0$

(e) $x^2y'' + xy' + x^2y = 0$ (f) $xy'' - y' + 4x^3y = 0.$

7.6E Verifique que a função $y_1(x)$ é solução da EDO de Legendre e, em seguida, determine uma segunda solução $y_2(x)$ linearmente independente com $y_1(x)$:

(a) $(1 - x^2)\, y'' - 2xy' = 0;\quad y_1(x) \equiv 1$

(b) $(1 - x^2)\, y'' - 2xy' + 12y = 0;\quad y_1(x) = \frac{1}{2}(5x^3 - 3x)\,.$

7.6F Encontre a solução geral, em torno de $x = 0$, da equação *hipergeométrica* de Gauss

$$x\,(1-x)\, y'' + [C - (A + B + 1)\, x]\, y' - ABy = 0,$$

sendo $A,\ B$ e C constantes reais e C não é um número inteiro.

7.6G Determine a solução geral da EDO:

$$x^2y'' + 2xy' - (2 + \sum_{n=1}^{\infty} x^n)y = 0.$$

7.6H Determine a solução geral das seguintes EDO's em séries de potências em torno do ponto regular indicado. Em cada caso, estabeleça um intervalo da reta onde a série solução é convergente:

(a) $y'' + xy' + y = 0;\quad x_0 = 0$ (b) $y'' + xy = 0;\quad x_0 = 0$

(c) $y'' - xy = 0;\quad x_0 = 1$ (d) $y'' - (x-1)\, y' = x^2 - 2x;\quad x_0 = 1$

(e) $y'' - xy' = e^{-x};\quad x_0 = 0$ (f) $x^2y'' - xy' + 2y = 0,\quad x_0 = 1.$

8. Sistemas Autônomos

8.1 Introdução

No estudo de sistemas de equações diferenciais ordinárias é comum na literatura usar o tempo t como variável independente e $x = x(t)$ como função desconhecida. Para não fugir à regra, adotaremos a mesma notação, indicando mais uma vez por um *ponto* a derivada temporal. Dessa forma, $\dot{x}$ estará representando a derivada da função $x(t)$ com respeito à variável t.

Consideremos uma EDO de segunda ordem linear

$$\ddot{x} + a_1(t)\,\dot{x} + a_0(t)\,x = b(t) \tag{8.1}$$

que pode ser vista como um sistema de equações diferenciais de primeira ordem por meio da mudança de variável $x_1 = x$ e $x_2 = \dot{x}$. Assim, $\dot{x}_1 = x_2$ e $\dot{x}_2 = \ddot{x}$ e de (8.1) obtemos o sistema:

$$\begin{cases} \dot{x}_1 = x_2 \\ \dot{x}_2 = b(t) - a_0(t)\,x_1 - a_1(t)\,x_2. \end{cases} \tag{8.2}$$

Como no caso de sistemas algébricos lineares, o sistema de equações diferenciais (8.2) também pode ser representado na forma matricial. Com esse objetivo, vamos primeiro estabelecer a derivada de uma matriz. Dado um intervalo aberto I da reta, uma função vetorial $X : I \to \mathbb{R}^2$ é determinada por duas funções reais $x_1(t)$ e $x_2(t)$, definidas em I, denominadas *componentes* ou *coordenadas* da função X e definidas pela relação:

$$X(t) = [x_1(t), x_2(t)], \quad t \in I.$$

Algumas propriedades da função vetorial $X(t)$ são determinadas pelas funções coordenadas $x_1(t)$ e $x_2(t)$. Por exemplo, a função $X(t)$ é contínua no ponto t do intervalo I se, e somente se, as funções coordenadas $x_1(t)$ e $x_2(t)$ forem contínuas em t. Para derivação e integração temos resultados análogos e valem as fórmulas:

$$\dot{X}(t) = [\dot{x}_1(t), \dot{x}_2(t)]$$

$$\textstyle\int_a^b X(t)\,dx = \left[\int_a^b x_1(t)\,dt, \int_a^b x_2(t)\,dt\right]$$

Essas regras se generalizam de maneira natural para funções com m coordenadas e, em particular, para matrizes $n \times n$. Dessa forma, derivar uma matriz significa derivar cada entrada da matriz. Idem para integração.

O sistema (8.2) pode ser escrito na seguinte forma matricial:

$$\dot{X} = A(t)\,X + B(t)\,, \tag{8.3}$$

onde as matrizes $A(t)$ e $B(t)$ são dadas por:

$$A(t) = \begin{bmatrix} 0 & 1 \\ -a_0(t) & -a_1(t) \end{bmatrix} \quad \text{e} \quad B(t) = \begin{bmatrix} 0 \\ b(t) \end{bmatrix}.$$

A vantagem principal de estudar o sistema (8.2) na forma matricial (8.3) é que existem *métodos matriciais* relativamente simples de resolver o sistema, pelo menos no caso de a matriz A possuir entradas constantes. Antes de estudar esses métodos matriciais, vamos formalizar o conceito de solução para sistemas (ou equações matriciais).

Definiremos solução da EDO matricial (8.3) (ou do sistema (8.2)) no caso geral onde $A(t) = [a_{ij}(t)]_{2\times 2}$ e $B(t) = [b_1(t), b_2(t)]$. Aqui os pares ordenados $[x_1, x_2]$ serão identificados com matrizes 2×1 ou 1×2, de acordo com a nossa necessidade.

Definição 8.1.1 Uma *solução* da EDO matricial (8.3) no intervalo I é uma função vetorial $X(t) = [x_1(t), x_2(t)]$ derivável nesse intervalo e tal que:

$$\begin{bmatrix} \dot{x}_1(t) \\ \dot{x}_2(t) \end{bmatrix} = \begin{bmatrix} a_{11}(t) & a_{12}(t) \\ a_{21}(t) & a_{22}(t) \end{bmatrix} \begin{bmatrix} x_1(t) \\ x_2(t) \end{bmatrix} + \begin{bmatrix} b_1(t) \\ b_2(t) \end{bmatrix}, \quad \forall t \in I,$$

ou, na forma escalar:

$$\begin{cases} \dot{x}_1(t) = a_{11}(t)\,x_1(t) + a_{12}(t)\,x_2(t) + b_1(t) \\ \dot{x}_2(t) = a_{21}(t)\,x_1(t) + a_{22}(t)\,x_2(t) + b_2(t)\,. \end{cases}$$

Do ponto de vista algébrico, é claro que as formas (8.1), (8.2) e (8.3) são equivalentes e representam o mesmo modelo matemático. Do ponto de vista analítico, isto é, como equações diferenciais, essas formas também são equivalentes, porque possuem as mesmas soluções. Isso é imediato para as formas (8.2) e (8.3). Por outro lado, se $X = [x_1, x_2]$ é uma solução de (8.3), então $x = x_1$ será uma solução de (8.1) e reciprocamente, dada uma solução x de (8.1), a matriz $X = [x, \dot{x}]$ será solução de (8.3).

Exemplo 8.1.2 Para ilustrar o comentário feito sobre a equivalência das formas (8.1)-(8.3), vamos considerar a EDO:

$$\ddot{x} + 2\dot{x} - 8x = e^t, \tag{8.4}$$

que é equivalente ao sistema:

$$\begin{cases} \dot{x}_1 = x_2 \\ \dot{x}_2 = e^t + 8x_1 - 2x_2 \end{cases} \tag{8.5}$$

e também à EDO matricial:

$$\begin{bmatrix} \dot{x}_1 \\ \dot{x}_2 \end{bmatrix} = \begin{bmatrix} 0 & 1 \\ 8 & -2 \end{bmatrix} \begin{bmatrix} x_1 \\ x_2 \end{bmatrix} + \begin{bmatrix} 0 \\ e^t \end{bmatrix}. \tag{8.6}$$

Para verificar que a matriz $X_1(t) = \begin{bmatrix} e^{2t} - e^t/5 \\ 2e^{2t} - e^t/5 \end{bmatrix}$ é uma solução de (8.6), substituimos em (8.6) x_1 e x_2 por $e^{2t} - e^t/5$ e $2e^{2t} - e^t/5$, respectivamente, e comprovamos a identidade. De modo semelhante, verifica-se que a matriz $X_2(t) = \begin{bmatrix} -e^t/5 \\ -e^t/5 \end{bmatrix}$ é também solução do sistema (8.6). Além disso, essas soluções X_1 e X_2 são LI, porque a equação:

$$C_1X_1 + C_2X_2 = \begin{bmatrix} 0 \\ 0 \end{bmatrix}$$

é equivalente ao sistema:

$$\begin{cases} -e^t(C_1 + C_2) + 5C_2e^{2t} = 0 \\ -e^t(C_1 + C_2) + 10C_2e^{2t} = 0, \end{cases}$$

para todo t, cuja solução é $C_1 = C_2 = 0$. Essas soluções X_1 e X_2 não foram encontradas de forma mágica. Primeiro, pelo MCD encontramos a solução geral de (8.4) que é

$$x(t) = Ae^{2t} + Be^{-4t} - \tfrac{1}{5}e^t$$

e, em seguida, fizemos $A = 1$ e $B = 0$, para obter a solução X_1 e depois $A = B = 0$, para obter as coordenadas de X_2. Lembramos que as soluções X_1 e X_2 de (8.6) são da forma $X = \begin{bmatrix} x \\ \dot{x} \end{bmatrix}$, sendo x uma solução de (8.4).

8.2 Sistemas Autônomos

Consideremos um sistema linear, homogêneo 2×2 de equações diferenciais de primeira ordem:

$$\begin{cases} \dot{x}_1 = a_{11}x_1 + a_{12}x_2 \\ \dot{x}_2 = a_{21}x_1 + a_{22}x_2, \end{cases} \tag{8.7}$$

onde os coeficientes a_{ij}, $i, j = 1, 2$, são constantes reais, isto é, não dependem do tempo t. Um sistema dessa natureza é denominado *autônomo*. Na forma matricial o sistema (8.7) se escreve sob a forma:

$$\begin{bmatrix} \dot{x}_1 \\ \dot{x}_2 \end{bmatrix} = \begin{bmatrix} a_{11} & a_{12} \\ a_{21} & a_{22} \end{bmatrix} \begin{bmatrix} x_1 \\ x_2 \end{bmatrix} \tag{8.8}$$

e se retornarmos ao caso unidimensional, observaremos certa semelhança entre a EDO (8.8) e a EDO (5.12), no caso homogêneo, o que nos leva a imaginar uma solução geral para (8.8) da forma:

$$X(t) = Ce^{tA}, \tag{8.9}$$

onde $C = X(0)$ é uma *matriz constante*. A relação (8.9) se tornará regra a partir do momento em que dermos um sentido preciso à matriz e^{tA}, e esta *exponencial matricial* será definida a partir da expansão em série de e^x dada por (3.8).

Dada uma matriz quadrada A, definimos a exponencial da matriz tA como sendo a matriz e^{tA}, de mesma ordem que A, dada por

$$e^{tA} = I + \frac{tA}{1!} + \frac{t^2A^2}{2!} + \frac{t^3A^3}{3!} + \cdots + \frac{t^nA^n}{n!} + \cdots = \sum_{n=0}^{\infty} \frac{t^nA^n}{n!}, \tag{8.10}$$

onde I representa a matriz identidade. A exponencial matricial goza das seguintes propriedades básicas:

(E1) $e^{(t+s)A} = e^{tA} \cdot e^{sA}$, para qualquer matriz quadrada A e para todo $t, s \in \mathbb{R},$;

(E2) $e^{t(A+B)} = e^{tA} \cdot e^{tB}$, $\forall t \in \mathbb{R}$, sendo A e B matrizes quadradas de mesma ordem que comutam, isto é, $A \cdot B = B \cdot A$;

(E3) $\dfrac{d}{dt}\left(e^{tA}\right) = A \cdot e^{tA} = e^{tA} \cdot A$, para qualquer matriz quadrada A, com entradas constantes.

Exemplo 8.2.1 Para a matriz $A = \begin{bmatrix} 0 & 1 \\ 0 & 0 \end{bmatrix}$, temos que $A^2 = \begin{bmatrix} 0 & 0 \\ 0 & 0 \end{bmatrix}$ e a partir de $n = 2$ teremos $A^n = \begin{bmatrix} 0 & 0 \\ 0 & 0 \end{bmatrix}$, de modo que:

$$e^{tA} = I + \frac{tA}{1!} = \begin{bmatrix} 1 & 0 \\ 0 & 1 \end{bmatrix} + \begin{bmatrix} 0 & t \\ 0 & 0 \end{bmatrix} = \begin{bmatrix} 1 & t \\ 0 & 1 \end{bmatrix}.$$

Nesse caso temos também que:

$$\frac{d}{dt}\left(e^{tA}\right) = \frac{d}{dt}\begin{bmatrix} 1 & t \\ 0 & 1 \end{bmatrix} = \begin{bmatrix} 0 & 1 \\ 0 & 0 \end{bmatrix}$$

e pode-se comprovar a propriedade (E3) calculando os produtos matriciais $A \cdot e^{tA}$ e $e^{tA} \cdot A$.

Exemplo 8.2.2 Para as matrizes do tipo $B = \begin{bmatrix} 0 & a & b \\ 0 & 0 & c \\ 0 & 0 & 0 \end{bmatrix}$, um cálculo direto nos dá:

$$B^2 = \begin{bmatrix} 0 & 0 & ac \\ 0 & 0 & 0 \\ 0 & 0 & 0 \end{bmatrix} \quad \text{e} \quad B^3 = \begin{bmatrix} 0 & 0 & 0 \\ 0 & 0 & 0 \\ 0 & 0 & 0 \end{bmatrix}$$

e a partir de $n = 3$ as potências B^n serão todas nulas, de modo que:

$$e^{tB} = I + \frac{tB}{1!} + \frac{t^2B^2}{2!} = \begin{bmatrix} 1 & 0 & 0 \\ 0 & 1 & 0 \\ 0 & 0 & 1 \end{bmatrix} + \begin{bmatrix} 0 & ta & tb \\ 0 & 0 & tc \\ 0 & 0 & 0 \end{bmatrix} + \begin{bmatrix} 0 & 0 & act^2/2 \\ 0 & 0 & 0 \\ 0 & 0 & 0 \end{bmatrix},$$

ou seja:

$$e^{tB} = \begin{bmatrix} 1 & at & bt + act^2/2 \\ 0 & 1 & ct \\ 0 & 0 & 1 \end{bmatrix}.$$

Para essa matriz temos $\dfrac{d}{dt}\left(e^{tB}\right) = \begin{bmatrix} 0 & a & b+act \\ 0 & 0 & c \\ 0 & 0 & 0 \end{bmatrix}$

Exemplo 8.2.3 Consideremos agora a matriz $E_\lambda = \begin{bmatrix} \lambda & 0 & 0 \\ 0 & \lambda & 0 \\ 0 & 0 & \lambda \end{bmatrix}$, onde λ é um número real.

Temos que $E_\lambda = \lambda I$, onde I é a identidade 3×3, e, consequentemente, $E_\lambda^n = \lambda^n I$. Logo:

$$\begin{aligned} \exp(tE_\lambda) &= I + tE_\lambda + \frac{t^2}{2!}E_\lambda^2 + \cdots + \frac{t^n}{n!}E_\lambda^n + \cdots = \\ &= I + (t\lambda)\,I + \frac{(t\lambda)^2}{2!}I + \cdots + \frac{(t\lambda)^n}{n!}I + \cdots = \\ &= \left(1 + (t\lambda) + \frac{(t\lambda)^2}{2!} + \cdots + \frac{(t\lambda)^n}{n!}\cdots\right) I = e^{\lambda t} I = \operatorname{diag}\left(e^\lambda, e^\lambda, e^\lambda\right). \end{aligned}$$

onde $\operatorname{diag}\left(e^\lambda, e^\lambda, e^\lambda\right)$ representa a matriz diagonal 3×3

$$\operatorname{diag}\left(e^\lambda, e^\lambda, e^\lambda\right) = \begin{bmatrix} e^{t\lambda} & 0 & 0 \\ 0 & e^{t\lambda} & 0 \\ 0 & 0 & e^{t\lambda} \end{bmatrix}.$$

Exemplo 8.2.4 Combinando os Exemplos 8.2.2 e 8.2.3 e a propriedade (E2) vamos calcular a exponencial da matriz $A = \begin{bmatrix} \lambda & a & b \\ 0 & \lambda & c \\ 0 & 0 & \lambda \end{bmatrix}$. Essa matriz pode ser decomposta na soma de matrizes já consideradas nos exemplos anteriores e que atendem às exigências da propriedade (E2). De fato, escrevendo $A = E_\lambda + B$, onde B é a matriz do Exemplo 8.2.2, e observando que E_λ comuta com a matriz B, temos:

$$e^{tA} = e^{t(E_\lambda + B)} = e^{t\lambda} I \cdot e^{tB} = e^{t\lambda} \begin{bmatrix} 1 & at & bt + act^2/2 \\ 0 & 1 & ct \\ 0 & 0 & 1 \end{bmatrix}.$$

Considerando como caso particular $a = 1$, $b = 0$ e $c = 1$, obtemos a matriz:

$$A = \begin{bmatrix} \lambda & 1 & 0 \\ 0 & \lambda & 1 \\ 0 & 0 & \lambda \end{bmatrix}$$

e uma substituição direta dos valores de a, b e c nos dá:

$$e^{tA} = e^{t\lambda} \begin{bmatrix} 1 & t & t^2/2 \\ 0 & 1 & t \\ 0 & 0 & 1 \end{bmatrix}.$$

Exemplo 8.2.5 Seja agora $B = \begin{bmatrix} 0 & \beta \\ -\beta & 0 \end{bmatrix}$, onde β é uma constante real. Para essa matriz, obteremos a exponencial e^{tA} indutivamente. Temos que:

$$B^2 = \begin{bmatrix} -\beta^2 & 0 \\ 0 & -\beta^2 \end{bmatrix}, \quad B^3 = \begin{bmatrix} 0 & -\beta^3 \\ \beta^3 & 0 \end{bmatrix}, \quad B^4 = \begin{bmatrix} \beta^4 & 0 \\ 0 & \beta^4 \end{bmatrix}$$

e, usando o processo indutivo, teremos:

$$e^{tB} = \begin{bmatrix} 1 & 0 \\ 0 & 1 \end{bmatrix} + \begin{bmatrix} 0 & t\beta \\ -t\beta & 0 \end{bmatrix} + \begin{bmatrix} -t^2\beta^2/2! & 0 \\ 0 & -t^2\beta^2/2! \end{bmatrix} +$$
$$+ \begin{bmatrix} 0 & -t^3\beta^3/3! \\ t^3\beta^3/3! & 0 \end{bmatrix} + \begin{bmatrix} t^4\beta^4/4! & 0 \\ 0 & t^4\beta^4/4! \end{bmatrix} + \cdots$$

ou seja:

$$e^{tB} = \begin{bmatrix} 1 - t^2\beta^2/2! + t^4\beta^4/4! - \cdots & t\beta/1! - t^3\beta^3/3! + t^5\beta^5/5! - \cdots \\ -t\beta/1! + t^3\beta^3/3! - t^5\beta^5/5! + \cdots & 1 - t^2\beta^2/2! + t^4\beta^4/4! - \cdots \end{bmatrix}.$$

As entradas dessa matriz são as séries que representam as funções $\cos\beta t$ e $\operatorname{sen}\beta t$ que obtivemos no Capítulo 3. Assim,

$$e^{tB} = \begin{bmatrix} \cos\beta t & \operatorname{sen}\beta t \\ -\operatorname{sen}\beta t & \cos\beta t \end{bmatrix}.$$

Exemplo 8.2.6 A exponencial da matriz $A = \begin{bmatrix} \alpha & \beta \\ -\beta & \alpha \end{bmatrix}$ pode agora ser obtida dos resultados já estabelecidos. Escrevendo a matriz A sob a forma:

$$A = \alpha I + B,$$

onde B é a matriz do Exemplo 8.2.5, obtemos:

$$e^{tA} = e^{\alpha t} \begin{bmatrix} \cos \beta t & \operatorname{sen} \beta t \\ -\operatorname{sen} \beta t & \cos \beta t \end{bmatrix}.$$

Exemplo 8.2.7 Para matrizes diagonais $E = \begin{bmatrix} \lambda & 0 \\ 0 & \mu \end{bmatrix}$, o cálculo de e^{tE} pode ser feito de forma direta usando a propriedade (E2) com as matrizes $A = \begin{bmatrix} \lambda & 0 \\ 0 & 0 \end{bmatrix}$ e $B = \begin{bmatrix} 0 & 0 \\ 0 & \mu \end{bmatrix}$. De fato, essas matrizes comutam e $E = A + B$, portanto:

$$e^{tE} = e^{t(A+B)} = e^{tA} \cdot e^{tB}.$$

Mas para cada n natural temos que $A^n = \lambda^{n-1} A$ e $B^n = \mu^{n-1} B$ e de (8.10) obtemos:

$$e^{tA} = \begin{bmatrix} e^{t\lambda} & 0 \\ 0 & 1 \end{bmatrix} \quad \text{e} \quad e^{tB} = \begin{bmatrix} 1 & 0 \\ 0 & e^{t\mu} \end{bmatrix}$$

e, sendo assim:

$$e^{tE} = \begin{bmatrix} e^{t\lambda} & 0 \\ 0 & 1 \end{bmatrix} \begin{bmatrix} 1 & 0 \\ 0 & e^{t\mu} \end{bmatrix} = \begin{bmatrix} e^{t\lambda} & 0 \\ 0 & e^{t\mu} \end{bmatrix}.$$

Para matrizes quadradas de ordem maior do que dois, temos uma relação análoga. Por exemplo, se $E = \operatorname{diag}(\alpha, \beta, \gamma)$, então $\exp(tE) = \operatorname{diag}\left(e^{t\alpha}, e^{t\beta}, e^{t\gamma}\right)$, isto é:

$$E = \begin{bmatrix} \alpha & 0 & 0 \\ 0 & \beta & 0 \\ 0 & 0 & \gamma \end{bmatrix} \Longrightarrow e^{tE} = \begin{bmatrix} e^{t\alpha} & 0 & 0 \\ 0 & e^{t\beta} & 0 \\ 0 & 0 & e^{t\gamma} \end{bmatrix}.$$

Exemplo 8.2.8 Vamos agora encontrar a solução geral do sistema:

$$\begin{cases} \dot{x}_1 = 3x_1 + 2x_2 \\ \dot{x}_2 = -2x_1 + 3x_2. \end{cases}$$

Para esse sistema temos que $A = \begin{bmatrix} 3 & 2 \\ -2 & 3 \end{bmatrix}$ e de acordo com o Exemplo 8.2.6 concluímos que:

$$e^{tA} = \begin{bmatrix} e^{3t}\cos 2t & e^{3t}\operatorname{sen} 2t \\ -e^{3t}\operatorname{sen} 2t & e^{3t}\cos 2t \end{bmatrix}$$

e a solução geral do sistema é dada pelo par de funções:

$$x_1(t) = C_1 e^{3t}\cos 2t + C_2 e^{3t}\operatorname{sen} 2t$$
$$x_2(t) = -C_1 e^{3t}\operatorname{sen} 2t + C_2 e^{3t}\cos 2t$$

ou, na forma matricial:

$$X(t) = C_1 e^{3t}\begin{bmatrix} \cos 2t \\ -\operatorname{sen} 2t \end{bmatrix} + C_2 e^{3t}\begin{bmatrix} \operatorname{sen} 2t \\ \cos 2t \end{bmatrix}.$$

Com este último exemplo queremos deixar claro dois aspectos: primeiro, que a busca da solução da EDO $\dot{X} = AX$ se reduz ao cálculo da matriz e^{tA} e, depois, que as colunas $X_1(t)$ e $X_2(t)$ dessa matriz são soluções LI do sistema.

8.3 Cálculo Matricial

Nos exemplos precedentes, calculamos e^{tA}, em alguns casos particulares da matriz A, usando a representação (8.10). Essa é uma maneira pouco eficaz de calcular a exponencial, mesmo para matrizes 2×2. Na seqüência, apresentamos um método prático para o cálculo da matriz e^{tA} a partir dos *valores próprios* da matriz A.

Consideremos uma matriz A de ordem 2×2, com entradas constantes:

$$A = \begin{bmatrix} a_{11} & a_{12} \\ a_{21} & a_{22} \end{bmatrix}.$$

Os valores próprios dessa matriz são as duas raízes λ_1 e λ_2 da equação algébrica $\det[\lambda I - A] = 0$, isto é, as raízes de:

$$\lambda^2 - (a_{11} + a_{22})\,\lambda + \det A = 0, \tag{8.11}$$

e essas raízes podem ser reais e distintas, reais e iguais ou imaginárias. Para uma matriz A de ordem 2×2, como é o nosso caso, demonstra-se que:

$$e^{tA} = \alpha_0(t)\,I + t\alpha_1(t)\,A, \tag{8.12}$$

onde $\alpha_0(t)$ e $\alpha_1(t)$ são funções a determinar que atendem à condição:

$$e^{t\lambda} = \alpha_0 + t\lambda\alpha_1, \tag{8.13}$$

para cada valor próprio λ de A. Se λ é um valor próprio de multiplicidade $k = 2$, além da relação (8.13), os coeficientes α_0 e α_1 também atendem à condição:

$$e^{t\lambda} = \alpha_1. \tag{8.14}$$

A relação (8.14) é equivalente a calcular a expressão:

$$e^{\xi} = \frac{d}{d\xi}\left[\alpha_0 + \xi\alpha_1\right]$$

no valor próprio $\xi = t\lambda$ da matriz tA.

Exemplo 8.3.1 Suponhamos que $A = \begin{bmatrix} 2 & 0 \\ 0 & -3 \end{bmatrix}$ e que desejamos calcular e^{tA}. Os valores próprios da matriz A são $\lambda_1 = 2$ e $\lambda_2 = -3$ e, aplicando a relação (8.13) para λ_1 e λ_2, resulta o sistema:

$$\begin{cases} e^{2t} = \alpha_0 + 2t\alpha_1 \\ e^{-3t} = \alpha_0 - 3t\alpha_1, \end{cases}$$

de onde segue que $\alpha_0 = \frac{3}{5}e^{2t} + \frac{2}{5}e^{-3t}$ e $\alpha_1 = \frac{1}{5t}\left(e^{2t} - e^{-3t}\right)$. Usando agora a relação (8.12), obtemos:

$$e^{tA} = \alpha_0 I + t\alpha_1 A = \begin{bmatrix} \alpha_0 + 2t\alpha_1 & 0 \\ 0 & \alpha_0 - 3t\alpha_1 \end{bmatrix} = \begin{bmatrix} e^{2t} & 0 \\ 0 & e^{-3t} \end{bmatrix}.$$

Exemplo 8.3.2 Vamos encontrar a solução geral do sistema:

$$\begin{cases} \dot{x}_1 = 3x_1 - x_2 \\ \dot{x}_2 = x_1 + x_2. \end{cases}$$

A matriz do sistema é $A = \begin{bmatrix} 3 & -1 \\ 1 & 1 \end{bmatrix}$ com valor próprio $\lambda = 2$, de multiplicidade $k = 2$. Os coeficientes α_0 e α_1 da relação (8.12), nesse caso, satisfazem ao sistema:

$$\begin{cases} e^{2t} = \alpha_0 + 2t\alpha_1 \\ e^{2t} = \alpha_1, \end{cases}$$

de onde segue $\alpha_1 = e^{2t}$ e $\alpha_0 = (1 - 2t)\, e^{2t}$. Com esses valores obtemos:

$$e^{tA} = \begin{bmatrix} \alpha_0 + 3t\alpha_1 & -t\alpha_1 \\ t\alpha_1 & \alpha_0 + t\alpha_1 \end{bmatrix} = \begin{bmatrix} (1+t)\, e^{2t} & -te^{2t} \\ te^{2t} & (1-t)e^{2t} \end{bmatrix}$$

e a solução geral do sistema é:

$$X(t) = C_1 \begin{bmatrix} (1+t)\, e^{2t} \\ te^{2t} \end{bmatrix} + C_2 \begin{bmatrix} -te^{2t} \\ (1-t)e^{2t} \end{bmatrix}.$$

Exemplo 8.3.3 Para o sistema:

$$\begin{cases} \dot{x}_1 = 3x_1 + 2x_2 \\ \dot{x}_2 = -x_1 + x_2 \end{cases}$$

temos que $A = \begin{bmatrix} 3 & 2 \\ -1 & 1 \end{bmatrix}$, com valores próprios $\lambda = 2 \pm i$. Nesse caso,

$$e^{tA} = \begin{bmatrix} \alpha_0 + 3t\alpha_1 & 2t\alpha_1 \\ -t\alpha_1 & \alpha_0 + t\alpha_1 \end{bmatrix}$$

e os coeficientes α_0 e α_1 satisfazem ao sistema:

$$\begin{cases} e^{(2+i)t} = \alpha_0 + (2+i)\, t\alpha_1 \\ e^{(2-i)t} = \alpha_0 + (2-i)\, t\alpha_1. \end{cases}$$

Um cálculo direto nos dá $\alpha_0 = e^{2t}\cos t - 2e^{2t}\operatorname{sen} t$ e $\alpha_1 = \dfrac{e^{2t}\operatorname{sen} t}{t}$ e assim teremos:

$$e^{tA}=\begin{bmatrix} e^{2t}(\cos t+\operatorname{sen} t) & 2e^{2t}\operatorname{sen} t \\ -e^{2t}\operatorname{sen} t & e^{2t}(\cos t-\operatorname{sen} t) \end{bmatrix}.$$

As colunas dessa matriz são soluções LI do sistema, de modo que sua solução geral vem dada por:

$$X(t)=C_1e^{2t}\begin{bmatrix} \cos t+\operatorname{sen} t \\ -\operatorname{sen} t \end{bmatrix}+C_2e^{2t}\begin{bmatrix} 2\operatorname{sen} t \\ \cos t-\operatorname{sen} t \end{bmatrix}$$

isto é:

$$\begin{cases} x_1(t)=e^{2t}\left[C_1\cos t+(C_1+2C_2)\operatorname{sen} t\right] \\ x_2(t)=e^{2t}\left[C_2\cos t-(C_1+C_2)\operatorname{sen} t\right]. \end{cases}$$

Exemplo 8.3.4 O método desenvolvido nesta seção para o cálculo matricial ou resolução de sistemas lineares 2×2 a coeficientes constantes se generaliza de maneira natural para sistemas de ordem superior. Como ilustração, vamos considerar o seguinte sistema de ordem 3×3 :

$$\begin{cases} \dot{x}_1=a_{11}x_1+a_{12}x_2+a_{13}x_3 \\ \dot{x}_2=a_{21}x_1+a_{22}x_2+a_{23}x_3 \\ \dot{x}_3=a_{31}x_1+a_{32}x_2+a_{33}x_3. \end{cases}$$

Nesse caso a *matriz solução* e^{tA} vem dada por:

$$e^{tA}=\alpha_0 I+t\alpha_1 A+t^2\alpha_2 A^2, \tag{8.15}$$

onde os coeficientes $\alpha_0(t),\alpha_1(t)$ e $\alpha_2(t)$ satisfazem a equação:

$$e^{t\lambda}=\alpha_0+t\lambda\alpha_1+t^2\lambda^2\alpha_2 \tag{8.16}$$

para cada valor próprio λ da matriz A. Caso o valor próprio λ tenha multiplicidade $k=2$, então os coeficientes $\alpha_0(t),\alpha_1(t)$ e $\alpha_2(t)$, além de (8.16), satisfazem também a equação:

$$e^{t\lambda}=\alpha_1+2t\lambda\alpha_2. \tag{8.17}$$

Se a multiplicidade do valor próprio λ for $k=3$, os coeficientes $\alpha_0(t),\alpha_1(t)$ e $\alpha_2(t)$ satisfazem às relações (8.16), (8.17) e também a:

$$e^{t\lambda}=2\alpha_2. \tag{8.18}$$

Para sistemas 3×3 a multiplicidade k de um valor próprio λ pode ser $k = 1$ para raiz simples, $k = 2$ para raiz dupla ou $k = 3$ para raiz de terceira ordem, e as relações (8.16), (8.17) e (8.18) podem ser descritas pela identidade:

$$e^{\xi} = \frac{d^j}{d\xi^j}\left[\alpha_0(t) + \xi\alpha_1(t) + \xi^2\alpha_2(t)\right],$$

calculada no valor próprio $\xi = t\lambda$ da matriz tA, onde j assume os valores 0, 1 ou 2, dependendo da multiplicidade do valor próprio λ. Para um valor próprio simples, fazemos $j = 0$ e obtemos (8.16); para um valor próprio duplo, fazemos $j = 0$ e $j = 1$ e obtemos (8.16) e (8.17), respectivamente; por fim, para um valor próprio de terceira ordem, fazemos sucessivamente $j = 0, 1$ e 2, obtendo (8.16), (8.17) e (8.18), respectivamente. Dessa forma, podemos estabelecer um método para calcular a exponencial e^{tA} de uma matriz quadrada A de qualquer ordem.

8.4 Sistemas Não Homogêneos

Consideremos o seguinte sistema 2×2 não homogêneo:

$$\begin{cases} \dot{x}_1 = a_{11}x_1 + a_{12}x_2 + b_1(t) \\ \dot{x}_2 = a_{21}x_1 + a_{22}x_2 + b_2(t), \end{cases} \tag{8.19}$$

onde os coeficientes a_{ij} são constantes e as funções $b_1(t)$ e $b_2(t)$ são supostas contínuas. Na forma matricial, o sistema (8.19) se escreve:

$$\dot{X} = AX + B(t), \tag{8.20}$$

onde $B(t)$ é a matriz coluna com entradas $b_1(t)$ e $b_2(t)$. Considerando uma condição inicial $X(t_0) = X_0$ e procedendo formalmente como no caso unidimensional (veja seção 1 do Capítulo 5), multiplicamos a EDO (8.20) pelo fator integrante e^{-tA} e obtemos:

$$e^{-tA}\dot{X} - e^{-tA}AX = e^{-tA}B(t)$$

e, usando regras de derivação, resulta:

$$\frac{d}{dt}\left[e^{-tA}X\right] = e^{-tA}B(t). \tag{8.21}$$

Integrando (8.21) de t_0 até t, obtemos:

$$e^{-tA}X(t) = e^{-t_0A}X_0 + \int_{t_0}^{t} e^{-sA}B(s)\,ds$$

e, portanto, a matriz:

$$X(t) = e^{(t-t_0)A}X_0 + \int_{t_0}^{t} e^{(t-s)A}B(s)\,ds \tag{8.22}$$

é a solução do problema de valor inicial:

$$\begin{cases} \dot{X} = AX + B(t) \\ X(t_0) = X_0. \end{cases}$$

Para chegarmos à fórmula (8.22), em momento algum fizemos referência à ordem das matrizes A ou B e isso nos autoriza usá-la para sistemas de ordem $n \geq 2$.

Exemplo 8.4.1 Vamos usar a fórmula (8.22) para encontrar a solução do problema de valor inicial não homogêneo:

$$\begin{cases} \dot{x}_1 = 2x_2 + 3 \\ \dot{x}_2 = x_1 - x_2 - t^2 \\ x_1(0) = 0, \quad x_2(0) = 1. \end{cases}$$

Nesse exemplo temos: $t_0 = 0$, $X_0 = \begin{bmatrix} 0 \\ 1 \end{bmatrix}$, $A = \begin{bmatrix} 0 & 2 \\ 1 & -1 \end{bmatrix}$ e $B(t) = \begin{bmatrix} 3 \\ -t^2 \end{bmatrix}$, de modo que a solução é dada pela fórmula:

$$X(t) = e^{tA}X_0 + \int_{0}^{t} e^{(t-s)A}B(s)\,ds. \tag{8.23}$$

Cálculo da Matriz e^{tA} O cálculo da matriz e^{tA} é feito como na Seção 3. Os autovalores da matriz A são $\lambda_1 = 1$ e $\lambda_2 = -2$ e daí concluímos que:

$$e^{tA} = \alpha_0 I + t\alpha_1 A = \begin{bmatrix} \alpha_0 & 2t\alpha_1 \\ t\alpha_1 & \alpha_0 - t\alpha_1 \end{bmatrix},$$

onde os coeficientes α_0 e α_1 são soluções do sistema:

$$\begin{cases} e^t = \alpha_0 + t\alpha_1 \\ e^{-2t} = \alpha_0 - 2t\alpha_1. \end{cases}$$

Resolvendo o sistema, encontramos $\alpha_0 = \frac{1}{3}\left(2e^t + e^{-2t}\right)$ e $t\alpha_1 = \frac{1}{3}\left(e^t - e^{-2t}\right)$, e daí resulta:

$$e^{tA} = \frac{e^t}{3}\begin{bmatrix} 2 + e^{-3t} & 2 - 2e^{-3t} \\ 1 - e^{-3t} & 1 + 2e^{-3t} \end{bmatrix}.$$

Vamos agora efetuar os cálculos para obtermos a solução $X(t)$ dada em (8.23). Temos:

$$e^{tA}X_0 = \begin{bmatrix} \frac{2}{3}\left(e^t - e^{-2t}\right) \\ \frac{1}{3}\left(e^t + 2e^{-2t}\right) \end{bmatrix}$$

$$e^{(t-s)A}B(s) = \begin{bmatrix} 2e^{t-s} + e^{-2(t-s)} - \frac{2}{3}s^2e^{t-s} + \frac{2}{3}s^2e^{-2(t-s)} \\ e^{t-s} - e^{-2(t-s)} - \frac{1}{3}s^2e^{t-s} - \frac{2}{3}s^2e^{-2(t-s)} \end{bmatrix}$$

e retornando a (8.23), e usando a tabela de integrais:

1. $\int_0^t e^{t-s}ds = e^t - 1$
2. $\int_0^t s^2e^{t-s}ds = -t^2 - 2t + 2e^t - 2$
3. $\int_0^t e^{-2(t-s)}ds = -\frac{1}{2}e^{-2t} + \frac{1}{2}$
4. $\int_0^t s^2e^{-2(t-s)}ds = \frac{1}{2}t^2 - \frac{1}{2}t - \frac{1}{4}e^{-2t} + \frac{1}{4}$

obtemos a solução na forma matricial:

$$X(t) = \begin{bmatrix} \frac{4}{3}e^t - \frac{4}{3}e^{-2t} + t^2 + t \\ \frac{2}{3}e^t + \frac{4}{3}e^{-2t} + t - 1 \end{bmatrix}.$$

Exemplo 8.4.2 Alguns sistemas 2×2 onde aparecem derivadas de segunda ordem podem ser transformados em sistemas 3×3 por redução da ordem da derivada. Como ilustração, consideremos o sistema:

$$\begin{cases} \ddot{x} = 2\dot{x} + 5y + 3 \\ \dot{y} = -\dot{x} - 2y \end{cases} \tag{8.24}$$

com condições iniciais $x(0) = 0$, $\dot{x}(0) = 0$ e $y(0) = 1$. Efetuando a mudança de variável $x = x_1$, $\dot{x} = x_2$ e $y = x_3$, o sistema (8.24) se transforma em:

$$\begin{cases} \dot{x}_1 = x_2 \\ \dot{x}_2 = 2x_2 + 5x_3 + 3 \\ \dot{x}_3 = -x_2 - 2x_3 \end{cases} \tag{8.25}$$

ou, na forma matricial:

$$\dot{X} = \begin{bmatrix} 0 & 1 & 0 \\ 0 & 2 & 5 \\ 0 & -1 & -2 \end{bmatrix} X + \begin{bmatrix} 0 \\ 3 \\ 0 \end{bmatrix}, \tag{8.26}$$

com condição inicial $X(0) = \begin{bmatrix} 0 & 0 & 1 \end{bmatrix}$. Para encontrar a solução desse problema de valor inicial, usaremos a fórmula (8.22) com $t_0 = 0$ e com as matrizes

$$A = \begin{bmatrix} 0 & 1 & 0 \\ 0 & 2 & 5 \\ 0 & -1 & -2 \end{bmatrix}, \quad B = \begin{bmatrix} 0 \\ 3 \\ 0 \end{bmatrix} \quad \text{e} \quad X_0 = \begin{bmatrix} 0 \\ 0 \\ 1 \end{bmatrix}.$$

Os valores próprios da matriz A são $\lambda_1 = 0$, $\lambda_2 = i$ e $\lambda_3 = -i$ e de acordo com (8.15):

$$e^{tA} = \begin{bmatrix} \alpha_0 & t\alpha_1 + 2t^2\alpha_2 & 5t^2\alpha_2 \\ 0 & \alpha_0 + 2t\alpha_1 - t^2\alpha_2 & 5t\alpha_1 \\ 0 & -t\alpha_1 & \alpha_0 - 2t\alpha_1 - t^2\alpha_2 \end{bmatrix}, \tag{8.27}$$

onde os coeficientes α_0, α_1 e α_2 satisfazem o sistema:

$$\begin{cases} 1 = \alpha_0 & \text{(I)} \\ e^{it} = \alpha_0 + it\alpha_1 - t^2\alpha_2 & \text{(II)} \\ e^{-it} = \alpha_0 - it\alpha_1 - t^2\alpha_2 & \text{(III).} \end{cases}$$

Subtraindo (III) de (II), obtemos $t\alpha_1 = \frac{1}{2i}\left(e^{it} - e^{-it}\right) = \operatorname{Im}\left(e^{it}\right) = \operatorname{sen} t$ e somando (II) e (III), resulta $t^2\alpha_2 = \alpha_0 - \frac{1}{2}\left(e^{it} + e^{-it}\right) = 1 - \operatorname{Re}\left(e^{it}\right) = 1 - \cos t$. Com os valores de α_0, $t\alpha_1$ e $t^2\alpha_2$ na matriz (8.27), chegamos a:

$$e^{tA} = \begin{bmatrix} 1 & \operatorname{sen} t - 2\cos t + 2 & 5 - 5\cos t \\ 0 & 2\operatorname{sen} t + \cos t & 5\operatorname{sen} t \\ 0 & -\operatorname{sen} t & -2\operatorname{sen} t + \cos t \end{bmatrix}$$

e daí resultam as relações:

$$e^{tA}X_0 = \begin{bmatrix} 5 - 5\cos t \\ 5\operatorname{sen} t \\ -2\operatorname{sen} t + \cos t \end{bmatrix}$$

$$\int_0^t e^{(t-s)A}B(s)\,ds = \begin{bmatrix} \int_0^t [3\operatorname{sen}(t-s) - 6\cos(t-s) + 6]\,ds \\ \int_0^t [6\operatorname{sen}(t-s) + 3\cos(t-s)]\,ds \\ -\int_0^t [3\operatorname{sen}(t-s)]\,ds \end{bmatrix} =$$

$$= \begin{bmatrix} 3 - 3\cos t - 6\operatorname{sen} t + 6t \\ 6 - 6\cos t + 3\operatorname{sen} t \\ -3 + 3\cos t \end{bmatrix}$$

e de (8.25) obtemos a solução:

$$X(t) = \begin{bmatrix} x_1(t) \\ x_2(t) \\ x_3(t) \end{bmatrix} = \begin{bmatrix} 8 - 8\cos t - 6\,\text{sen}\, t + 6t \\ 6 - 6\cos t + 8\,\text{sen}\, t \\ -3 - 2\,\text{sen}\, t + 4\cos t \end{bmatrix}.$$

Finalmente, lembrando que $x(t) = x_1(t)$ e $y(t) = x_3(t)$, deduzimos que a solução do sistema original é dada pelo par de funções $x(t) = 8 - 8\cos t - 6\,\text{sen}\, t + 6t$ e $y(t) = -3 - 2\,\text{sen}\, t + 4\cos t$.

8.5 Exercícios Complementares

8.5A Escreva cada EDO abaixo como um sistema de primeira ordem:.

(a) $\ddot{x} - 2\dot{x} + x = t$ (b) $2\ddot{x} - 2t^2\dot{x} + x = 4te^t$ (c) $-\ddot{x} - 2\dot{x} + e^t x = t^2$

8.5B Repita o exercício precedente com a EDO de 3ª ordem $\dddot{x} - 2\ddot{x} + e^t x = t$

8.5C Encontre a solução geral dos seguintes sistemas:

(a) $\begin{cases} \dot{x}_1 = x_2 \\ \dot{x}_2 = -2x_1 + 3x_2 \end{cases}$ (b) $\begin{cases} \dot{x}_1 = -3x_1 + 4x_2 \\ \dot{x}_2 = -2x_1 + 3x_2 \end{cases}$

(c) $\begin{cases} \dot{x}_1 = 2x_1 + x_2 - 2x_3 \\ \dot{x}_2 = 3x_2 - 2x_3 \\ \dot{x}_3 = 3x_1 + x_2 - 3x_3 \end{cases}$ (d) $\begin{cases} \dot{x}_1 = 3x_1 - 3x_2 + 2x_3 \\ \dot{x}_2 = 2x_1 - x_2 \\ \dot{x}_3 = x_1 - x_2 + x_3 \end{cases}$

9. Separação de Variáveis

9.1 Vibrações de uma Corda Elástica

Para descrever o Método de Separação de Variáveis e mostrar como ele nos conduz às Séries de Fourier apresentadas no Capítulo 4, vamos considerar um modelo físico em que uma corda elástica de comprimento L, presa nas extremidades, é submetida a uma tensão $\vec{\tau}$ e em um dado instante sua posição de repouso é alterada por um agente externo e a partir de então ela passa a vibrar no plano vertical. Para modelar matematicamente o fenômeno, denotemos por $u(x,t)$ a posição do ponto x da corda, no instante t. Como o movimento é transversal, isto é, ocorre no plano vertical, como sugere a figura ao lado, então apenas a componente vertical $\tau \operatorname{sen} \theta$, $\tau = ||\vec{\tau}||$, da tensão será considerada. No instante t o comprimento s da curva $u(x,t)$, $0 \leq x \leq L$, é dado por:

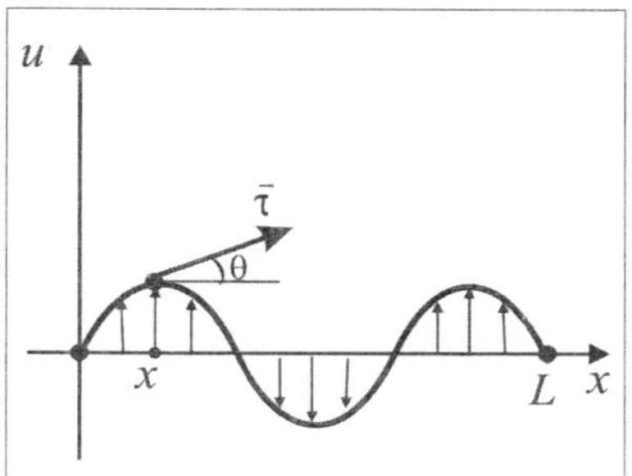

Fig. 9.1

$$s = \int_0^L \sqrt{1 + u_x^2}\, dx$$

e para pequenas vibrações o ângulo θ e, portanto, a declividade u_x, torna-se pequena e é razoável aproximar $\sqrt{1 + u_x^2}$ pelos dois primeiros termos da série binomial e, assim, obtemos:

$$s = \int_0^L \left(1 + \tfrac{1}{2} u_x^2\right) dx = L + \tfrac{1}{2} \int_0^L u_x^2\, dx. \tag{9.1}$$

A variação da tensão $\dfrac{\partial}{\partial x}(\tau \operatorname{sen} \theta)$ gera uma força na corda e se τ_0 representa a tensão inicial a que a corda está submetida, segue da Segunda Lei de Newton que:

$$\tau - \tau_0 = \frac{\partial}{\partial x}(\tau \operatorname{sen} \theta) = \rho \frac{\partial^2 u}{\partial t^2}, \tag{9.2}$$

onde $\rho = m/L$ é a densidade por unidade de comprimento. Para relacionar a tensão com a deformação usaremos a Lei de Hooke, a qual estabelece: *a variação da tensão é proporcional à deformação por unidade de comprimento*, isto é:

$$\tau - \tau_0 = \kappa \frac{s - L}{L}, \tag{9.3}$$

sendo $\kappa = aE$, onde E é o módulo de Young do material e a é a secão reta da corda, suposta constante. Mais uma vez observamos que o movimento ocorre transversalmente ao eixo x e isso faz com que $\dfrac{\partial \tau}{\partial x}$ seja zero e de (9.2) resulta:

$$\tau \frac{\partial}{\partial x} (\operatorname{sen} \theta) = \rho \frac{\partial^2 u}{\partial t^2} \tag{9.4}$$

e aproximando $\operatorname{sen}\theta$ por $\operatorname{tg}\theta$, o que é razoável para pequenas vibrações, chegamos a

$$\tau \frac{\partial}{\partial x} (\operatorname{tg} \theta) = \rho \frac{\partial^2 u}{\partial t^2}. \tag{9.5}$$

Em (9.5) substituimos $\operatorname{tg}\theta$ por u_x e os valores de s e de τ dados, respectivamente, por (9.1) e (9.3) e chegamos ao modelo de Kirchhoff-Carrier para pequenas vibrações da corda elástica:

$$\rho \frac{\partial^2 u}{\partial t^2} = \left[\tau_0 + \frac{\kappa}{2L} \int_0^L u_x^2 \, dx \right] \frac{\partial^2 u}{\partial x^2}. \tag{9.6}$$

A equação (9.6) envolve, além das duas variáveis independentes x e t, uma função desconhecida $u(x,t)$ e suas derivadas parciais e por isso ela recebe o nome *Equação Diferencial Parcial* (abrevia-se EDP). Como ocorre com as EDO's, a ordem de uma EDP é a ordem mais alta entre as derivadas que figuram na equação e ela será linear quando for do primeiro grau em u e em suas derivadas parciais. Assim, a EDP (9.6) é de segunda ordem, mas não é linear devido a presença do termo u_x^2.

9.2 O Método de d'Alambert

Uma EDP de segunda ordem nas variáveis indepedentes x e y é uma equação da forma

$$\Phi(x, y, u, u_x, u_y, u_{xy}, u_{xx}, u_{yy}) = 0 \tag{9.7}$$

envolvendo as variáveis x e y, uma função desconhecida $u = u(x,y)$ e suas derivadas parciais até segunda ordem. Na equação (9.7) não figura a derivada mista u_{yx}, tendo em vista que a função $u(x,y)$ é suposta de classe C^2, isto é, com derivadas parciais contínuas até segunda ordem, o que faz com que $u_{xy} = u_{yx}$. A parte da EDP que contém as derivadas de segunda ordem é denominada *parte principal* da equação e, em alguns casos, ela determina propriedades das soluções. Uma EDP não linear com parte principal linear é denominada *semilinear*; por exemplo, EDP's do tipo

$$A(x,y)\, u_{xx} + 2B(x,y)\, u_{xy} + C(x,y)\, u_{yy} = g(x, y, u, u_x, u_y). \tag{9.8}$$

são semilineares de 2ª ordem. Uma EDP linear de segunda ordem se apresenta sob a forma:

$$Au_{xx} + 2Bu_{xy} + Cu_{yy} + Du_x + Eu_y + Fu = G \tag{9.9}$$

sendo A, B, C, D, E, F e G funções reais de x e y. A expressão $Au_{xx} + 2Bu_{xy} + Cu_{yy}$ é a parte principal da EDP (9.9) e, no caso em que a função $G(x,y)$ é identicamente nula, a EDP é denominada *homogênea*. Em analogia às cônicas, as EDP's semilineares se classificam em:

(a) *parabólica* nos pontos (x,y) em que $B^2(x,y) - A(x,y)C(x,y) = 0$;

(b) *hiperbólica* nos pontos (x,y) em que $B^2(x,y) - A(x,y)C(x,y) > 0$;

(c) *elítica* nos pontos (x,y) em que $B^2(x,y) - A(x,y)C(x,y) < 0$.

Exemplo 9.2.1 As EDP's clássicas mais conhecidas são:

$u_t - \alpha^2 u_{xx} = 0$	equação do calor (linear parabólica)
$u_{tt} - c^2 u_{xx} = 0$	equação da onda (linear hiperbólica)
$u_{xx} + u_{yy} = G(x,y)$	equação de Poisson (linear elítica)

As equações da onda e do calor são modelos típicos que evoluem com o tempo e a equação de Poisson descreve fenômenos estacionários.

■ Caso Linear Homogêneo

O modelo linearizado da EDP (9.6) se escreve sob a forma:

$$u_{tt} - c^2 u_{xx} = 0, \tag{9.10}$$

considerada *forma padrão* das EDP's *hiperbóbicas* lineares de segunda ordem. Em (9.10) c é uma constante positiva e tem dimensão de *velocidade de propagação da onda* e qualquer função do tipo

$$u(x,t) = \varphi(x+ct) + \psi(x-ct), \tag{9.11}$$

sendo φ e ψ funções de classe C^2, satifaz (9.10) em cada ponto. De fato: derivando duas vêzes a função $u(x,t)$ pela Regra da Cadeia, encontramos:

$$\begin{aligned} -c^2 u_{xx} &= -c^2\left[\varphi''(x+ct) + \psi''(x-ct)\right] \quad \text{e} \\ u_{tt} &= c^2\varphi''(x+ct) + c^2\psi''(x-ct) \end{aligned}$$

e somando membro a membro essas equações comprovamos (9.10). Para chegarmos à solução (9.11) usaremos um método devido a d'Alembert, o qual baseia-se em uma mudança de variáveis que simplifique a equação. Consideramos, então, a mudança de coordenadas

$$\xi = x + ct \qquad \text{e} \qquad \eta = x - ct$$

e a função $v(\xi, \eta) = u(x, t)$. Da Regra da Cadeia, resulta:

$$u_x = v_\xi \xi_x + v_\eta \eta_x = v_\xi + v_\eta \qquad \text{e} \qquad u_t = v_\xi \xi_t + v_\eta \eta_t = cv_\xi - cv_\eta$$

e derivando mais uma vez, obtemos:

$$\begin{aligned} u_{xx} &= v_{\xi\xi}\xi_x + v_{\xi\eta}\eta_x + v_{\eta\xi}\xi_x + v_{\eta\eta}\eta_x = v_{\xi\xi} + 2v_{\xi\eta} + v_{\eta\eta} \\ u_{tt} &= c\left[v_{\xi\xi}\xi_t + v_{\xi\eta}\eta_t\right] - c\left[v_{\eta\xi}\xi_t + v_{\eta\eta}\eta_t\right] = c^2\left[v_{\xi\xi} - 2v_{\xi\eta} + v_{\eta\eta}\right]. \end{aligned}$$

Substituindo essas derivadas em (9.10) chegamos a EDP

$$v_{\xi\eta} = 0,$$

cuja solução geral é determinada por uma dupla integração. Integrando primeiro com respeito à variável η, obtemos:

$$v_\xi(\xi, \eta) = f(\xi)$$

e integrando a última equação, agora com respeito à variável ξ, resulta:

$$v(\xi, \eta) = \int f(\xi)\, d\xi + \psi(\eta) = \varphi(\xi) + \psi(\eta)$$

e retornando às variáveis x e t, obtemos a solução (9.11). Uma diferença entre a solução geral de uma EDO e a solução geral (9.11) é que no caso da EDO a solução geral depende de constantes numéricas enquanto a solução em (9.11) depende de funções arbitrárias φ e ψ de classe C^2.

■ O Problema de Cauchy

O *Problema de Cauchy* ou Problema de Valor Inicial e de Fronteira (PVIF) para a EDP (9.10) consiste no seguinte: dadas as funções $u_0(x)$ e $u_1(x)$, denominadas, respectivamente, posição inicial e velocidade inicial da corda, encontrar uma função $u(x, t)$ tal que:

$$\left| \begin{array}{ll} u_{tt} - c^2 u_{xx} = 0, \quad 0 < x < L, \quad t > 0 & \text{(EDP)} \\ u(x,0) = u_0(x), \quad u_t(x,0) = u_1(x), \quad 0 \le x \le L & \text{(condições iniciais)} \\ u(0,t) = u(L,t) = 0, \quad t > 0 & \text{(condições de fronteira)} \end{array} \right. \tag{9.12}$$

Se na solução geral (9.11) fizermos $t = 0$ e usarmos a condição inicial $u(x,0) = u_0(x)$, obteremos:

$$u_0(x) = \varphi(x) + \psi(x) \tag{9.13}$$

e derivando (9.11) com respeito a t e usando a condição inicial $u_t(x,0) = u_1(x)$, chegamos a:

$$u_1(x) = c\varphi'(x) - c\psi'(x). \tag{9.14}$$

Combinando (9.13) e (9.14) formamos o sistema

$$\left| \begin{array}{l} \varphi'(x) + \psi'(x) = u_0'(x) \\ \varphi'(x) - \psi'(x) = \frac{1}{c}u_1(x), \end{array} \right.$$

cuja solução, obtida por integração, vem dada por:

$$\begin{aligned} \varphi(\xi) &= \varphi(0) + \tfrac{1}{2}\left[u_0(\xi) - u_0(0)\right] + \tfrac{1}{2c}\int_0^{\xi} u_1(\xi)\,d\xi \\ \psi(\eta) &= \psi(0) + \tfrac{1}{2}\left[u_0(\eta) - u_0(0)\right] - \tfrac{1}{2c}\int_0^{\eta} u_1(\xi)\,d\xi \end{aligned}$$

Como $\varphi(0) + \psi(0) = u_0(0)$, obtemos de (9.11) a solução

$$u(x,t) = \tfrac{1}{2}\left[u_0(x+ct) + u_0(x-ct)\right] + \tfrac{1}{2c}\int_{x-ct}^{x+ct} u_1(\xi)\,d\xi \tag{9.15}$$

para o Problema de Cauchy (9.12), conhecida como *solução de d'Alembert*. Como condições de compatibilidade, vemos que a solução $u(x,t)$ deve ser de classe C^2 no domínio $D = \{(x,t);\ 0 < x < L,\ t > 0\}$ e contínua em $\overline{D} = \{(x,t);\ 0 \le x \le L,\ t \ge 0\}$, de modo que os dados iniciais $u_0(x)$ e $u_1(x)$ devem ter a seguinte regularidade:

$$u_0 \in C^2(]0,L[) \cap C^0([0,L]) \qquad \text{e} \qquad u_1 \in C^1(]0,L[) \cap C^0([0,L]).$$

Para se ter uma visão geométrica da solução de d'Alembert (confira [18]), consideremos uma onda de perfil (ou configuração inicial) $u_0(x)$ e suponhamos que a velocidade inicial $u_1(x)$ seja nula e que a velocidade de propagação seja $c = 1$. Assim, a solução (9.15) se reduz a

$$u(x,t) = \tfrac{1}{2}\left[u_0(x+t) + u_0(x-t)\right]$$

que é a composição (soma) de duas translações do perfil da onda $u_0(x)$: uma propagação (progressiva) à direita, que corresponde ao termo $u_0(x-t)$, e outra à esquerda (propagação regressiva) correspondente a $u_0(x+t)$. A figura 9.2 mostra a onda-solução $u(x,t)$ nos instantes $0,\ 1/2,\ 1,\ 3/2$.

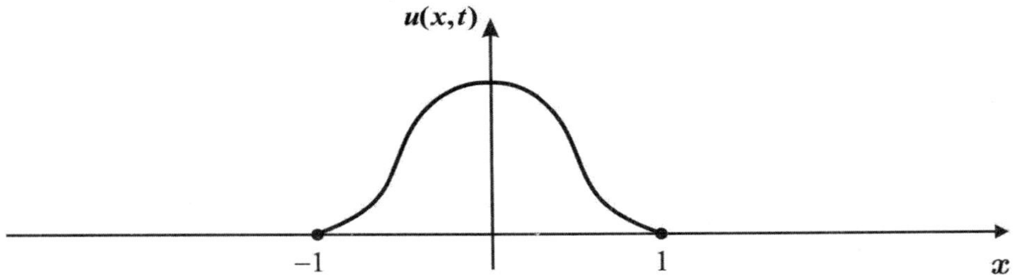

instante $t = 0 : u(x,0) = u_0(x)$

Fig. 9.2a

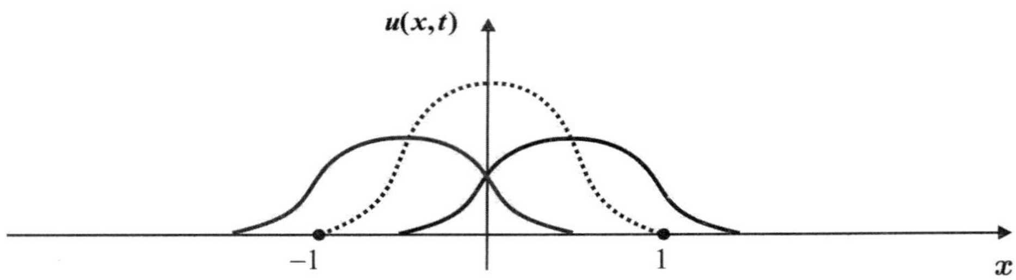

instante $t = \frac{1}{2} : u(x,\frac{1}{2}) = \frac{1}{2}[u_0(x+\frac{1}{2}) + u_0(x-\frac{1}{2})]$

Fig. 9.2b

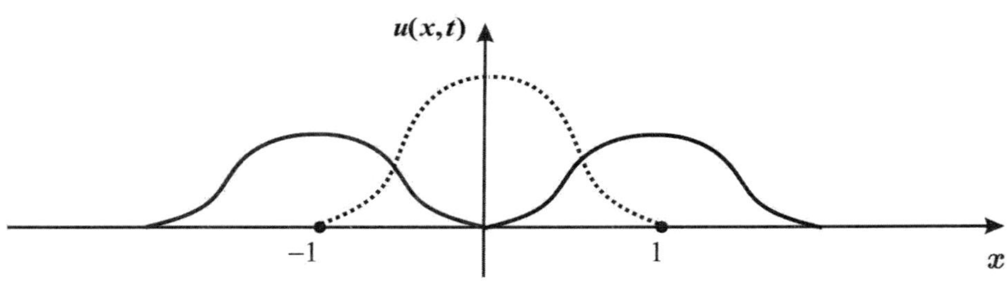

instante $t = 1 : u(x,1) = \frac{1}{2}\left[u_0(x+1) + u_0(x-1)\right]$

Fig. 9.2c

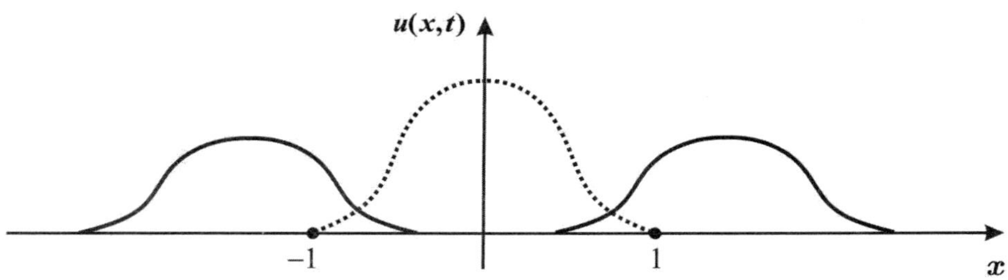

instante $t = \frac{3}{2} : u(x,\frac{3}{2}) = \frac{1}{2}\left[u_0(x+\frac{3}{2}) + u_0(x-\frac{3}{2})\right]$

Fig. 9.2d

Curvas Características

A EDP (9.10) é equivalente ao sistema

$$\left|\begin{array}{l}\xi = u_t \\ \eta = u_x \\ \xi_t - c^2\eta_x = 0\end{array}\right. \tag{9.16}$$

e como $u(x,t)$ é suposta de classe C^2, podemos eliminar u em (9.16) derivando a primeira equação em relação a x e a segunda em relação a t e subtraindo os resultados. Assim, obtemos:

$$\xi_x - \eta_t = 0. \tag{9.17}$$

Com o objetivo de encontrar curvas no plano xt ao longo das quais a EDP (9.10) se expressa como uma derivada total, (essas são as *curvas características*) multiplicamos (9.17) por $\lambda = \lambda(x,t)$ e adicionamos o resultado com a terceira equação do sistema (9.16) e, assim, encontramos:

$$\xi_t - c^2\eta_x + \lambda\xi_x - \lambda\eta_t = 0. \tag{9.18}$$

Dada uma curva diferenciável $x = x(t)$ no plano xt, segue da Regra da Cadeia que:

$$\frac{d}{dt}\left[\xi\left(t, x(t)\right)\right] - \lambda\frac{d}{dt}\left[\eta\left(t, x(t)\right)\right] = \xi_t + \xi_x\dot{x} - \lambda\eta_t - \lambda\eta_x\dot{x} \tag{9.19}$$

e para que os primeiros membros de (9.18) e (9.19) sejam iguais é suficiente que λ satisfaça a:

$$\left|\begin{array}{l}\xi_t + \xi_x\dot{x} = \xi_t + \lambda\xi_x \\ -\lambda\eta_t - \lambda\eta_x\dot{x} = -\lambda\eta_t - c^2\eta_x\end{array}\right.$$

e para isso basta que $\dot{x} = \lambda$ e $\dot{x} = c^2/\lambda$, resultando $\lambda = \pm c$. Logo, as curvas carcterísticas $\dot{x} = \lambda$ são as retas $x \pm ct = k$, sendo k constante. Recordemos que a mudança de coordenadas sugerida no método de d'Alembert baseia-se nessas curvas características. De fato, ao considerarmos a mudança de coordenadas $\xi = x + ct$ e $\eta = x - ct$ na verdade escolhemos ξ e η constantes ao longo das curvas características da EDP.

Exemplo 9.2.2 Consideremos, mais uma vez, a equação da onda (9.10) e suponhamos que sejam conhecidos os valores de $u(x,t)$ sobre a curva carcterística $x - ct = 0$. O Problema de Cauchy correspondente é:

$$\left|\begin{array}{l}u_{tt} - c^2u_{xx} = 0 \\ u(x, x/c) = \alpha(x), \quad u_t(x, x/c) = \beta(x).\end{array}\right. \tag{9.20}$$

Como vimos anteriormente, cada função $u(x,t) = \varphi(x+ct) + \psi(x-ct)$, sendo φ e ψ duas vêzes deriváveis, satisfaz a EDP (9.10) e $\beta(x) = \frac{c}{2}\alpha'(x) - c\psi'(0)$ é condição necessária para que $u(x,t)$ seja solução do problema (9.20). De fato, $u_t(x,t) = c\varphi'(x+ct) - c\psi'(x-ct)$ e, portanto:

$$\beta(x) = u_t(x, x/c) = c\varphi'(2x) - c\psi'(0) \tag{9.21}$$

$$\alpha(x) = u(x, x/c) = \varphi(2x) + \psi(0). \tag{9.22}$$

Derivando (9.22), obtemos $\varphi'(2x) = \frac{1}{2}\alpha'(x)$ e substituindo esse valor em (9.21), resulta:

$$\beta(x) = \tfrac{1}{2}c\alpha'(x) - c\psi'(0).$$

Se a função ψ de classe C^2 é tal que $\psi(0) = c\psi'(0)$, então qualquer função do tipo

$$u(x,t) = \alpha((x+ct)/2) + \psi(x-ct) - c\psi'(0)$$

é solução do problema (9.20).

Exemplo 9.2.3 Suponhamos que a EDP (9.10) admita solução do tipo

$$u(x,t) = \varphi(x)\exp(\pm i\omega t), \quad \omega > 0, \tag{9.23}$$

denominada *solução harmônica no tempo*. Substituindo $u(x,t)$ dada por (9.23) na EDP (9.10), encontramos a EDO:

$$\varphi'' + k^2\varphi = 0, \quad k^2 = \omega^2/c^2,$$

com raízes características $\lambda = \pm i\omega/c$ e solução geral $\varphi(x) = A\exp(i\omega x/c) + B\exp(-i\omega x/c)$. Assim, a solução (9.23) será:

$$u(x,t) = [A\exp(i\omega x/c) + B\exp(-i\omega x/c)]\exp(\pm i\omega t).$$

Procedendo de forma similar e admitindo solução real da forma $u(x,t) = \varphi(x)\exp(\pm\omega t)$, $\omega > 0$, encontraremos:

$$u(x,t) = [A\cos(\omega x/c) + B\,\mathrm{sen}(\omega x/c)]\exp(\pm\omega t).$$

■ Caso Linear Não Homogêneo

Vamos, agora, investigar o Problema de Cauchy não homogêneo

$$\left| \begin{array}{l} u_{tt} - c^2u_{xx} = F(x,t), \quad 0 < x < L, \quad t > 0 \\ u(x,0) = u_0(x), \quad u_t(x,0) = u_1(x), \quad 0 \le x \le L, \end{array} \right. \tag{9.24}$$

onde a força externa $F(x,t)$ é suposta contínua. Dado um ponto (ξ,η) onde desejamos calcular a solução $u(\xi,\eta)$, consideremos o *triângulo característico* Ω determinado por esse ponto, como na figura ao lado. Integrando a EDP (9.24) sobre a região Ω, obtemos:

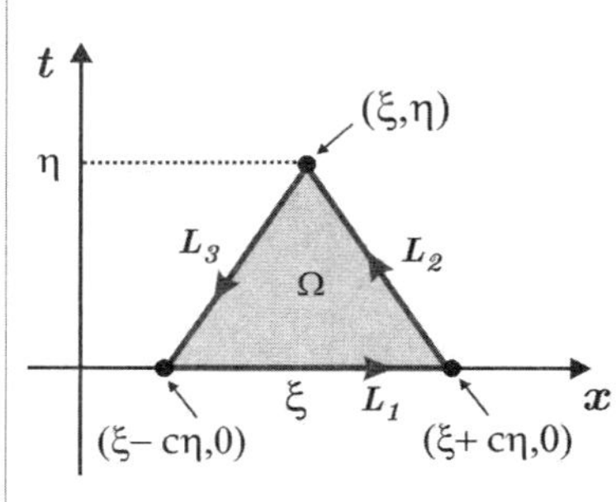

Fig. 9.3

$$\iint_\Omega (c^2 u_{xx} - u_{tt})dxdt = -\iint_\Omega F(x,t)dxdt$$

e do Teorema de Green, segue que:

$$\iint_\Omega \left[\frac{\partial}{\partial x}\left(c^2 u_x\right) - \frac{\partial}{\partial t}\left(u_t\right)\right] dxdt = \oint_{\partial\Omega} u_t dx + c^2 u_x dt, \tag{9.25}$$

onde a fronteira $\partial\Omega$ que figura na integral de linha do lado direito de (9.25) é constituída dos segmentos L_1, L_2 e L_3 e, sendo assim:

$$\oint_{\partial\Omega} u_t dx + c^2 u_x dt = \int_{L_1} u_t dx + c^2 u_x dt + \int_{L_2} u_t dx + c^2 u_x dt + \int_{L_3} u_t dx + c^2 u_x dt.$$

Sobre L_1 temos: $t = 0$ e $\xi - c\eta \le x \le \xi + c\eta$, de modo que:

$$\int_{L_1} u_t dx + c^2 u_x dt = \int_{\xi-c\eta}^{\xi+c\eta} u_t\left(x,0\right)dx = \int_{\xi-c\eta}^{\xi+c\eta} u_1\left(x\right)dx.$$

Sobre L_2 temos: $0 \le t \le \eta$ e $x = \xi - ct + c\eta$ e, portanto:

$$\int_{L_2} u_t dx + c^2 u_x dt = \int_{L_2} \left[u_t\left(-cdt\right) + c^2 u_x\left(-1/c\right)dx\right] = -c\int_{L_2} du = c\left[u\left(\xi + c\eta, 0\right) - u\left(\xi,\eta\right)\right].$$

Finalmente, sobre L_3 temos: $0 \le t \le \eta$ e $x = \xi + ct - c\eta$, e assim:

$$\int_{L_3} u_t dx + c^2 u_x dt = \int_{L_3} \left[u_t\left(cdt\right) + c^2 u_x\left(1/c\right)dx\right] = c\int_{L_3} du = c\left[u\left(\xi - c\eta, 0\right) - u\left(\xi,\eta\right)\right].$$

Usando as condições iniciais $u\left(x,0\right) = u_0\left(x\right)$ e $u_t\left(x,0\right) = u_1\left(x\right)$, obtemos:

$$\oint_{\partial\Omega} u_t dx + c^2 u_x dt = -2cu\left(\xi,\eta\right) + c\left[u_0\left(\xi + c\eta\right) + u_0\left(\xi - c\eta\right)\right] + \int_{\xi-c\eta}^{\xi+c\eta} u_1\left(x\right)dx$$

e combinando com (9.25), deduzimos que:

$$u\left(\xi,\eta\right) = \tfrac{1}{2}\left[u_0\left(\xi + c\eta\right) + u_0\left(\xi - c\eta\right)\right] + \frac{1}{2c}\int_{\xi-c\eta}^{\xi+c\eta} u_1\left(x\right)dx + \frac{1}{2c}\iint_\Omega F\left(x,t\right)dxdt \tag{9.26}$$

é a única solução do Problema de Cauchy (9.24).

Dependência Contínua

Sejam u e v as soluções do problema (9.24) obtidas com os dados iniciais $\{u_0, u_1, F\}$ e $\{v_0, v_1, G\}$, respectivamente. De (9.26), obtemos:

$$\begin{aligned} |u(\xi,\eta) - v(\xi,\eta)| \leq\ & \tfrac{1}{2}|u_0(\xi + c\eta) - v_0(\xi + c\eta)| + \tfrac{1}{2}|u_0(\xi - c\eta) - v_0(\xi - c\eta)| + \\ & + \frac{1}{2c}\int_{\xi - c\eta}^{\xi + c\eta} |u_1(x) - v_1(x)|\, dx + \frac{1}{2c}\iint_\Omega |F(x,t) - G(x,t)|\, dxdt \end{aligned}$$

e supondo que os dados iniciais estejam próximos, isto é:

$$\max_{0\leq x\leq L} |u_0(x) - v_0(x)| < \varepsilon, \quad \max_{0\leq x\leq L} |u_1(x) - v_1(x)| < \varepsilon \quad \text{e} \quad \max_{\overline{\Omega}} |F(x,t) - G(x,t)| < \varepsilon$$

teremos:

$$\max_{\overline{\Omega}} |u(x,t) - v(x,t)| < \varepsilon/2 + \varepsilon/2 + \varepsilon L/2c + \varepsilon \operatorname{vol}(\Omega)/2c = M\varepsilon,$$

sendo M uma constante positiva. Com isso concluímos que dados iniciais próximos produzem soluções próximas do problema (9.24); em outras palavras, a solução do problema (9.24) depende continuamente dos dados iniciais. Quando um problema de Cauchy tem solução única e esta depende continuamente dos dados iniciais, diremos que o problema é *bem posto*.

Exemplo 9.2.4 A única solução do problema:

$$\left| \begin{array}{l} u_{tt} - u_{xx} = 1, \quad 0 < x < L, \quad t > 0 \\ u(x,0) = x^2, \quad u_t(x,0) = 1, \quad 0 \leq x \leq L \end{array} \right.$$

é determinada pela fórmula (9.26), com $c = 1$, $u_0 = x^2$, $u_1 = 1$ e $F(x,t) = 1$. Neste caso, a solução $u(x,t)$ é:

$$u(x,t) = \tfrac{1}{2}\left[(x+t)^2 + (x-t)^2\right] + \tfrac{1}{2}\int_{x-t}^{x+t} ds + \tfrac{1}{2}\iint_\Omega dxdt = x^2 + \tfrac{3}{2}t^2 + t.$$

9.3 O Método de Fourier

A descrição completa do Método de Fourier requer conhecimentos prévios sobre convergência uniforme de séries de funções e outras ferramentas de análise matemática que fogem ao objetivo deste texto. Por isso seremos breve na descrição do método e os detalhes que somos obrigados a omitir podem ser encontrados na vasta literatura sobre equações diferenciais parciais. O Método de Fourier, também conhecido como *Separação de Variáveis*, para resolver o problema (9.12) inicia-se admitindo que a suposta solução $u(x,t)$ está sob a forma de variáveis separadas, isto é:

$$u(x,t) = \varphi(x)\,\psi(t) \tag{9.27}$$

sendo φ uma função apenas de x e ψ uma função apenas de t. Essa hipótese sobre a forma da solução $u(x,t)$ faz com que o problema (9.12) se reduza a um sistema de EDO's de segunda ordem. De fato, substituindo $u(x,t)$ dado por (9.27) na EDP $(9.12)_1$, obtemos:

$$\varphi(x)\,\ddot{\psi}(t) - c^2\varphi''(x)\,\psi(t) = 0$$

e na região onde φ e ψ são diferentes de zero, teremos:

$$\frac{\ddot{\psi}}{c^2\psi} = \frac{\varphi''}{\varphi}. \tag{9.28}$$

Em (9.28) temos uma equação em que o lado esquerdo é uma função apenas de t, enquanto o lado direito é função apenas de x e, certamente, isso ocorrerá se, e somente se:

$$\frac{\ddot{\psi}}{c^2\psi} = \frac{\varphi''}{\varphi} = \mu,$$

sendo μ uma constante. Das condições de fronteira $(9.12)_3$, resulta:

$$\varphi(0)\,\psi(t) = u(0,t) = 0 \qquad \text{e} \qquad \varphi(L)\,\psi(t) = u(L,t) = 0, \quad \forall t$$

e, portanto, $\varphi(0) = \varphi(L) = 0$. A função $\varphi(x)$ deve ser solução do problema:

$$\left|\begin{array}{l} \varphi'' - \mu\varphi = 0 \\ \varphi(0) = 0, \quad \varphi(L) = 0, \end{array}\right. \tag{9.29}$$

o qual será tratado por etapas, tendo em vista a presença do parâmetro μ. A função ψ, por sua vez, é solução da EDO

$$\ddot{\psi} - \mu c^2\psi = 0 \tag{9.30}$$

que será resolvida após determinarmos os valores admissíveis para o parâmetro μ em (9.29).

A EDO $(9.29)_1$ é do tipo considerado no Capítulo 6, isto é, linear com coeficientes constantes e o MCD deve ser usado. A equação característica é:

$$\lambda^2 - \mu = 0$$

com raízes $\lambda = \pm\sqrt{\mu}$, que podem ser reais ou imaginárias dependendo do sinal de μ.

■ **Caso 1:** $\mu = 0$

Nesse caso a EDO $(9.29)_1$ torna-se $\varphi'' = 0$ e a solução geral é $\varphi(x) = C_1 x + C_2$. As constantes C_1 e C_2 são determinadas a partir dos dados iniciais e temos:

$$\begin{aligned} 0 &= \varphi(0) = C_2 \Rightarrow \varphi(x) = C_1 x \\ 0 &= \varphi(L) = C_1 L \Rightarrow C_1 = 0 \end{aligned}$$

e, portanto, $\varphi(x)$ é identicamente nula o mesmo ocorrendo com $u(x,t)$. Como estamos interessados em uma solução $u(x,t)$ não nula, o caso $\mu = 0$ será descartado.

■ **Caso 1:** $\mu > 0$

Neste caso as raízes características $\lambda = \pm\sqrt{\mu}$ são reais e distintas e o MCD nos dá a solução geral

$$\varphi(x) = C_1 \exp(\sqrt{\mu}x) + C_2 \exp(-\sqrt{\mu}x)$$

e com os dados iniciais encontramos o sistema algébrico:

$$\begin{aligned} 0 &= \varphi(0) = C_1 + C_2 \\ 0 &= \varphi(L) = C_1 \exp(\sqrt{\mu}L) + C_2 \exp(\sqrt{\mu}L) \end{aligned}$$

o qual possui $(0,0)$ como única solução. Logo, $C_1 = C_2 = 0$ e mais uma vez desconsideramos esse caso, por nos levar à solução $u(x,t)$ identicamente nula.

■ **Caso 1:** $\mu < 0$

Neste caso, as raízes características $\lambda = \pm i\sqrt{-\mu}$ são imaginárias e o MCD nos dá a solução geral

$$\varphi(x) = C_1 \cos\left(\sqrt{-\mu}\; x\right) + C_2 \operatorname{sen}\left(\sqrt{-\mu}\; x\right) \tag{9.31}$$

e como $\varphi(0) = 0$ obtemos de (9.31) $C_1 = 0$ e a solução geral se reduz a:

$$\varphi(x) = C_2 \operatorname{sen}\left(\sqrt{-\mu}\; x\right) \tag{9.32}$$

onde supõe-se $C_2 \neq 0$, para evitar que a solução $u(x,t)$ seja mais uma vez identicamente nula. De (9.32) mais a condição $\varphi(L) = 0$, deduzimos que $C_2 \operatorname{sen}(\sqrt{-\mu}\; L) = 0$ e, assim, $\sqrt{-\mu}\; L = n\pi$, para $n = 1, 2, 3, \ldots$. Este é o caso interessante e vemos que o problema (9.29) possui uma solução não nula quando μ assumir os valores

$$\mu_n = -\left(\frac{n\pi}{L}\right)^2, \qquad n = 1, 2, 3, \ldots$$

e esses valores admissíveis produzem as soluções

$$\varphi_n(x) = \operatorname{sen}\left(\frac{n\pi x}{L}\right), \qquad n = 1, 2, 3, \ldots. \tag{9.33}$$

Com os valores admissíveis μ_n a EDO (9.30) torna-se:

$$\ddot{\psi} + \left(\frac{n\pi c}{L}\right)^2 \psi = 0, \qquad n = 1, 2, 3, \ldots,$$

com raízes características $\lambda_n = \pm\dfrac{in\pi c}{L}$ e solução geral dada por

$$\psi_n(t) = a_n \cos\left(\frac{n\pi ct}{L}\right) + b_n \operatorname{sen}\left(\frac{n\pi ct}{L}\right), \qquad n = 1, 2, 3, \ldots, \tag{9.34}$$

sendo a_n e b_n constantes. Com as soluções (9.33) e (9.34) construímos, para cada n, a *solução aproximada* $u_n(x,t)$ dada por:

$$u_n(x,t) = \left[a_n \cos\left(\frac{n\pi ct}{L}\right) + b_n \operatorname{sen}\left(\frac{n\pi ct}{L}\right)\right] \operatorname{sen}\left(\frac{n\pi x}{L}\right), \qquad n = 1, 2, 3, \ldots,$$

e o que temos em mente para o problema (9.12) é uma solução $u(x,t)$ sob a forma de série trigonométrica

$$u(x,t) = \sum_{n=1}^{\infty} u_n(x,t) = \sum_{n=1}^{\infty} \left[a_n \cos\left(\frac{n\pi ct}{L}\right) + b_n \operatorname{sen}\left(\frac{n\pi ct}{L}\right)\right] \operatorname{sen}\left(\frac{n\pi x}{L}\right). \tag{9.35}$$

Nesse aspecto dois pontos cruciais devem ser devidamente esclarecidos: primeiro, se a série em (9.35) é convergente na região $R: 0 \leq x \leq L;\ t \geq 0$ e, segundo, se a função $u(x,t)$ é de fato solução de (9.12). Por se tratar de uma EDP linear homogênea, não é difícil verificar que o totalidade das soluções constitui um espaço vetorial real e, consequentemente, para cada $k = 1, 2, 3, \ldots$ a soma parcial

$$S_k(x,t) = \sum_{n=1}^{k} u_n(x,t)$$

é também solução da EDP, mas isso não é suficiente para concluir que $u(x,t)$ definida por (9.35) seja solução do problema (9.12). Para que $u(x,t)$ seja solução do problema é suficiente que a série

(9.35) seja duas vêzes derivável e que as funções $u_0(x)$ e $u_1(x)$ no intervalo $0 \leq x \leq L$ sejam representadas por:

$$u_0(x) = u(x,0) = \sum_{n=1}^{\infty} a_n \operatorname{sen}\left(\frac{n\pi x}{L}\right) \quad \text{e} \tag{9.36}$$

$$u_1(x) = u_t(x,0) = \sum_{n=1}^{\infty} \frac{nb_n\pi c}{L} \operatorname{sen}\left(\frac{n\pi x}{L}\right). \tag{9.37}$$

Isso certamente ocorrerá se as extensões ímpares $2L$-periódicas $\widetilde{u}_0$ e $\widetilde{u}_1$ de u_0 e u_1, respectivamente, forem representadas no intervalo simétrico $-L \leq x \leq L$ pelas respectivas séries de Fourier de senos dadas em (9.36) e (9.37), isto é, se os coeficientes a_n e b_n forem calculados pelas fórmulas:

$$a_n = \frac{2}{L}\int_0^L u_0(x) \operatorname{sen}\left(\frac{n\pi x}{L}\right) dx \quad \text{e} \tag{9.38}$$

$$b_n = \frac{2}{n\pi c}\int_0^L u_1(x) \operatorname{sen}\left(\frac{n\pi x}{L}\right) dx. \tag{9.39}$$

Um fato fundamental, mas que não é tão óbvio, é que a corda estando presa nos extremos faz com que as extensões $\widetilde{u}_0$ e $\widetilde{u}_1$ absorvam a regularidade de u_0 e u_1, respectivamente. Na nossa investigação a função u_0 é suposta de classe C^2 e a função u_1 de classe C^1 no intervalo $0 \leq x \leq L$.

Exemplo 9.3.1 Suponhamos que a corda elástica que motivou a descrição do método seja abandonada com velocidade inicial nula, isto é, $u_1 = 0$. Os coeficientes b_n determinados em (9.39) são nulos e o movimento é descrito por:

$$u(x,t) = \sum_{n=1}^{\infty} a_n \cos\left(\frac{n\pi ct}{L}\right) \operatorname{sen}\left(\frac{n\pi x}{L}\right) \tag{9.40}$$

e usando a identidade $\cos a \operatorname{sen} b = \frac{1}{2}\operatorname{sen}(a+b) + \frac{1}{2}\operatorname{sen}(a-b)$, resulta de (9.40) que:

$$u(x,t) = \tfrac{1}{2}\sum_{n=1}^{\infty} a_n \operatorname{sen}\frac{n\pi(x+ct)}{L} + \tfrac{1}{2}\sum_{n=1}^{\infty} a_n \operatorname{sen}\frac{n\pi(x-ct)}{L}.$$

Se u_0 é contínua e u_0' é parcialmente contínua, então o deslocamento $u(x,t)$ pode ser expresso, também, sob a forma

$$u(x,t) = \tfrac{1}{2}\left[\widetilde{u}_0(x+ct) + \widetilde{u}_0(x-ct)\right], \quad 0 \leq x \leq L, \quad t \geq 0,$$

tendo em vista (9.36).

Exemplo 9.3.2 (vibrações com amortecimento) Suponhamos que a corda oscila em um meio que ofereça resistência ao movimento proporcional à velocidade e que essa resistência seja pequena o suficiente para que as vibrações sejam de fato amortecidas. Neste caso, o movimento é descrito pela EDP:

$$u_{tt} - c^2 u_{xx} + \gamma u_t = 0, \quad 0 \leq x \leq L, \quad t \geq 0, \quad \gamma > 0, \tag{9.41}$$

com condições iniciais e de contorno dadas em (9.12). Considerando uma solução sob a forma $u(x,t) = \varphi(x)\psi(t)$ e substituindo em (9.41), encontramos

$$\varphi\ddot{\psi} - c^2\varphi''\psi + \gamma\dot{\psi} = 0 \tag{9.42}$$

e separando as variáveis na equação (9.42) obtemos:

$$\frac{\ddot{\psi}}{c^2\psi} + \frac{\gamma\dot{\psi}}{c^2\psi} = \frac{\varphi''}{\varphi}$$

e essa igualdade ocorre se, e somente se:

$$\frac{\varphi''}{\varphi} = \mu \quad \text{e} \quad \frac{\ddot{\psi}}{c^2\psi} + \frac{\gamma\dot{\psi}}{c^2\psi} = \mu,$$

onde a constante μ é negativa (o caso $\mu \geq 0$ nos conduzirá a uma solução $u(x,t)$ identicamente nula). As EDO's geradas pelo Método de Fourier são:

- $\varphi'' - \mu\varphi = 0 \quad \text{(I)}$
- $\ddot{\psi} + \gamma\dot{\psi} - c^2\mu\psi = 0 \quad \text{(II)}$

Com a EDO (I) e os dados $\varphi(0) = 0$ e $\varphi(L) = 0$ determinamos os valores admissíveis $\mu = -(n\pi/L)^2$ e a família de soluções elementares $\varphi_n(x) = B_n \operatorname{sen}(n\pi x/L)$. A EDO (II) tem coeficientes constantes e o MCD deve ser usado. Considerando $\gamma^2 < 4|\mu|$, as raízes da equação característica serão $\lambda = -\beta \pm i\sqrt{(n\pi c/L)^2 - \beta^2}$, onde $\gamma = 2\beta$, e obtemos a família de soluções da EDO (II):

$$\psi_n(t) = e^{-\beta t}\left[A_n \cos\omega_n t + B_n \operatorname{sen}\omega_n t\right]$$

onde as frequências ω_n são dadas por $\omega_n = \sqrt{(n\pi c/L)^2 - \beta^2}$. Logo as soluções elementares $u_n(x,t) = \varphi_n(x)\psi_n(t)$ produzem a solução formal:

$$u(x,t) = e^{-\beta t}\sum_{n=1}^{\infty}\left(A_n \cos\omega_n t + B_n \operatorname{sen}\omega_n t\right)\operatorname{sen}\left(\frac{n\pi x}{L}\right)$$

e as condições iniciais e de contorno devem ser usadas para estabelecer as relações:

$$A_n = \frac{2}{L}\int_0^L u_0(x)\,\mathrm{sen}\left(\frac{n\pi x}{L}\right)dx$$

$$B_n = \frac{\beta A_n}{\omega_n} + \frac{2}{\omega_n L}\int_0^L u_1(x)\,\mathrm{sen}\left(\frac{n\pi x}{L}\right)dx.$$

Exemplo 9.3.3 (vibrações de uma viga) A partir da teoria elástica das vigas, mostraremos que pequenas vibrações livres e verticais de uma viga uniforme em balanço de comprimento L, são regidas pela EDP de quarta ordem

$$\frac{\partial^2 u}{\partial t^2} + c^2\frac{\partial^4 u}{\partial x^4} = 0, \tag{9.43}$$

onde $c^2 = EI/\rho$, sendo E o módulo de elasticidade, I o momento de inércia de uma seção transversal com respeito ao eixo y e ρ a densidade por unidade de área. Denotaremos por x (esforço axial), y e z (esforços cortantes), M_x (momento de torção), M_y e M_z (momentos fletores), as componentes da resultante e do momento resultante das forças externas que atuam na parte externa da viga, à esquerda de uma seção considerada. Supondo que essa seção seja simétrica em relação ao plano xz e que as linhas de ação das forças sejam paralelas ao eixo z, teremos que $x = y = 0$ e $M_x = M_y = 0$ e, assim, apenas o momento fletor $M_z = M$ e a força resultante cortante $z = S$ atuarão no sistema. Se $p(x)$ representa a carga por unidade de comprimento, então a condição de equilíbrio para as forças que atuam sobre dx é:

viga não-deformada

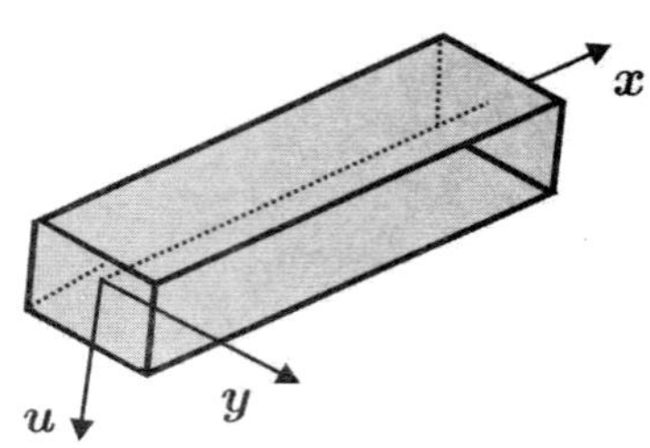

Fig. 9.4

$$\frac{dS}{dx}dx + p(x)\,dx = 0 \tag{9.44}$$

e para os momentos a condição de equilíbrio é:

$$\frac{\partial M}{\partial x}dx + Sdx = 0. \tag{9.45}$$

De (9.44) e (9.45) deduzimos que $p = -\dfrac{\partial S}{\partial x}$ e $S = \dfrac{\partial M}{\partial x}$ e, dessa forma, encontramos:

$$p(x) = \frac{\partial^2 M}{\partial x^2}. \tag{9.46}$$

A análise da deformação produzida pela flexão conduz ao fato de que a curvatura do eixo da viga é $\dfrac{1}{R} = -\dfrac{M}{EI}$, sendo R o raio da curvatura, e para pequenas deflexões, teremos

$$\frac{\partial^2 u}{\partial x^2} = -\frac{M}{EI},$$

de onde resulta que $M = -EI\dfrac{\partial^2 u}{\partial x^2}$ e substituindo esse valor em (9.46) chegamos a

$$-\frac{\partial^2}{\partial x^2}\left(EI\frac{\partial^2 u}{\partial x^2}\right) = p(x). \tag{9.47}$$

Se interpretarmos a carga $p(x)$ como forças de inércia, isto é, $p(x) = \rho u_{tt}$, obtemos de (9.47) a EDP de quarta ordem para a descrição do fenômeno:

$$\frac{\partial^2 u}{\partial t^2} + \frac{EI}{\rho}\frac{\partial^4 u}{\partial x^4} = 0. \tag{9.48}$$

A solução geral da EDP (9.48) será determinada por separação de variáveis e, como fizemos anteriormente, iniciamos o processo admitindo uma solução do tipo $u(x,t) = \varphi(x)\psi(t)$. Substituindo essa suposta solução na EDP (9.48) encontramos

$$\frac{\varphi^{(4)}(x)}{\varphi(x)} = -\frac{\psi''(t)}{c^2\psi(t)}, \tag{9.49}$$

onde $c^2 = EI/\rho$. A expressão do lado esquerdo de (9.49) é uma função apenas de x, enquanto a lado direito é uma função apenas de t e, dessa forma, ambas as expressõess são iguais a uma constante que denotaremos por β^4. Temos então as seguintes EDO's:

$$\varphi^{(4)}(x) - \beta^4\varphi(x) = 0 \tag{9.50}$$

$$\psi''(t) + c^2\beta^4\psi(t) = 0. \tag{9.51}$$

As raízes características de (9.50) são $\lambda = \pm\beta$ e $\lambda = \pm i\beta$ e a solução geral da EDO é, portanto:

$$\varphi(x) = A\cos(\beta x) + B\,\text{sen}(\beta x) + Ce^{\beta x} + De^{-\beta x}. \tag{9.52}$$

Para a equação (9.51) as raízes características são $\lambda = \pm ic\beta^2$ e a solução geral da EDO é:

$$\psi(t) = a\cos\left(c\beta^2 t\right) + b\,\text{sen}\left(c\beta^2 t\right). \tag{9.53}$$

Com as soluções (9.52) e (9.53) construimos a solução geral de (9.48):

$$u(x,t) = A\cos(\beta x) + B\,\text{sen}(\beta x) + Ce^{\beta x} + De^{-\beta x} + a\cos\left(c\beta^2 t\right) + b\,\text{sen}\left(c\beta^2 t\right). \tag{9.54}$$

Modelo 1: Viga Biapoiada

Vamos considerar o caso em que a viga está submetida às condições iniciais:

$$\begin{cases} u(x,0) = (L-x)x \\ u_t(x,0) = 0. \end{cases} \tag{9.55}$$

e às condições de contorno:

$$\begin{cases} u(0,t) = u(L,t) = 0 \\ u_{xx}(0,t) = u_{xx}(L,t) = 0 \end{cases} \tag{9.56}$$

As condições iniciais (9.55) nos dá a deflexão inicial $f(x) = (L - x)x$ e considera a velocidade inicial nula. Já as condições de contorno (9.56) estabelecem que a viga encontra-se presa nas extremidades $x = 0$ e $x = L$ e que estes pontos não sofrem nenhum tipo de deflexão. A situação geométrica para essa situação é similar àquela da figura 6.6(a) em que consideramos a deflexão de uma viga e descrevemos a curva elástica do eixo de simetria da viga por um PVI de segunda ordem. Agora investigaremos o movimento vibratório da viga e encontaremos um problema de valor inicial e de fronteira (PVIF) para descrever o movimento. Se impusermos as condições de contorno (9.56) à solução (9.54), com o objetivo de obter uma solução não nula $u(x,t)$, obteremos as condições de compatibilidade: $\varphi(0) = \varphi(L) = 0$ e $\varphi''(0) = \varphi''(L) = 0$, que impostas à solução (9.52) nos dará:

$$\begin{array}{lll} \varphi(0) = 0 & : & A + C + D = 0 \qquad \text{(I)} \\ \varphi(L) = 0 & : & A\cos(\beta L) + B\,\mathrm{sen}(\beta L) + Ce^{\beta L} + De^{-\beta L} = 0 \qquad \text{(II)} \\ \varphi''(0) = 0 & : & (-A + C + D)\beta^2 = 0 \qquad \text{(III)} \\ \varphi''(L) = 0 & : & \left(-A\cos(\beta L) - B\,\mathrm{sen}(\beta L) + Ce^{\beta L} + De^{-\beta L}\right)\beta^2 = 0 \qquad \text{(IV)} \end{array}$$

Supondo $\beta \neq 0$, do contrário teríamos $u \equiv 0$, resulta de (I) e (III) que $A+C+D = 0$ e $-A+C+D = 0$ e, portanto $A = 0$ e $C + D = 0$. Fazendo $A = 0$ em (II) e (IV) e somando as equações resultantes, obtemos:

$$Ce^{\beta L} + De^{-\beta L} = 0$$

e desde que $C + D = 0$, reslta $C = D = 0$. Assim, $2\beta^2\,\mathrm{sen}(\beta L) = 0$ e, consequentemente, $\beta = n\pi/L$. Observamos que se B fosse zero, teríamos $\varphi \equiv 0$ e, portanto, u seria identicamente nula, o que não desejamos. Consideremos, então, $B = 1$ e as soluções elementares $\varphi_n(x) = \mathrm{sen}(n\pi/L)^2 x$ e $\psi_n(t) = a\cos\lambda_n t + b\,\mathrm{sen}\,\lambda_n t$, sendo $\lambda_n = c(n\pi/L)^2$, as quais produzem as soluções aproximadas

$$u_n(x,t) = (a_n\cos\lambda_n t + b_n\,\mathrm{sen}\,\lambda_n t)\,\mathrm{sen}(n\pi/L)^2 x$$

e a condição inicial $u_t(x,0) = 0$ nos dá $b_n = 0$. Sendo assim, $u_n(x,t) = a_n\cos\lambda_n t\,\mathrm{sen}(n\pi/L)^2 x$ e a solução procurada $u(x,t)$ é dada por:

$$u(x,t) = \sum_{n=1}^{\infty} a_n\,\mathrm{sen}(n\pi/L)^2 x\cos\lambda_n t.$$

Com a condição inicial $u(x,0) = (L-x)x$, encontramos

$$\sum_{n=1}^{\infty} a_n \operatorname{sen}(n\pi/L)^2 x = (L-x)x,$$

de onde deduzimos que os coeficientes a_n devem ser escolhidos de modo que $u(x,0)$ seja a expansão de Fourier, no intervalo $0 < x < L$, da extensão ímpar da função $f(x) = (L-x)x$. Logo, os coeficientes a_n são calculados pelas fórmulas:

$$a_n = \frac{2}{L}\int_0^L (L-x)\,x \operatorname{sen}(n\pi x/L)\,dx.$$

Integrando por partes duas vêzes, obtemos $a_n = -\dfrac{4L^2}{n^2\pi^3}(\cos n\pi - 1)$, isto é:

$$a_{2n} = 0 \quad \text{e} \quad a_{2n-1} = \frac{8L^2}{n^2\pi^3}, \qquad n = 1, 2, 3, \ldots$$

e, dessa forma, chegamos à solução

$$u(x,t) = \frac{8L^2}{\pi^3}\sum_{n=1}^{\infty} \frac{\operatorname{sen}\left\{[(2n-1)\pi/L]^2 x\right\} \cos\left\{\sqrt{EI/\rho}\,[(2n-1)\pi/L]^2 t\right\}}{(2n-1)^2}.$$

Modelo 2: Viga Engastada

A figura 9.5 mostra uma viga engastada e as condições de contorno para este caso são:

$$u(0,t) = u(L,t) = 0 \quad \text{e} \quad u_x(0,t) = u_x(L,t) = 0.$$

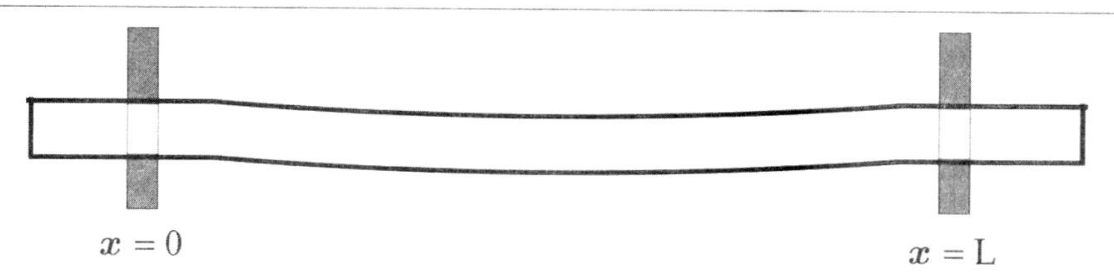

Fig. 9.5

A função $\varphi(x)$ em (9.52) atende às condições de contorno se βL for raiz da equação

$$\cosh \beta L \cos \beta L = 1. \tag{9.57}$$

De fato: impondo as condições iniciais em (9.52), obtemos o sistema

$$\begin{aligned}
&A + C = 0 && \text{(I)}\\
&A\cos(\beta L) + B\operatorname{sen}(\beta L) + C\cosh(\beta L) + D\operatorname{senh}(\beta L) = 0 && \text{(II)}\\
&B + D = 0 && \text{(III)}\\
&-A\cos(\beta L) + B\operatorname{sen}(\beta L) + C\cosh(\beta L) + D\operatorname{senh}(\beta L) = 0 && \text{(IV)}
\end{aligned}$$

e de (I) e (III) segue, respectivamente, que $C = -A$ e $D = -B$. Levando esses valores em (II) e (IV), chegamos a:

$$A\left[\cos\left(\beta L\right) - \cosh\left(\beta L\right)\right] + B\left[\operatorname{sen}\left(\beta L\right) - \operatorname{senh}\left(\beta L\right)\right] = 0 \quad \text{(V)}$$
$$A\left[\operatorname{sen}\left(\beta L\right) + \operatorname{senh}\left(\beta L\right)\right] + B\left[\cos\left(\beta L\right) - \cosh\left(\beta L\right)\right] = 0 \quad \text{(VI)}$$

e multiplicando (V) por $\operatorname{sen}\left(\beta L\right) + \operatorname{senh}\left(\beta L\right)$ e (VI) por $\cos\left(\beta L\right) + \cosh\left(\beta L\right)$ e somando as equações resultantes membro a membro, obtemos (9.57).

Modelo 3: Viga em Balanço

A viga da figura. 6.6(b) está engastada em uma extremidade e livre na outra. As condições de contorno para este caso são:

$$u\left(0,t\right) = 0, \quad u_x\left(0,t\right) = 0, \quad u_{xx}\left(b,t\right) = 0 \ \text{ e } \ u_{xxx}\left(b,t\right) = 0.$$

Respostas & Sugestões

EXERCÍCIOS COMPLEMENTARES 1.2

1.2A (a) $\left\{\frac{n}{n+1}\right\}$ (b) $\left\{\frac{1}{n}\right\}$ (c) $\{(-1)^n\}$ (d) $\{-n\}$ (e) $\{(-1)^n n\}$ (f) $\{n\}$

1.2B (a) $1, 1/3, 1/5, 1/7$ (b) $\sqrt{2}-1, \sqrt{3}-\sqrt{2}, 2-\sqrt{3}, \sqrt{5}-2$ (c) $-1, 2, -3, 4$

1.2C Os pontos $(1, a_1), (2, a_2)$ e $(3, a_3)$ estão fora da faixa; o ponto $(4, a_4)$ está na fronteira e a partir de $n = 5$ todos os pontos (n, a_n) estão dentro da faixa, como sugere a figura abaixo.

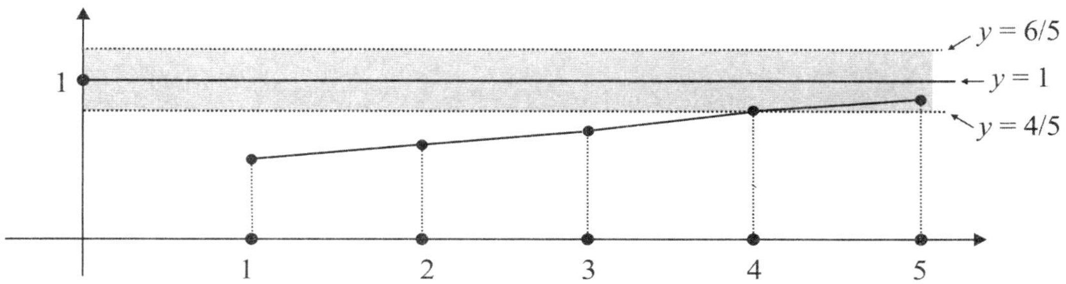

1.2D A sequência $a_n = \dfrac{(-1)^n}{n}$ é limitada e não monótona e a subsequência $a_{2n-1} = \dfrac{-1}{2n-1}$ é crescente.

1.2E

(a) $1/n$ (b) $[1+(-1)^{n+1}]/2$ (c) $1/2^n$ (d) $1+(-1)^n$ (e) $(2n-1)^2$ (f) $(-1)^n + 1/n$ (g) $\dfrac{(-1)^{n-1}+n+2}{n+1}$ (h) $(-1)^n + n$ (i) $\dfrac{(-1)^{n+1}}{2n}$ (j) $[1+(-1)^n]\dfrac{10^{n/2}}{2} + [1+(-1)^{n+1}]\dfrac{n+1}{4}$ (k) $\dfrac{n+1}{2}$ (l) $-3+(-1)^n$

1.2F Limitada: (a), (b), (c), (d), (f), (g), (i) e (l); crescente: (e) e (i); decrescente: (a) e (b). Em (e), (f) e (i) as subsequências pares são crescentes e (b), (d), e (g) são as únicas que possuem subsequências constantes. Recorde-se que uma sequência possui uma subsequência constante quando essa constante se repetir uma infinidade de vezes.

1.2G $f^{(n)}(0) = \cos(n\pi/2)$; $g^{(n)}(0) = \text{sen}(n\pi/2)$; $h^{(n)}(0) = (-1)^n n!$

1.2H	$-n^2+n$	$2^n/n!$	$2/(3n-4)$	$(-2)^n$	$1-1/n$	$\ln n$	$3n^2/(n^2+n)$
sup	0	2	1	∞	1	∞	3
inf	$-\infty$	0	-2	$-\infty$	0	0	$3/2$

1.2I A sequência de termo geral $a_n = \dfrac{n}{n+1}$ é crescente limitada e seus termos se aproximam de 1, quando n tende para ∞.

1.2J $a_n = 2(-1)^n$ **1.2K** $a_n = 4 + (-1)^{n+1}/n$ **1.2L** $a_{201} = 2$.

EXERCÍCIOS COMPLEMENTARES 1.4

1.4A (a) V (b) F (c) F (d) F (e) F (f) F (g) V (h) F (i) F (j) F (k) F (l) F (m) F (n) V (o) V (p) F (q) V (r) F (s) V (t) V (u) V (v) V

1.4B Considerando as sequências $a_n = 1/n$ e $b_n = n^2$, então a sequência $a_n b_n = n$ é divergente com limite ∞. Nesse caso, a sequência b_n não é limitada, como exige o Teorema 1.2.9.

1.4C Ao aplicar a definição para mostrar que $\lim a_n = l$, o ponto de partida é a desigualdade $|a_n - l| < \varepsilon$, a qual é resolvida para expressar o índice n em função do número ε dado. Depois é só escolher o índice n_0 a partir do qual a desigualdade é verdadeira.

(a) Temos

$$\left|\frac{n}{2n-1} - \frac{1}{2}\right| < \varepsilon \Leftrightarrow \left|\frac{2n-2n+1}{4n-2}\right| < \varepsilon \Leftrightarrow \frac{1}{4n-2} < \varepsilon \Leftrightarrow n > \tfrac{1}{4}(2 + 1/\varepsilon).$$

Escolhendo o número natural n_0, de modo que $n_0 > 1/2 + 1/4\varepsilon$, teremos comprovado a definição.

(c) Neste caso, temos

$$\left|\frac{3n^2+1}{n^2} - 3\right| < \varepsilon \Leftrightarrow \left|\frac{3n^2+1-3n^2}{n^2}\right| < \varepsilon \Leftrightarrow \frac{1}{n^2} < \varepsilon$$

e basta escolher n_0 como sendo o primeiro número natural, tal que $n_0 > 1/\sqrt{\varepsilon}$.

(f) Para que se tenha $\left|2 + \frac{1}{n} - 2\right| < \varepsilon$, basta que $n > 1/\varepsilon$. Isto sugere escolher n_0 como sendo o primeiro número natural maior do que $1/\varepsilon$.

1.4D (a) 1 (b) 0 (c) 0 (d) 4 (e) 1 (f) $\sqrt[3]{e}$ (g) 1/5 (h) 0 (i) $-3/2$ (j) e^2 (k) 1 (l) π (m) 0 (n) 1 (o) 0 (p) 1 (q) 1/3 (r) ∞ (s) 0 (t) 0

1.4E (a) D (b) C (c) C (d) C (e) C (f) D (g) C (h) C (i) C (j) C (k) C (l) D (m) C (n) D (o) C (p) D

1.4H Para comprovar a relação $\left(1 + r + r + \cdots + r^{n-1}\right)(1-r) = 1 - r^n$ é suficiente distribuir o produto do lado esquerdo. Se $|r| < 1$, então $r^n \to 0$ e, sendo assim, $\lim\left(r + r^2 + \cdots + r^n\right) = \dfrac{r}{1-r}$. Para $r = 1/2$, obtemos $\lim\left(\frac{1}{2} + \frac{1}{4} + \frac{1}{8} + \cdots + \frac{1}{2^n}\right) = 1$ e, consequentemente, $\lim a_n = 2$.

1.4J O procedimento (b) não está correto, porque na Propriedade 1.3.7(a) o número de parcelas é fixo, isto é, não muda com o índice n.

1.4M A sequência convergirá se o número r introduzido na calculadora for igual a ± 1.

1.4N Usando a definição de derivada, é fácil deduzir que $\lim\limits_{n\to\infty} nf(1/n) = f'(0)$. Para $f(x) = \operatorname{arctg} x$, temos $f'(x) = \dfrac{1}{1+x^2}$ e daí $f'(0) = 1$. Assim, $\lim\limits_{n\to\infty} n \operatorname{arctg}(1/n) = 1$.

1.4O A função $f(x) = -\exp(-x^2)$ atende às condições exigidas e usando a regra de L'Hôpital encontra-se $\lim a_n = 1$.

1.4P A sequênca $\{a_n\}$ é crescente e $0 \le a_n \le \pi/2$. Se $l = \lim a_n$, então $l = l + \cos l$ e, assim, $l = \pi/2$.

1.4Q Temos que $A_{n+1} = 0.9A_n + 0.05C_n$, $B_{n+1} = 0.1A_n + 0.8B_n$ e $C_{n+1} = 0.95C_n + 0.2B_n$. Denotando, respectivamente, por A, B e C os limites das sequências $\{A_n\}$, $\{B_n\}$ e $\{C_n\}$, encontramos 10.000 na ilha A, 5.000 na ilha B e 20.000 na ilha C.

EXERCÍCIOS COMPLEMENTARES 2.2

2.2A A série $\sum a_n$ ser divergente significa que sua "soma" não é um número real. Em outras palavras, isso significa que a sequência $\{S_n\}$ de suas somas parciais é divergente.

2.2B (a) F (b) F (c) F (d) F (e) F (f) F (g) F (h) V

2.2D (a) $\sum\limits_{n=1}^{\infty} \dfrac{2}{(3n-2)(3n+1)} = \dfrac{2}{3}$ (b) $\sum\limits_{n=1}^{\infty} \dfrac{n^2+n-1}{n^2+n} = \infty$ (c) $1 - \sum\limits_{n=1}^{\infty} \dfrac{1}{2^n} = 0$.

2.2E (a) 3 (b) $\frac{32}{75}$ (c) $\frac{1}{2}$ (d) $-\infty$ (e) 1 (f) $\frac{71}{18}$ (g) $\frac{3}{2}$ (h) $\frac{1}{2}$ (i) $\frac{1}{2}$ (j) $\ln 2$ (k) $\frac{4}{7}$ (l) $\frac{-18}{11}$

2.2F $\sum\limits_{n=1}^{\infty} x^{2n}$ converge para $\dfrac{x^2}{1-x^2}$, se $|x| < 1$, e $\sum\limits_{n=0}^{\infty} \dfrac{(x-3)^n}{2^{n+1}}$ converge para $\dfrac{1}{5-x}$, se $1 < x < 5$.

2.2G (a) $\frac{23}{99}$ (b) $\frac{5141}{999}$ (c) $\frac{16181}{4995}$ (d) $\frac{30173}{11100}$

2.2H 30 m **2.2I** 144 cm **2.2J** $\frac{Q}{1-e^{-ct}}$; $T = -\frac{1}{c}\ln(\frac{M-Q}{M})$ **2.2K** \$ $\frac{85}{15} \times 10^8$ **2.2L** 2000.

2.2M O venc*edo*r foi o atleta A, com percurso de $\frac{1023}{1024}$ km contra $\frac{10}{11}$ km do atleta B.

EXERCÍCIOS COMPLEMENTARES 2.4

2.4A (a) C (b) C (c) C (d) C (e) D (f) C (g) C (h) C (i) C (j) C (k) D (l) C (m) C (n) D (o) C (p) C (q) C (r) C (s) C (t) D

2.4B (a) C (b) C (c) C (d) D (e) C (f) C (g) C (h) C

2.4C A série $\sum\limits_{n=1}^{\infty} \dfrac{2n+n^2}{n(\ln n)^{\alpha}}$ é sempre divergente e $\sum\limits_{n=1}^{\infty} \dfrac{1}{n^{\beta}\ln n}$ converge se $\beta > 1$.

2.4E (a) $n = 1001$ (b) $n = 2$ (c) $n > e^{100}$.

2.4H (a) V (b) V (c) V (d) F (e) V (f) F (g) V (h) V

2.4I Diverge, (ela é a soma de uma série convergente com uma divergente (Teorema 2.1.8(b)).

2.4J Inicialmente recorde-se que

$$\int_1^{\infty} \frac{1}{1+x^2}dx = \lim_{B\to\infty} [\arctan x]_{x=1}^{x=B} = \pi/4$$

e observando a Figura 2.2, deduza que

$$\int_1^{\infty} \frac{1}{1+x^2}dx \leq \sum_{n=1}^{\infty} \frac{1}{n^2+1} = \frac{1}{2} + \sum_{n=2}^{\infty} \frac{1}{n^2+1} \leq \frac{1}{2} + \int_1^{\infty} \frac{1}{1+x^2}dx.$$

EXERCÍCIOS COMPLEMENTARES 2.6

2.6A (a) $8,23 \times 10^{-4}$ (b) $1,3 \times 10^{-6}$ (c) 4×10^{-2} (d) $3,3 \times 10^{-2}$

2.6B (a) $S \simeq S_4 \simeq 0.8158$ (falta) (b) $S \simeq S_4 \simeq -0.7987$ (excesso) (c) $S \simeq S_4 \simeq -0.7831$ (excesso)

2.6D (a) $p > 0$ (b) qualquer p (c) qualquer p

2.6E As somas parciais $\{S_{2n}\}$ divergem, porque

$$S_{2n} = \underbrace{\left(-1 - \frac{1}{3} - \frac{1}{5} - \frac{1}{7} - \cdots - \frac{1}{2n-1}\right)}_{\text{divergente}} + \underbrace{\left(\frac{1}{2^2} + \frac{1}{4^2} + \frac{1}{6^2} + \frac{1}{8^2} + \cdots + \frac{1}{(2n)^2}\right)}_{\text{convergente}}$$

O critério de Leibiniz não se aplica porque a sequência (b_n) não decresce.

EXERCÍCIOS COMPLEMENTARES 2.8

2.8A (a) F (b) V (c) F (d) F (e) F (f) V (g) F (h) F (i) V

2.8D (a) C (b) C Abs (c) C Abs (d) D (e) C Abs (f) D (g) D (h) C Abs (i) C Abs (j) C Abs (k) C Abs (l) C Abs

2.8E

(a) $\sum\limits_{n=1}^{\infty} \dfrac{1 \cdot 3 \cdot 5 \cdot \ldots \cdot (2n-1)}{n!} = 1 + \dfrac{3}{2} + \dfrac{15}{6} + \dfrac{75}{24} + \cdots$. (divergente, porque $\lim a_n = \infty$).

(b) $\sum\limits_{n=1}^{\infty} \dfrac{2 \cdot 4 \cdot 6 \cdot \ldots \cdot (2n.)}{1 \cdot 4 \cdot 7 \cdot \ldots \cdot (3n-2)} = 2 + \dfrac{8}{4} + \dfrac{48}{28} + \dfrac{384}{308} + \cdots$. (convergente, porque $\lim \frac{a_{n+1}}{a_n} = \frac{2}{3}$).

EXERCÍCIOS COMPLEMENTARES 3.4

3.4A (a) V (b) V (c) V (d) V (e) V (f) V (g) F (h) V (i) V (j) V (k) F (i) V

3.4B (a) $\{3\}$ (b) $(-2,2)$ (c) $(-1,1)$ (d) $(-1,1)$ (e) $(-2,4)$ (f) $[-1,1)$ (g) $(-1,1]$ (h) $[-6,-4]$ (i) $(-\infty,\infty)$ (j) $\{0\}$ (k) $(-\infty,\infty)$ (l) $(-\infty,\infty)$ (m) $(2,4]$ (n) $(-2,4]$ (o) $(2,4)$ (p) $(-1,1)$ (q) $\left[\frac{-1}{2}, \frac{1}{2}\right]$ (r) $|x+1| \leq 1/\sqrt[3]{5}$.

3.4C Em alguns casos use o processo de Derivação ou Integração termo a termo. Por exemplo, a série (i) é obtida por derivação da série (f).

(a) $\sum\limits_{n=0}^{\infty} \dfrac{(n+1)(n+2)x^n}{2}$; $|x| < 1$ (b) $\sum\limits_{n=1}^{\infty} \dfrac{-x^{n+1}}{n+1}$; $|x| < 1$ (c) $\sum\limits_{n=0}^{\infty} x^{4n}$; $|x| < 1$

(d) $\frac{1}{5} \sum\limits_{n=0}^{\infty} \left[\dfrac{(-1)^n}{3^{n+1}} + \dfrac{1}{2^{n+1}}\right] x^n$; $|x| < 2$ (e) $\sum\limits_{n=0}^{\infty} 4^n x^n$; $|x| < 1/4$ (f) $\sum\limits_{n=0}^{\infty} x^{2n+1}$; $|x| < 1$

(g) $\sum\limits_{n=1}^{\infty} (-1)^{n+1} n x^{2n-1}$; $|x| < 1$ (h) $\sum\limits_{n=1}^{\infty} n x^{4n-1}$; $|x| < 1$ (i) $\sum\limits_{n=0}^{\infty} (2n+1) x^{2n}$; $|x| < 1$

(j) $\sum\limits_{n=0}^{\infty} \dfrac{3x^n - x^{n+2}}{2^{n+1}}$; $|x| < 2$ (k) $\sum\limits_{n=0}^{\infty} \dfrac{3^n x^{n+1}}{2^{n+1}}$; $|x| < 2/3$ (l) $\sum\limits_{n=0}^{\infty} \dfrac{(-1)^n x^n}{2^{n+1}}$; $|x| < 2$

3.4D $\sum\limits_{n=0}^{\infty} \dfrac{x^{n/2}}{n!}; x \geq 0$ **3.4E** $\dfrac{1}{\sqrt{e}}$ **3.4F** $\dfrac{1}{(1-x)^2} = \dfrac{d}{dx}\left(\dfrac{1}{1-x}\right) = \sum\limits_{n=1}^{\infty} n x^{n-1}$; $|x| < 1$.
Agora, considere $x = 1/2$.

3.4G $\dfrac{e^x - 1}{x} = \sum\limits_{k=1}^{\infty} \dfrac{x^{k-1}}{k!} \Rightarrow \dfrac{d}{dx}\left(\dfrac{e^x - 1}{x}\right) = \sum\limits_{k=2}^{\infty} \dfrac{(k-1)x^{k-2}}{k!} = \sum\limits_{n=1}^{\infty} \dfrac{n x^{n-1}}{(n+1)!}$. Agora faça $x = 1$.

3.4J

(a) $R = \infty$ (b) $J_0 \simeq S_3(x)$, com erro menor do que $a_4 = 6.7 \times 10^{-6}$ **3.4L** $\ln(1.2) \simeq 0.1822$

3.4O

$f(x) = \sum\limits_{n=0}^{\infty} 3^n x^n$; $|x| < 1/3$; $g(x) = \sum\limits_{n=0}^{\infty} \dfrac{2^n x^n}{3^{n+1}}$; $|x| < 3/2$

$f'(x) \sum\limits_{n=1}^{\infty} n 3^n x^{n-1}$; $|x| < 1/3$; $\int_0^x g(t)\, dt = \sum\limits_{n=0}^{\infty} \dfrac{2^n t^{n+1}}{(n+1)3^{n+1}}$; $|t| < 3/2$

3.4P Observe que $\frac{\pi}{6} = \operatorname{arctg}(1/\sqrt{3})$ e $\frac{\pi}{4} = \operatorname{arctg} 1$. Na série $\operatorname{arctg} x = \sum_{n=0}^{\infty} \frac{(-1)^n x^{2n+1}}{2n+1}$; $|x| \le 1$, faça $x = 1/\sqrt{3}$ e $x = 1$ para obter, respectivamente:

$$\frac{\pi}{6} = \frac{1}{\sqrt{3}} \sum_{n=0}^{\infty} \frac{(-1)^n}{(2n+1)3^n} \quad \text{e} \quad \frac{\pi}{4} = \sum_{n=0}^{\infty} \frac{(-1)^n}{2n+1} \simeq 0.835; \;\; E < a_6 \simeq 0.0909.$$

3.4R $\ln(1-t) = -\sum_{n=0}^{\infty} \frac{t^{n+1}}{n+1} \Rightarrow \frac{\ln(1-t)}{t} = -\sum_{n=0}^{\infty} \frac{t^n}{n+1} \Rightarrow \int_0^x \frac{\ln(1-t)}{t} dt = -\sum_{n=0}^{\infty} \frac{x^{n+1}}{(n+1)^2}$, representação válida para $|x| < 1$.

$\frac{e^t - 1}{t} = \sum_{n=1}^{\infty} \frac{t^{n-1}}{n!} \Rightarrow \int_0^x \frac{e^t - 1}{t} dt = \sum_{n=1}^{\infty} \frac{x^n}{n!n}$, representação válida em qualquer x real.

3.4S (a) 0.3299 (b) 0.0413 (c) 0.4849 (d) 0.9460

3.4U $f(x) = \frac{1}{(1-x)^2}$, $|x| < 1$. Integre duas vezes a série e encontre $g(x) = \frac{4-x}{(2-x)^2}$, $|x| < 2$.

EXERCÍCIOS COMPLEMENTARES 3.6

3.6A

(a) $e^{-x^2} = \sum_{n=0}^{\infty} \frac{(-1)^n x^{2n}}{n!}$; $x \in \mathbb{R}$

(b) $x \operatorname{sen} x = \sum_{n=0}^{\infty} \frac{(-1)^n x^{2n+2}}{(2n+1)!}$; $x \in \mathbb{R}$

(c) $3^{x+1} = 3 \sum_{n=0}^{\infty} \frac{(\ln 3)^n x^n}{n!}$; $x \in \mathbb{R}$

(d) $\ln(1+x^2) = \sum_{n=0}^{\infty} \frac{(-1)^n x^{2n+2}}{n+1}$; $|x| < 1$

(e) $x^2 \operatorname{sen} x = \sum_{n=0}^{\infty} \frac{(-1)^n x^{2n+3}}{(2n+1)!}$; $x \in \mathbb{R}$

(f) $\cos^2 x = 1 + \frac{1}{2} \sum_{n=1}^{\infty} \frac{(-1)^n (2x)^{2n}}{(2n)!}$; $x \in \mathbb{R}$

(g) $e^{4-x} = e^4 \sum_{n=0}^{\infty} \frac{(-1)^n x^n}{n!}$; $x \in \mathbb{R}$

(h) $\operatorname{sen}^2 x = \frac{1}{2} \sum_{n=1}^{\infty} \frac{(-1)^n (2x)^{2n}}{(2n)!}$; $x \in \mathbb{R}$

(i) $\operatorname{senh} x = \sum_{n=0}^{\infty} \frac{x^{2n+1}}{(2n+1)!}$; $x \in \mathbb{R}$.

(j) $\operatorname{sen}(4x) = \sum_{n=0}^{\infty} \frac{(-1)^n 4^{2n+1} x^{2n+1}}{(2n+1)!}$; $x \in \mathbb{R}$

(k) $\cosh x = \sum_{n=0}^{\infty} \frac{x^{2n}}{(2n)!}$; $x \in \mathbb{R}$

(l) $\cos(3x) = \sum_{n=0}^{\infty} \frac{(-1)^n 3^{2n} x^{2n}}{(2n)!}$; $x \in \mathbb{R}$

3.6B Integrando a série obtida em 3.4A(a) de 0 até x, obtemos $E(x) = \frac{2}{\sqrt{\pi}} \sum_{n=0}^{\infty} \frac{(-1)^n x^{2n+1}}{n!(2n+1)}$.

3.6C $a_0 = 6$, $a_1 = -1$, $a_2 = 2$, $a_3 = -5$ e $a_4 = 3$.

3.6D

(a) $\sqrt{x} = 3 + \frac{1}{6}(x-9) + \sum (-1)^{n+1} \frac{1.3.5.\ldots.(2n-3)}{n!2^n 3^{2n-1}} (x-9)^n$.

(b) $\operatorname{tg} x = x + \frac{1}{3}x^3 + \frac{2}{15}x^5 + \cdots$, $\quad -\pi/2 < x < \pi/2$.

(c) $\cos x = \dfrac{1}{2} - \frac{\sqrt{3}}{2}(x - \pi/3) - \frac{1}{4}(x - \pi/3)^2 + \frac{\sqrt{3}}{12}(x - \pi/3)^3$.

(d) $e^x = e^4.e^{x-4} = e^4 \sum\limits_{n=0}^{\infty} \dfrac{(x-4)^n}{n!}$.

(e) $\sqrt[3]{x} = 1 + (x-1)/3 - (x-1)^2/3^2 + 5(x-1)^3/3^4 - \cdots$

(f) $\operatorname{sen} x = \frac{1}{2} + \frac{\sqrt{3}}{2}(x - \frac{\pi}{6}) - \frac{1}{2}\frac{1}{2!}(x - \frac{\pi}{6})^2 - \frac{\sqrt{3}}{2}\frac{1}{3!}(x - \frac{\pi}{6})^3 + \cdots$

(g) $\dfrac{1}{x^2} = \sum\limits_{n=0}^{\infty} (-1)^n (n+1)(x-1)^n; \quad 0 < x < 2$

(h) $\dfrac{1}{3x} = \frac{1}{3} \sum\limits_{n=0}^{\infty} \dfrac{(-1)^n (x-2)^n}{2^{n+1}}$.

(i) $\dfrac{1}{2x+1} = \sum\limits_{n=0}^{\infty} \dfrac{(-1)^n 2^n (x-3)^n}{7^{n+1}}, \quad -\frac{1}{2} < x < \frac{13}{2}$.

3.6E $P(x) = \sum\limits_{k=0}^{\infty} a_k x^k$, sendo $a_k = 0$ para $k \geq n+1$.

3.6F $\dfrac{1 - \cos x}{x} = \dfrac{1}{x}(1 - \sum\limits_{n=0}^{\infty} \dfrac{(-1)^n x^{2n}}{(2n)!}) = \sum\limits_{n=1}^{\infty} \dfrac{(-1)^n x^{2n-1}}{(2n)!} = -x + \dfrac{x^3}{4!} - \dfrac{x^5}{6!} + \dfrac{x^7}{8!} - \cdots$ e daí segue que $\lim\limits_{x \to 0}(\dfrac{1 - \cos x}{x}) = 0$.

3.6G $e^{2x} = e^{2(x+1)} \cdot e^{-2} = e^{-2} \sum\limits_{n=0}^{\infty} \dfrac{2^n (x+1)^n}{n!}; \; x \in \mathbb{R}$.

$$\ln x = \int_1^x \frac{1}{(t-1)+1} dt = \sum_{n=0}^{\infty} \frac{(-1)^n (x-1)^{n+1}}{n+1}, \; 0 < x < 2.$$

3.6H $f(x) = \sum\limits_{n=0}^{\infty} \dfrac{x^{2n}}{n!}, \quad g(x) = \sum\limits_{n=0}^{\infty} \dfrac{(-1)^n x^{2n+1}}{(2n+1)!}$

3.6I Todas as derivadas devem ser obtidas a partir das respectivas séries que representam as funções. Da expansão de Maclaurin, sabemos que os coeficientes c_n das séries são dados por $f^{(n)}(0) = n!c_n$ e com cuidado você deve encontrar:

$$f^{(15)}(0) = 0; \quad f^{(28)}(0) = -28; \quad g^{(16)}(0) = \tfrac{16!}{8!}; \quad h^{(20)}(0) = -\tfrac{20!}{10}; \quad p^{(17)}(0) = \tfrac{16!}{8!}.$$

3.6J Aproxime a série de e^{-x^2} determinada no Exercício 3.4A(a) pela soma parcial $S_3(x)$ e, em seguida, faça $x = 0.2$ para obter $e^{-0.04} \simeq 0.9608$, com erro menor do que 1.06×10^{-5}.

3.6M Usando a estimativa para séries alternadas, o erro é menor do que $|x|^3/3!$ e para obtermos um erro $< 5 \times 10^{-4}$ devemos considerar $|x| < \sqrt[3]{3} \times 10^{-1} \approx 0.145$. **3.6N** $E < 1.6 \times 10^{-4}$.

EXERCÍCIOS COMPLEMENTARES 3.8

3.8B $\sqrt[3]{25} = 3\sqrt[3]{25/27} = 3\sqrt[3]{1-2/27}$ e usando a série binomial com $\alpha = 1/3$ e $x = -2/27$, encontramos a aproximação $\sqrt[3]{25} \simeq 2.9262$.

3.8C Considere os três primeiros termos da expansão de $(1-x^3)^{1/2}$, integre de $x = 0$ até $x = 1$ e obtenha $\int_0^1 \sqrt{1-x^3}dx \simeq 0.8572$ **3.8D** $E < 1.25 \times 10^{-5}$.

EXERCÍCIOS COMPLEMENTARES 4.4

4.4A Se $f(x) = \operatorname{sen}(n\pi x/T)$, então $f(x+2T) = \operatorname{sen}\left(\frac{n\pi x}{T} + 2\pi\right) = \operatorname{sen}(n\pi x/T) = f(x)$. Raciocío análogo se aplica para $\cos(n\pi x/T)$.

4.4B $T = \pi$; $T = 1$; $T = 2\pi/n$; $T = k$; $T = k/n$.

4.4C Primeiro, identifique o período fundamental da função cujo gráfico será esboçado, porque o gráfico tem um formato familiar. Por exemplo, a função $f(x) = \operatorname{sen}(2\pi x)$ tem período fundamental $T = 1$ e seu gráfico, no intervalo $0 \leq x \leq 1$, tem o aspecto mostrado abaixo, que, de certa forma, se assemelha ao gráfico da função $\operatorname{sen} x$.

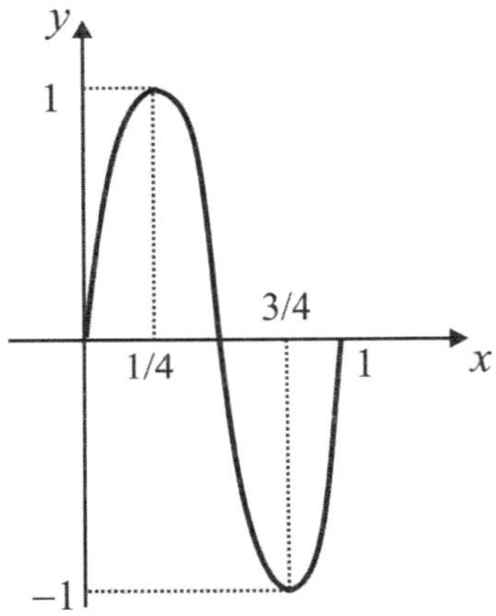

4.4D $T_g = T/a$ e $T_h = Tb$.

4.4F

(a) $2\sum_{n=1}^{\infty} \dfrac{(-1)^{n+1}\operatorname{sen} nx}{n}$

(b) $\dfrac{\pi^2}{3} - 1 + 4\sum_{n=1}^{\infty} \dfrac{(-1)^n \cos nx}{n^2}$

(c) $2\sum_{n=1}^{\infty}\dfrac{(-1)^n(6-n^2\pi^2)\operatorname{sen} nx}{n^3}.$

(d) $\dfrac{\pi^2}{3}+4\sum_{n=1}^{\infty}\dfrac{(-1)^n\cos nx}{n^2}.$

(e) $\pi-2\sum_{n=1}^{\infty}\dfrac{\operatorname{sen} nx}{n}.$

(f) $\dfrac{2}{\pi}+\dfrac{4}{\pi}\sum_{n=1}^{\infty}\dfrac{(-1)^{n+1}\cos 2nx}{4n^2-1}.$

(g) $\sum_{n=1}^{\infty}\left[\dfrac{2\pi(-1)^{n+1}}{n}+\dfrac{4[(-1)^n-1]}{\pi n^3}\right].$

(h) $\sum_{n=1}^{\infty}\left[\dfrac{-4\cos(2n-1)x}{\pi(2n-1)^2}+\dfrac{2\operatorname{sen}(2n-1)x}{2n-1}\right].$

(i) $\dfrac{4}{\pi}\sum_{n=1}^{\infty}\dfrac{\cos(2n-1)x}{(2n-1)^2}.$

(j) $\dfrac{\pi}{4}+\sum_{n=1}^{\infty}\dfrac{(-1)^{n+1}\operatorname{sen} nx}{n}+\sum_{n=1}^{\infty}\dfrac{[(-1)^n-1]\cos nx}{\pi n^2}.$

(k) $\dfrac{4}{\pi}\sum_{n=1}^{\infty}\dfrac{(-1)^{n-1}\cos(2n-1)x}{2n-1}.$

(l) $\dfrac{2}{\pi}\operatorname{sen} x+\dfrac{\operatorname{sen} 2x}{2}-\dfrac{2\operatorname{sen} 3x}{9\pi}-\dfrac{\operatorname{sen} 4x}{4}+\dfrac{2\operatorname{sen} 5x}{25\pi}+\cdots$

4.4H Represente por $g(x)$ e $h(x)$ as funções $f(x)\cos(nx)$ e $f(x)\operatorname{sen}(nx)$, respectivamente. Sendo $f(x)$ uma função par, temos que $f(-x)=f(x)$ e, consequentemente,

$$g(-x)=f(-x)\cos(-nx)=f(x)\cos(nx)=g(x). \qquad (\ g(x) \text{ é uma função par.})$$

De forma similar, deduza que $h(-x)=-h(x)$ e conclua que $h(x)$ é uma função ímpar.

4.4J $\dfrac{2}{\pi}-\dfrac{4}{\pi}\sum_{n=1}^{\infty}\dfrac{\cos 2nx}{4n^2-1}$

4.4K (a) $\dfrac{4}{\pi}\sum_{n=1}^{\infty}\dfrac{(-1)^{n+1}\operatorname{sen}(n\pi x/2)}{n}$ (b) $1-\dfrac{8}{\pi^2}\sum_{n=1}^{\infty}\dfrac{\cos(2n-1)\pi x/2}{(2n-1)^2}.$

4.4M Seja $F(x)=\displaystyle\int_{x-L}^{x+L}f(t)\,dt-\int_{-L}^{L}f(t)\,dt$ e use o Teorema Fundamental do Cálculo para deduzir que:

$$F'(x)=f(x+L)-f(x-L)=f(x-L+2L)-f(x-L)=0,$$

desde que f é $2L$-periódica. Logo, F é constante e sendo $F(0) = 0$ deduzimos que F é identicamente nula e daí segue o resultado.

EXERCÍCIOS COMPLEMENTARES 5.2

5.2A (a) V (b) F (c) V (d) V (e) V (f) V (g) F **5.2B** $r(x) = x$

5.2C (a) $C_1 = -\frac{\sqrt{2}}{2} - \frac{1}{2}$; $C_2 = -\frac{\sqrt{2}}{2} + \frac{1}{2}$ (b) $C_1 = -1$; $C_2 = 1$

5.2D
(a) $x^2 + y^2 = C^2$ (b) $2x^2 + y^2 = C^2$ (c) $x^2 - y^2 = C$ (d) $x^2 + y^2 - \ln x^2 = C$
(e) $x^2 + y^2 - 2Cy = 0$ (f) $2x + y^2 = C$ (g) $y = Cx$ (h) $xy = C$

5.2E (a) $N(t) = 694 \exp(0,366t)$; (b) $N_0 = N(0) = 694$.

5.2F $t = \dfrac{\ln 99}{500k}$ **5.2G** $N(t) = 16.620 \exp(0,11t)$; $N_0 = 16.620$.

5.2H $m(t) = 100 \exp(-0,026t)$; (b) $t = 4,05$ anos. **5.2I** 2,3% da massa original.

5.2J $N(t) = k \exp(0,085t)$, $0 \le t \le 4$, e $N(4) = R\$\,7.024,74$

$N(t) = k \exp(0,0925t)$, $4 \le t \le 7$, e $N(7) = R\$\,9.271,44$

5.2K $R\$14.288,26$ **5.2L** $i = 10,99\%$ **5.2M** (a) $t = 15,4\,\text{min}$; (b) $79,5^0F$

5.2N $T_0 = -30^0F$ **5.2O** $T(t) = -100e^{-0,029t} + 150$; $T(100) = 23,9\,\text{min}$

5.2P Mais $1,24\,\text{min}$. **5.2Q** $Q(t) = 10 \exp(-0,057t)$; $\lim_{t\to\infty} Q(t) = 0$.

5.2R (a) $Q(t) = -344e^{-0,029t} + 345$; (b) $t = -(0,029)^{-1} \ln(\frac{343}{344}) \simeq 0,1\,\text{min}$.

5.2S $31,74\ kg$ **5.2T** $25,9\ kg$. **5.2U** $v(t) = 9,81t$; $y(t) = 4,905t^2$; $5,53\ s$.

5.2V $v(t) = -39,65e^{-0,23t} + 42,65$; $y(t) = 172e^{-0,23t} + (42,65)t - 172$ **5.2X** $150\ m/s$.

EXERCÍCIOS COMPLEMENTARES 5.4

5.4A (a) L; S (b) L; S; E (c) CH (d) E

5.4B

(a) Ce^{5x} (b) $\ln\left(x^2-2x+2\right)+\operatorname{arctg}(x-1)+\operatorname{tg}y+\frac{1}{3}\operatorname{tg}^3 y=C$ (c) $\left(\frac{3}{2}x^2+C\right)^{1/3}$

(d) $\operatorname{arctg}x+\operatorname{arcsen}y=C$ (e) $x\ln x-x-2y=C$ (f) $2x^3+6x+2y^3+3y^2+C$

5.4C

(a) $y=3+Ce^{-x}$ (b) $y=C/x^4+x^5/9$ (c) $y=x+x^{-1}e^x+Cx^{-1}$

(d) $y=Ce^{7x}-\frac{1}{53}(2\cos 2x+7\operatorname{sen}2x)$ (e) $y=Ce^{-3/x}-1/3$ (f) $y=Cx+x^2-2/x$

(g) $y=b/a+Ce^{-ax}$ (h) $y=\ln\left(e^x+C\right)$ (i) $y=y^2=2\ln\left(1+e^x\right)+C$

(j) $y=\left[\exp\left(x^2\right)+C\right]/2x$ (k) $y=-\left(x\ln Cx\right)^{-1}$ (l) $y=(k\pi+\pi/2)\,x,\ \ k\in\mathbb{Z}$

5.4D $x=\left(\frac{2}{3}y^4+Cy\right)^{1/3}$

5.4E

(a) $y=(Ce^{-x^2/4}+6)^2$ (b) $x=(1+Ce^y)^{-1}$ (c) $y^3\left(Ce^x-2x-1\right)=1$

(d) $y=(Ce^{x/2}-x-2)^2$ (e) $y=(Cx^2+\frac{2}{9}x^5)^{3/2}$ (f) $x^2=y^2\left[C-\frac{2}{3}x^3\left(\frac{2}{3}+\ln x\right)\right]$

5.4G

(a) $x^3y=C$ (b) $x^2+y^2+2\operatorname{arctg}(x/y)=C$

(c) $\frac{1}{3}(x-1)^3-y^2=C$ (d) $x^2-xy+y^2=C.$

5.4H

(a) $I=\dfrac{1}{x^3y^3};\ \dfrac{1}{y^2}=2x^2(x+C)$ (b) $I=\dfrac{-1}{x^2y^2};\ \ln|x|+\dfrac{1}{xy}=C$

(c) $I=1/x^2y^2;\ y=\left(x^4/3-Cx\right)^{-1}$ (d) $I=y;\ x^2y^2+y^4+2y^2=C$

(e) $I=1/x^2y^2;\ \ln|xy|=C-y$ (f) $\ln|x+1|+\dfrac{4(x+1)-y^2-2}{2(x+1)}=C$

(g) $I=y^2;\ 2x^2y^4+x^2=C$ (h) $I=1/x^2;\ x^2-y^2+a^2=Cx$

(i) $I=\dfrac{-1}{x^2+y^2};\ y=x\operatorname{tg}(C+\dfrac{x^2}{2})$ (j) $I=1/x^2y^2;\ 3x^3y+2xy^4+Cxy=-6$

(k) $I=\dfrac{-1}{x^2+y^2};\ y=x\operatorname{tg}(x+C)$ (l) $I(x,y)=\dfrac{1}{x^3y^2};\ |x|^3y^2\exp\left(y^3/3\right)=C$

5.4I $x^4+8x^2y^3-2y^6=C$ **5.4J** $y^4+2xy^2=Cy^2.$

5.4K

(a) $\left(x^2+y^2\right)\left|x^3\right|=C$ (b) $x\operatorname{sen}\left(y^2/x^2\right)=C$ (c) $x^4+2x^2y^2=C$

(d) $y^4=Cx^8-x^4$ (e) $\ln|x\operatorname{sen}(y/x)|=C$ (f) $x^4+4x^2y^2+y^4=C$

5.4L (a) $xdy-ydx=0$ (b) $ydx-2xdy=0$ (c) $\left(x^2-y^2\right)dx+2xydy=0$ (d) $xdy+ydx=0$

5.4M

(a) $y = x\,\mathrm{tg}\,(x + C)$ (b) $3x^4y^4 + Cx^3y^3 = 1$

(c) $x^2 = C(y + \sqrt{x^2 + y^2})$ (d) $2x^3y^2 - 3xy^3 = C$

(e) $x^3y^4 - 3x = Cy$ (f) $x^3y^2 - 3x^2y^4 = C.$

(g) $y = \mathrm{arcsec}\,(Ce^x + x + 1)$ (h) $\cos y = \frac{1}{2}\left(\mathrm{sen}^2\,x - \mathrm{sen}\,x + 1\right) + Ce^{-\mathrm{sen}\,x}$

5.4N

(a) $e^y = Ce^{-x} + 2\,(\mathrm{sen}\,x - \cos x)$ (b) $\ln\left(\dfrac{y - 4x - 2}{y - 4x + 2}\right) - 4\,(x - C) = 0$

(c) $y = \pm x^{3/2} + C,\ C > 0$ (d) $y = \mathrm{arcsec}\,(1 + x + Ce^x)$

(e) $2y - 2x + \mathrm{sen}\,(x + y) = C$ (f) $2\ln|2 - x - y| + x + 3y = C$

(g) $x^2 + y^2 = C,\ x + y < 0$ (h) $\cos y = Ce^{-2\,\mathrm{sen}\,x} + \frac{1}{2}\left(\mathrm{sen}\,x - \mathrm{sen}^2\,x + \frac{1}{2}\right)$

EXERCÍCIOS COMPLEMENTARES 5.6

5.6A Sim. Neste caso $y' = f\,(x, y)$, sendo $f\,(x, y) = 2y/x$ contínua, juntamente com a derivada parcial f_y, em um "pequeno retângulo" contendo o ponto $A\,(1, 1)$.

5.6B O Teorema de Existência e Unicidade não é violado porque ele não se aplica neste caso.

5.6C A função $y = \dfrac{\exp\,(2x) - 1}{\exp\,(2x) + 1}$ é a única solução da EDO $y' = 1 - y^2$ que passa pela origem.

5.6I

(a) $y = e^x - 1$ (b) $y = \frac{1}{2} + \exp\left(-e^{2x}\right)$ (c) $y = \frac{1}{4}\left(x^2 - x^{-2}\right)$

(d) $y = \cos x + 1/2\,\mathrm{sen}\,x$ (e) $y = x$ (f) $y = \sqrt{(4 - x^3)\,/3x}$

(g) $y = 2e^{-x^2} + x^2 - 1$ (h) $y = 2x + e^{-x}$ (j) $y = \frac{1}{2}(x + 1)^2 + 1/2$ (i) $y = x$

5.6J $y\,(1) \simeq 0.867.$

EXERCÍCIOS COMPLEMENTARES 6.4

6.4B

(a) $y = C_1e^x + C_2e^{2x}$ (b) $y = (C_1e^x + C_2e^{-x})\,\mathrm{sen}\,x + (C_3e^x + C_4e^{-x})\cos x$

(c) $y = C_1e^x + C_2e^{2x} + C_3e^{3x}$ (d) $y = e^{-x/4}\,[C_1\cos(x/4) + C_2\,\mathrm{sen}\,(x/4)]$

(e) $y = C_1 + C_2x + C_3x^2 + C_4e^{-5x}$ (f) $y = e^x\,(C_1 + C_2\cos x + C_3\,\mathrm{sen}\,x)$

(g) $y = C_1e^{-x} + C_2e^x + C_3xe^x$ (h) $y = C_1\cos x + C_2\,\mathrm{sen}\,x + x\,(C_3\cos x + C_4\,\mathrm{sen}\,x)$

6.4C

(a) $y = \left(C_1 \cos \sqrt{2}x + C_2 \operatorname{sen} \sqrt{2}x\right) e^{2x} + C_3 \cos x + C_4 \operatorname{sen} x$

(b) $y = (C_1 \cos 2x + C_2 \operatorname{sen} 2x)e^{2x} + (C_3 \cos 2x + C_4 \operatorname{sen} 2x)xe^{2x}$

(c) $y = (C_1 \cos x + C_2 \operatorname{sen} x)\, e^{x} + \left(C_3 \cos \sqrt{5}x + C_4 \operatorname{sen} \sqrt{5}x\right) e^{2x}$

(d) $y = (C_1 + C_2 x + C_3 x^2)e^{x} + (C_4 + C_5 x)\, e^{-x}$

(e) $y = C_1 e^{x} + C_2 e^{-x} + (C_3 + C_4 x)\, e^{-2x} + (C_5 \cos 2x + C_6 \operatorname{sen} 2x)\, e^{2x}$

6.4D $\left(C_1 + C_2 x + C_3 x^2\right) e^{2x} + (C_4 + C_5 x + C_6 \cos 4x + C_7 \operatorname{sen} 4x + C_8 x \cos 4x + C_9 x \operatorname{sen} 4x)\, e^{3x}$.

6.4E (a) $x^2 y'' - 2xy' + 2y = 0$ (b) $y'' + 2y' + y = 0$ (c) $y'' - 3y' + 2y = 0$

6.4F

(a) $y = C_1 e^{-x} + C_2 e^{2x} - 2x^2 + 2x - 1$

(b) $y = \dfrac{71 - 52x}{338} \operatorname{sen} x - \dfrac{69 + 78x}{338} \cos x + C_1 e^{5x}$

(c) $y = (C_1 \cos x + C_2 \operatorname{sen} x)\, e^{-x} + \dfrac{x^2}{2} - x + 1$

(d) $y = (C_1 \cos 2x + C_2 \operatorname{sen} 2x)e^{-2x} + \dfrac{1}{16} + \dfrac{x}{8} + \dfrac{e^{x}}{13}$

(e) $y = C_1 + C_2 x - \dfrac{x^2}{2} + \dfrac{x^3}{3} + \dfrac{3x^4}{4}$

(f) $y = C_1 e^{x} + C_2 e^{2x} + \frac{1}{10} \operatorname{sen} x + \frac{3}{10} \cos x - xe^{x} - 2xe^{2x}$

(g) $y = C_1 e^{-x} + C_2 e^{x} + C_3 x e^{x} + x^2 + 2x + 4$

(h) $y = -\frac{1}{2} x^2 e^{5x} - \left(\frac{1}{4} x^2 + \frac{1}{8} x + \frac{1}{32}\right) e^{x} + C_1 e^{5x}$

(i) $y = -1 - e^{2x} + xe^{2x} + C_1 e^{x}$

(j) $y = -\frac{1}{12} x e^{-x} - \frac{13}{144} e^{-x} + C_1 e^{x} + C_2 e^{2x} + C_3 e^{3x}$

(k) $y = (C_1 \cos x + C_2 \operatorname{sen} x)e^{x} + (C_3 \cos x + C_4 \operatorname{sen} x)e^{-x} + \dfrac{x^2}{4} - \dfrac{3x}{4} + \dfrac{1}{2}$

(l) $y = C_1 e^{x} + e^{-x/2} \left[C_2 \cos \frac{\sqrt{3}x}{2} + \operatorname{sen} \frac{\sqrt{3}x}{2}\right] - \operatorname{sen} x + 2 \cos x.$

6.4G

(a) $y = C_1 (-x)^{3/2} + C_2 (-x)^{1/2} - \frac{1}{65} \operatorname{sen} \ln (-x) + \frac{8}{65} \cos \ln (-x)$

(b) $y = 1 + \ln x + \frac{1}{2} (\ln x)^2 + x\, (C_1 \cos \ln x + C_2 \operatorname{sen} \ln x)$

(c) $y = \frac{4}{9} + \frac{1}{3} \ln x + C_1 x + C_2 x^3$ (d) $y = C_1 x + C_2 x^3 + \frac{1}{3} \ln x + \frac{4}{9}$

(e) $y = C_1 x + C_2 x^2 + C_3 x^3$ (f) $y = C_1 + C_2 x^7$

6.4H $w(x) = -n x^{2m-1}$; $x^2 y'' + (1 - 2m)\, xy' + \left(m^2 + n^2\right) y = 0.$

6.4I

(a) $y = C_1 e^x + xe^x \ln|x| + C_2 xe^x$

(b) $y = C_1 x^{-4} + \frac{1}{9}x^5$

(c) $y = C_1 \operatorname{sen} x + C_2 \cos x - \cos x \ln|\sec x + \operatorname{tg} x|$

(d) $y = \frac{1}{12}\left(1 + \cos^2 2x\right) + C_1 \cos 2x + C_2 \operatorname{sen} 2x$

(e) $y = \frac{1}{2}x^2 e^x + \frac{1}{3}x^3 e^x + C_1 e^x + C_2 xe^x$

(f) $y = C_1 x^{-1} + C_2 x^2 - \frac{1}{3}\left(\frac{3}{4}x^{-2} + x^{-1}\ln x\right)$

(g) $y = C_1 x + (x \ln x)\left[C_2 + C_3 \ln x + \frac{1}{24}(\ln x)^3\right]$

(h) $y = C_1 + C_2 \operatorname{sen} x + C_3 \cos x + \ln|\sec x + \operatorname{tg} x| - x - \ln|\cos x|$

6.4J $x(t) = C_1 t + C_2\left(1 + t^2\right) + t^4/6 - t^2/2.$

6.4K $x(t) = C_1 + C_2 t + C_3/t + \frac{t}{2}\ln t - \frac{1}{2}\ln t - t/2 + 1/2$

6.4L $y = 3x^2 - 2x.$ **6.4M** $y = \operatorname{sen}\ln x + \ln x.$ **6.4N** Porque $x = 0$ é um ponto singular.

6.4O $y(x) = \left(1/\pi^2\right)\operatorname{sen}(1/x) - \cos(1/x).$ **6.4Q** $\psi(x) = -1 + (x/2)\ln\left(\frac{1+x}{1-x}\right)$ A solução geral é $y(x) = C_1\varphi(x) + C_2\psi(x).$

6.4S

(a) $y = C_1 x + C_2\left(x^3 + 3x^2 + 6x + 6\right) + x^4 + 4x^3 + 12x^2 + 24x + 24$

(b) $y = 1 + x + x^2 + C_1 x + C_2 e^x$ (c) $y = C_1 x + C_2\left(x^2 - 1\right)$ (d) $y = e^x\left(C_1 + C_2 x^2\right)$

EXERCÍCIO COMPLEMENTAR 7.2

7.2A

(a) $y(x) = a_0[1 - \frac{1}{2}x^2 + \frac{1}{2^2 2!}x^4 + \cdots] + a_1[x - \frac{1}{3}x^3 + \frac{2^2 4!}{5!}x^5 + \cdots]$

(b) $y(x) = a_0[1 - \frac{1}{6}x^3 + \frac{1}{180}x^6 + \cdots] + a_1[x - \frac{1}{12}x^4 + \frac{1}{504}x^7 + \cdots]$

(c) $y(x) = a_0[1 + \frac{1}{2}(x-1)^2 + \frac{1}{6}(x-1)^3 + \cdots] + a_1[(x-1) + \frac{1}{6}(x-1)^3 + \cdots]$

(d) $y(x) = -\frac{1}{2}(x-1)^2 + a_0 + a_1[(x-1)^2 + \frac{1}{6}(x-1)^3 + \frac{1}{40}(x-1)^5 + \cdots]$

(e) $y(x) = a_0 + a_1[x + \frac{1}{6}x^3 + \frac{1}{40}x^5 + \cdots]$

EXERCÍCIOS COMPLEMENTARES 7.4

7.4A

(a) $y(x) = 1 + x + x^2 + \frac{4}{3}x^3 + \frac{7}{6}x^4 + \cdots$

(b) $y(x) = \frac{\pi}{2} + \frac{1}{1!}x - \frac{1}{3!}x^3 - \frac{6}{4!}x^4 + \cdots$

(c) $y(x) = 1 + x^2 + \frac{5}{24}x^4 + \cdots$

(d) $y(x) = 1 + \frac{2}{1!}(x-1) + \frac{5}{2!}(x-1)^2 + \frac{22}{3!}(x-1)^3 + \cdots$

7.4B

(a) $y(x) = 1 + (x-1) - \frac{1}{2!}(x-1)^2 - \frac{1}{3!}(x-1)^3 + \frac{1}{4!}(x-1)^4 + \cdots$

(b) $y(x) = 1 - \frac{1}{2!}x^2 + \frac{2}{4!}x^4 + \cdots$

(c) $y(x) = -1 + \frac{6}{2!}x^2 - \frac{12}{4!}x^4 + \cdots$

(d) $y(x) = 1 - x - \frac{2}{3!}x^3 - \frac{2}{4!}x^4 + \cdots$

(e) $y(x) = (x-1) + \frac{3}{2!}(x-1)^2 + \frac{10}{3!}(x-1)^3 + \frac{34}{4!}(x-1)^4 + \cdots$

(f) $y(x) = x - \frac{3}{3!}x^3 + \frac{4}{5!}x^5 - \frac{231}{7!}x^7 + \cdots$

EXERCÍCIOS COMPLEMENTARES 7.6

7.6C

(a) 0 é ponto singular regular.

(b) 0 é ponto singular regular.

(c) 0 e 1 são pontos singulares regulares e -1 é ponto singular.

(d) 0 é ponto singular regular.

(e) ± 1 são pontos singulares regulares.

(f) ± 1 são pontos singulares regulares.

(g) 0 e 1 são pontos singulares regulares.

(h) 0 é ponto singular e ± 2 são pontos singulares regulares.

(i) 0 é ponto singular regular.

(j) ± 1 são pontos singulares regulares e 0 é ponto singular.

7.6D

(a) $y(x) = \frac{C}{4}\left(x + \sum\limits_{n=1}^{\infty} \frac{2(-1)^n}{n!(n+2)!}x^{n+1}\right)\ln|x| + \frac{C}{x}\left(-\frac{1}{2} - \frac{1}{2}x + \frac{29}{144}x^2 + \cdots\right)$

(b) $y(x) = C_1 x^3 + C_2 \left[-4x^2 \ln x + x - 4x^2 - \sum_{n=3}^{\infty} \frac{2!}{n!(n-2)} (-x)^{n+1} \right]$

(c) $y(x) = C_1 |x|^{-1/2} \left[x - \frac{1}{3!}x^3 + \frac{1}{5!}x^5 + \cdots \right] + C_2 |x|^{-1/2} \left[1 - \frac{1}{2!}x^2 + \frac{1}{4!}x^4 + \cdots \right]$

(d) $y(x) = C_1 x^{3/2} \sum_{n=0}^{\infty} \frac{2n+5}{5n!2^n} x^n + C_2 \left[1 + 2x - \sum_{n=2}^{\infty} \frac{n+1}{1.3.\cdots.(2n-1)} x^n \right]$

(e) $y(x) = \left[a_0 \sum_{n=0}^{\infty} \frac{(-1)^n}{4^n n!} x^{2n} \right] \ln x + a_0 \left[\frac{x^2}{4(1!)^2} - \frac{x^4}{2^4(2!)^2} \left(\frac{3}{2}\right) + \cdots \right]$

7.6F

$$y(x) = C_1 a_0 \left[1 + \frac{AB}{1!C}x + \frac{A(A+1)B(B+1)}{2!C(C+1)}x^2 + \cdots \right] + C_2 x^{1-C} y_1 (A - C + 1, B - C + 1, 2 - C, x).$$

EXERCÍCIOS COMPLEMENTARES 8.5

8.5A

(a) $\begin{cases} \dot{x}_1 = x_2 \\ \dot{x}_2 = -x_1 + 2x_2 + t \end{cases}$ (b) $\begin{cases} \dot{x}_1 = x_2 \\ \dot{x}_2 = -x_1 + t^2 x_2 + 2te^t \end{cases}$ (c) $\begin{cases} \dot{x}_1 = x_2 \\ \dot{x}_2 = e^t x_1 - 2x_2 - t^2 \end{cases}$

8.5B $\dot{x}_1 = x_2;\quad \dot{x}_2 = x_3;\quad \dot{x}_3 = e^t x_1 + 2x_2 + t$

8.5C A solução geral do sistema é obtida como combinação linear das colunas da Matriz Solução.

(a) $\begin{cases} x_1(t) = C_1 e^t + C_2 e^{2t} \\ x_2(t) = C_1 e^t + 2C_2 e^{2t} \end{cases}$

(b) $\begin{cases} x_1(t) = C_1 e^t + 2C_2 e^{-t} \\ x_2(t) = C_1 e^t + C_2 e^{-t} \end{cases}$

(c) Matriz Solução $e^{tA} = \begin{bmatrix} -e^{2t} + 3e^t - e^{-t} & e^{2t} - e^t & -e^t + e^{-t} \\ -2e^{2t} + 3e^t - e^{-t} & 2e^{2t} - e^t & -e^t + e^{-t} \\ -e^{2t} + 3e^t - 2e^{-t} & e^{2t} - e^t & -e^t + 2e^{-t} \end{bmatrix}$

(d) Matriz Solução $e^{tA} = \begin{bmatrix} (2t+1)e^t & (-t^2 - 3t)e^t & (2t^2 + 2t)e^t \\ 2te^t & (-t^2 - 2t + 1)e^t & 2t^2 e^t \\ te^t & (-t^2/2 - t)e^t & (t^2 + 1)e^t \end{bmatrix}$

Referências Bibliográficas

[1] Apostol, T. M. *Calculus*, vol.1, John Wiley & Sons, New York, 1967.

[2] Bartle, R. G. *The Elements of Real Analysis*, John Wiley & Sons, New York, 1964.

[3] Bronson, R. *Equações Diferenciais*, Makron Books, São Paulo, 1995.

[4] Churchill, R. V., Brown, J. W. & Verhey, R. F. *Complex Variables and Applications*, McGraw-Hill, Kogakusha Ltda, Tokyo, 1974.

[5] Courant, R. & John, F. *Introduction to Calculus and Analysis*, vol.1, Springer, New York, 1965.

[6] Figueiredo, D. G. & Neves, A. F. *Equações Diferenciais Aplicadas*, Coleção Matemática Universitária, IMPA, Rio de Janeiro, 1997.

[7] Figueiredo, D. G. *Análise de Fourier e Equações Diferenciais Parciais*, Projeto Euclides, IMPA, Rio de Janeiro, 1987.

[8] Finney, R. L., Weir, M. D. & Giordano, F. R. *Cálculo de George B. Thomas Jr*, vol. 2, Addison-Wesley, São Paulo, 2003.

[9] Guidorizzi, H. L. *Um Curso de Cálculo*, vol. 4, LTC, Rio de Janeiro, 2004.

[10] Hurewicz, W. *Lectures on Ordinary Differential Equations*, MIT Press, Massachusetts, 1975.

[11] Iório, V. M. *EDP um curso de graduação*, Coleção Matemática Universitária, IMPA, Rio de Janeiro, 1991.

[12] Kaplan, W. *Advanced Calculus*, Addison-Wesley, Massachusetts, 1970.

[13] Kreider, D. L., Kuller, R. G. & Ostberg, D. R. *Equações Diferenciais*, Ed. Universidade de Brasília, Brasília, 1972.

[14] Leigthon, W. *Equações Diferenciais Ordinárias*, LTC, Rio de Janeiro, 1978.

[15] Leithold, L. *O Cálculo com Geometria Analítica,* vol. 2, Harbra, Rio de Janeiro, 1977.

[16] Lima, E. L. *Curso de Análise*, vol.1, Projeto Euclides, IMPA, Rio de Janeiro, 1982.

[17] Medeiros, G. C. *Vibrações Transversais de uma Viga*, Projeto de InCi, PIBIC, UFPB, João Pessoa, 1997.

[18] Medeiros, L. A. & Andrade, N. G. *Iniciação às Equações Diferenciais Parciais*, LTC, Rio de Janeiro, 1978.

[19] Munem M. A. & Foulis, D. J. *Cálculo*, vol. 2, Guanabara Dois, Rio de Janeiro, 1978.

[20] Protter, M. H. & Morrey, C. B. Jr. *Modern Mathematical Analysis*, Addison-Wesley, Massachusetts, 1964.

[21] Rudin, W. *Princípios de Análise Matemática*, Ed. Universidade de Brasília, Brasília, 1971.

[22] Spivak, M. *Calculus*, Addison-Wesley, Massachusetts, 1973.

[23] Stewart, J. *Cálculo*, vol. 2, CENGAGE, Learning, São Paulo, 2008.

[24] Tolstov, G. P. *Fourier Series*, Prentice -Hall, Englewood Cliffs, New Jersey, 1962.

Índice Remissivo

F

R

S

T

V

W

Impressão e acabamento
Gráfica da Editora Ciência Moderna Ltda.
Tel: (21) 2201 - 6662